JJF 1033—2016《计量标准考核规范》实施与应用

电磁计量器具建标指南

郑子伟　主　编
陈建刚　主　审

中国质检出版社
中国标准出版社
北　京

图书在版编目（CIP）数据

电磁计量器具建标指南：JJF 1033—2016《计量标准考核规范》实施与应用／郑子伟主编．—北京：中国质检出版社，2018.9（2021.7 重印）
ISBN 978－7－5026－4476－5

Ⅰ.①电…　Ⅱ.①郑…　Ⅲ.①电磁测量仪—标准—中国—指南　Ⅳ.①TH763.1－65

中国版本图书馆 CIP 数据核字（2018）第 118665 号

中国质检出版社
中国标准出版社　出版发行
北京市朝阳区和平里西街甲 2 号（100029）
北京市西城区三里河北街 16 号（100045）
网址：www.spc.net.cn
总编室：(010)68533533　发行中心：(010)51780238
读者服务部：(010)68523946
中国标准出版社秦皇岛印刷厂印刷
各地新华书店经销
*
开本 787×1092　1/16　印张 19.25　字数 451 千字
2018 年 9 月第一版　2021 年 7 月第二次印刷
*
定价 **68.00** 元

编审委员会

前　言

JJF 1033—2016《计量标准考核规范》已经于2017年5月30日实施。近年来，电磁专业新增了很多计量检定规程或计量校准规范，部分规程和规范也进行了修订，其适用范围、测量方法和技术指标也有了比较明显的改变。基层法定计量检定机构、企事业单位内部的计量部门需要及时按照JJF 1033—2016的要求进行增项考核和复查考核。

本书按照JJF 1033—2016和相关电磁专业计量技术法规的要求，结合基层计量单位实际建标以及目前计量技术、设备的发展情况，从基础知识到常用配套设备的选用，从主标准器的选型到建标考核的程序，对常用的电磁计量器具建标过程予以指导，并配有10个《计量标准考核（复查）申请书》和《计量标准技术报告》编写示例。本书对基层计量单位的建标工作具有指导作用，可供从事电磁计量标准管理、建立和使用电磁计量标准的技术人员参考，也可用于基层电磁计量检定人员的培训。

本书的作者均来自国家级、省市级法定计量检定机构，其中有全国专业计量技术委员会委员、电磁专业计量技术法规主要起草人和参与起草人、经验丰富的一级计量标准考评员、法定技术机构考评员、一级注册计量师及学科带头人。

本书在选材上具有一定的通用性、系统性和实用性。希望本书的编写及出版对提高和规范基层计量单位的建标工作起到积极的推动作用。

编著者

2018年5月

目　录

第一章　基础知识

第一节　概　　述

与电磁现象有关的物理量称为电磁量。电磁计量就是应用电磁测量仪器、仪表和设备，采用相应的方法对被测量进行定量分析，研究和保证电磁量测量的统一和准确的计量学分支。主要研究内容有：精密测定与电磁量有关的物理常数，确定电磁学单位制，按定义研究、复现和保存电磁学单位的计量基准和标准，研究电磁量的测量方法，研究进行电磁量量值传递的标准量具和专用测量装置，以及研究制定相应的检定系统、检定规程、技术规范等技术法规。

电磁计量专业主要包括直流仪器仪表、1MHz 以下的交流阻抗和电量、交直流测量仪器仪表、交直流比例技术、模数/数模转换技术、磁测量、磁性材料和磁记录材料、磁测量仪器仪表以及量子计量等领域。

电磁计量在计量领域有其独特的优点：电磁量可以直接进行检测；电磁计量测试所采用的测量方法具有较高的准确度分辨力；电磁信号便于处理和传输，能够实现快速测量、连续测量、连续记录和进行数据处理；另外，电磁量还可以离开被测对象一定距离，实现远距离的遥测等。随着科学技术的发展，现代计量的各个领域，如长度、热工、力学、光学、电离辐射、标准物质等，都借助于各种传感器把被测量变换成电磁信号进行处理。目前，将非电量变换成对应的电量进行测量已是计量技术的一种普遍现象。电磁计量技术中的各种概念和方法也被其他学科所借鉴。电磁计量已成为整个计量科学的重要基础。

一、电磁学的构成

电磁学的量包括直流电压、直流电流、直流电阻，交流电压、交流电流、交流电阻，阻抗包括电容、电感、功率、电能，以及磁通、磁感应强度、磁场强度、磁材料特性等。图 1－1 为各量之间的关系示意图。

二、电磁学的国际单位制（SI）体系

电流单位（安培）是国际单位制 7 个基本单位之一，它和其他基本单位是相互独立的。1948 年，第九届国际计量大会（CGPM）正式决定采用的定义为：安培（A）是电流单位，在真空中，截面积可以忽略的两根相距 1m 的无限长平行圆直导线内通以等量恒定电流时，若导线间相互作用力在每米长度上为 2×10^{-7}N，则每根导线中的电流为 1A。

基本量的定义和基本量本身的实现是可以不一样的，按照安培的定义来实现量值比较

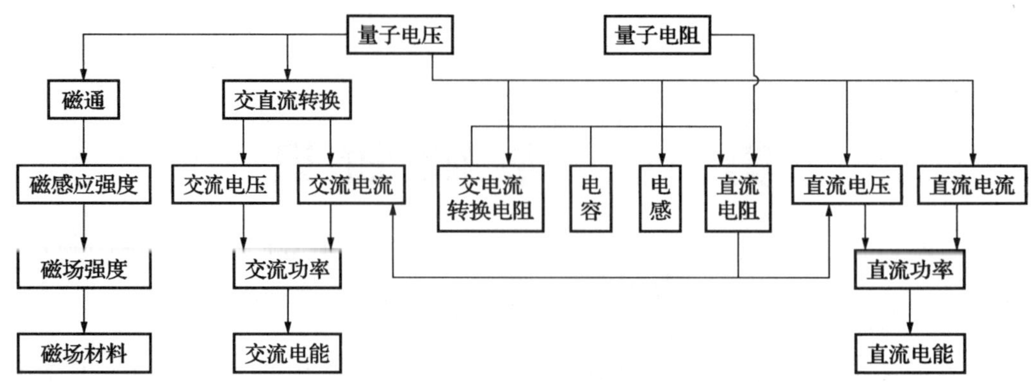

图 1-1　电磁学各量之间关系

困难，因为无限长的平行导线很难实现，虽然目前有近似的试验电流天平可以实现安培量值，但其标准不确定度无法优于 10^{-5}。目前，安培量值是通过约瑟夫森效应和量子霍尔效应来实现的。通过量子电压和量子电阻来实现，其标准不确定度可以达到优于 10^{-7} 的水平。

1987 年，GGPM 通过决议，从 1990 年 1 月 1 日开始，通过约瑟夫森效应建立电压单位“伏特”，它和约瑟夫森常数的约定值 K_{J-90}（单位：$Hz \cdot V^{-1}$）相联系。通过量子霍尔效应建立电阻单位“欧姆”，它和克里青常数的约定值 R_{K-90}（单位：Ω）相联系。包括中国在内的大多数国家均已建立这样的电学计量装置，用以实现电压单位和电阻单位。

三、交流约瑟夫森效应实现电压标准

当约瑟夫森结两端的直流电压 $U \neq 0$ 时，通过结的电流是一个交变的超导振荡电流，振荡频率（称约瑟夫森频率）f 与电压 U 成正比。

$$f = \frac{2e}{h}U \tag{1-1}$$

式中：e ——电子电量；

h ——普朗克常数。

这使超导隧道结具有辐射或吸收电磁波的能力。超导隧道结这种能在直流电压作用下，产生超导交流电流，从而辐射电磁波的特性，称为交流约瑟夫森效应。

以微波辐照隧道结时可产生共振现象。连续改变所加的直流电压以改变交流振荡频率，当约瑟夫森频率 f 等于微波频率的整数倍时，就发生共振，此时有直流成分的超导电流流过隧道结，在电流 - 电压特性曲线上可观察到一系列离散的阶梯式的恒定电流。测定约瑟夫森频率 f，可由电压 U 测定常量 $2e/h$，或从已知常量 e 和 h 精确测定 U。交流约瑟夫森效应已被用来作为电压标准。图 1-2 为电流 - 电压特性曲线。

四、量子霍尔效应实现电阻标准

霍尔效应是 1879 年美国物理学家霍尔（Edwin Hall）研究载流导体在磁场中导电的性质时发现的一种电磁效应。他在长方形导体薄片上通以电流，再沿电流的垂直方向加上磁场，然后发现在导体两侧与电流和磁场均垂直的方向上产生了电势差。这个效应后来被广泛应用于半导体研究中。图 1 -3 为霍尔效应示意图。

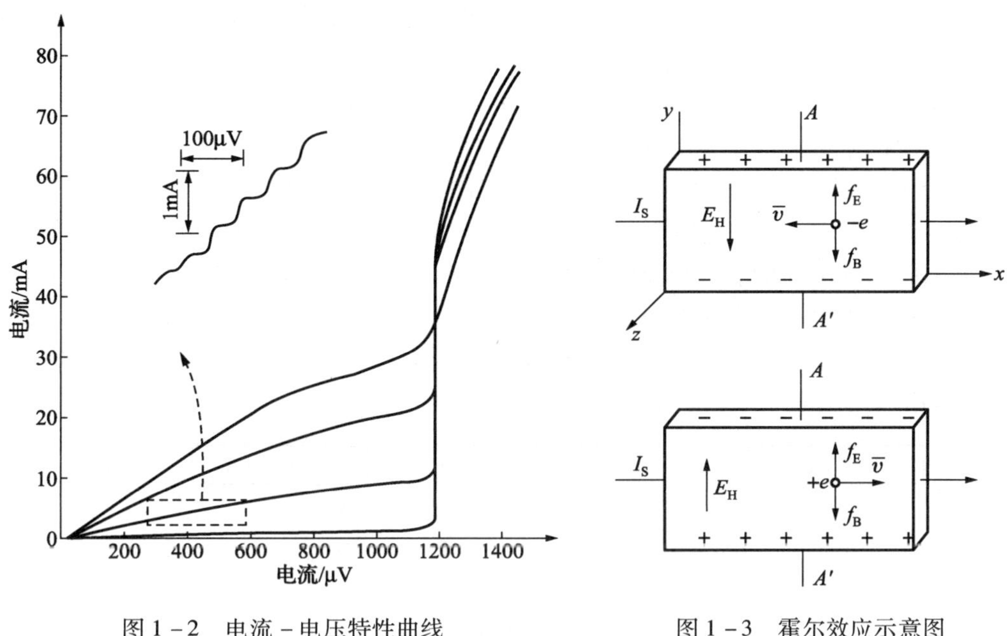

图 1 -2　电流 - 电压特性曲线

图 1 -3　霍尔效应示意图

1980 年，物理学家冯·克里青从金属 - 氧化物 - 半导体场效应晶体管（MOSFET）中发现了一种新的量子霍尔效应。他在硅 MOSFET 管上加两个电极，再把这个硅 MOSFET 管放到强磁场和极低温下，发现霍尔电阻随栅压变化的曲线上出现了一系列平台，与这些平台相应的霍尔电阻 $R_h = h/(ne^2)$，其中 n 是正整数 1,2,3,…。也就是说，这些平台是精确给定的，是不随材料、器件尺寸的变化而转移的。它们只由基本物理常数（普朗克常数）和 e（电子电荷）来确定。量子霍尔效应是继 1962 年约瑟夫森效应发现之后又一个对基本物理常数有重大意义的固体量子效应，国际计量组织已于 1990 年启用量子化霍尔电阻代替传统的实物电阻基准作为电阻标准。

五、交流阻抗的溯源问题

传统的交流阻抗是用“计算电容法”溯源的。这种方法把电容单位法拉溯源到长度单位和真空磁导率 μ_0，交叉电容的轴向长度为 l 时，其电容量的计算公式为

$$C = \varepsilon_0 \frac{l}{\pi} \ln 2 \tag{1-2}$$

其中，真空介电系数 ε_0 可用真空磁导率 μ_0 和真空中的光速 c_0 计算出来：

$$\varepsilon_0 = \frac{1}{\mu_0 c_0} = 8.854188 \times 10^{-12}\,\mathrm{F/m} \tag{1-3}$$

在国际单位制中，真空磁导率 μ_0 和真空中的光速 c_0 均为无误差的常数，式（1 -2）和式（1 -3）把电容溯源到了长度单位和真空磁导率 μ_0。

用“计算电容法”复现的法拉单位的不确定度已达到 10^{-8} 量级。1998 年电磁咨询委员会（CCEM）组织的 10pF 电容国际比对 CCEM K-10 和 1995 年亚太计量规划组织（APMP）组织的 10pF、100pF 电容国际比对说明，先进国家用“计算电容法”复现电容单位的一致性也达到了 10^{-8} 量级。

除了电容阻抗，交流电阻是另一种应用广泛的交流阻抗。利用“直角电桥”技术，可把交流电阻的单位溯源到电容单位，不确定度为 10^{-7} 量级。另一种交流阻抗——交流电感的单位也可通过“谐振电桥”或“麦克斯韦电桥”溯源到电容单位，不确定度为 10^{-6} 量级。这样，用“计算电容法”形成了完整的交流阻抗单位溯源系统，不确定度基本满足了实践中提出的要求。交流电感单位的不确定度虽然稍大一些，但实际工作中对电感量的准确性要求也比电容或电阻低一些。

由于目前长度单位的定义已经溯源到真空中的光速 c_0 和时间频率标准，因此整个交流阻抗的溯源关系如图 1－4 所示。

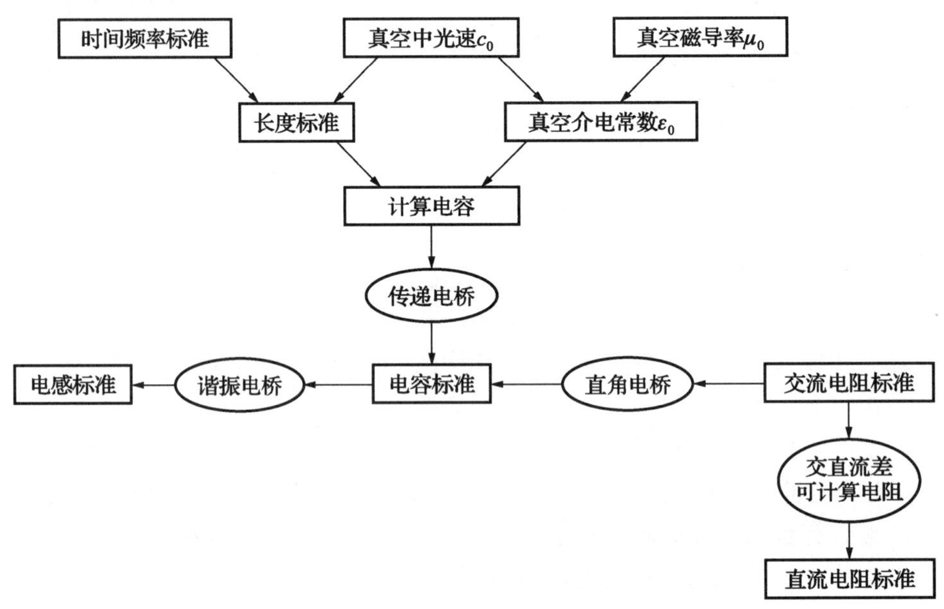

图 1－4　交流阻抗的溯源关系

1980 年，量子化霍尔效应的发现为解决电学阻抗溯源问题带来了新的机遇：量子化霍尔效应复现的电阻量值只取决于普朗克常数 h 和基本电荷 e 这两个基本物理常数：这两个常数均为相对论不变量，也不随时间变化。因此量子化霍尔电阻量值原则上不存在随时间发生漂移的问题，用作电阻计量标准十分理想，较为彻底地解决了用电阻实物基准复现的电阻量值会随时间发生漂移的问题。

如果保持交流阻抗用“计算电容法”进行溯源，则整个电学阻抗溯源体系的二元制情况依然存在，因此计量研究人员希望交流电阻标准能建立在量子化霍尔效应之上，这样就可以直接用冯克里青常数 R_K 导出交流电阻和其他交流阻抗的量值。但现阶段各国的计量研究人员都遇到很难用解析计算法求出样品的直流电阻与交流电阻之差等困难，到目前为止利用量子化霍尔效应实现交流阻抗的溯源还没有真正投入实用阶段。

第二节　电磁计量名词术语

一、电量计量名词术语

1. 电流　electric current

单位时间通过某个截面的电荷净转移量。

注：

(1) 按载流子的有无及其在不同材料中的运动情况，电流又可分为传导电流、运流电流及位移电流。

(2) 习惯上，电流的正方向被规定为正电荷的运动方向。

2. 电压　voltage

移动单位电荷时电场力所做的功或电场强度的线积分。

3. 电阻　resistance

导电物体阻碍传导电流通过的能力。

注：用来提供电阻的器件称为电阻器。

4. 相位　phase

用以表征正弦交流电压、交流电流等电参量瞬时状态的电角度。

注：

(1) 电压或电流等电参量以 $\sin(\omega t+\theta)$ 表达其变化规律时，其随时间变化的角度 $(\omega t+\theta)$ 就称为相位。

(2) θ 是 $t=0$（初始）时的相位，称初相位或初相角。

(3) ω 是正弦量的相位随时间的变化率，称为角频率。

5. 介电强度　dielectric strength

材料能承受而不致遭到破坏的最高电场强度。

6. 绝缘电阻　insulation resistance

在规定条件下，用绝缘材料隔开的两个导电体之间的电阻。

7. 泄漏电流　leakage current

仪器、测量电路的工作电源（或其他电源）通过绝缘或分布参数阻抗产生的电流。

注：

(1) 仪器或测量电路的工作电源引起的泄漏电流往往使工作电流减小，引起测量误差。

(2) 仪器或测量电路以外的其他电源引起的泄漏电流往往使工作电流增加，引起测量误差。

8. 共模抑制比　common mode rejection ratio，CMRR

加在规定参考点与输入端（用规定线路连在一起时）之间的电压，与为了产生相同输出而在输入端所需的电压之比。

注：

(1) 共模抑制比一般用分贝表示，一般与频率、波形和测量方式有关。

（2）共模抑制比也可用于电压之外的其他量。

9. 串模抑制比　series mode rejection ratio，SMRR

使输出信息发生规定变化的串模电压，与由被测量引起的能使输出产生相同变化的电压之比。

注：

（1）串模抑制比一般用分贝表示，通常与频率、波形和测量方式有关。

（2）共模抑制比也可用于电压之外的其他量。

10. 相电压　phase voltages

三相电源或三相负载每一相两端的电压。

11. 线电压　line voltages

三相电路中 A、B、C 三相引出线相互之间的电压，又称相间电压。

12. 相电流　phas currents

三相电源或三相负载每一相的电流。

13. 线电流　line currents

三相电路中三根端线中的电流。

14. 三相电路功率　power of three-phase circuit

三相电路的总功率，等于各相功率的总和。

15. 基波电流　fundamental current

将非正弦周期电流以傅立叶级数形式表征，其中序数为 1 的分量，即为与原非正弦周期电流同频率的正弦电流分量。

16. 谐波电流　harmoni current

将非正弦周期电流以傅立叶级数形式表征，其中频率为原非正弦周期电流的频率整数倍的各正弦电流分量的统称。

17. 平均功率　average power

一个周期内电路元件吸收或发出的瞬时功率的平均值，又称有功功率或有效功率，简称功率。

18. 视在功率　apparent power

电路元件端电压的有效值与流经它的电流有效值的乘积，又称表观功率，单位为伏安（VA）。

19. 无功功率　reactive power

电力系统中，表征视在功率超过有功功率程度的重要辅助量，具有功率的量纲，单位为乏（var）。

二、阻抗计量名词术语

1. 电导　conductance

电阻的倒数。电导的单位是西门子（S）。

2. 阻抗　impedance

正弦稳态下，线性时不变二端电路的，以相量形式表示的电压相量与电流相量之比。

注：阻抗即复数阻抗的简称，其实部称为电阻，虚部称为电抗。阻抗可写成极坐标形

式或直角坐标形式。

3. 电容 capacitance

两导体所带电荷为等量异号时，电荷的量值与该两导体间电位差的比值。在国际单位制（SI）中，电容的单位是法拉（F）。

注：在许多情况下，两导体（亦称两电极）间有电介质。电容的大小，既与两极的几何形状、尺寸和相互位置有关，也与其间的电介质的电容率有关。工程上经常使用的电容单位有微法［拉］（μF）或皮法［拉］（pF）。

4. 电感 inductance

描述由于线圈电流变化，在本线圈中或在另一线圈中引起感应电动势效应的电路参数。在国际单位制（SI）中，电感的单位是亨利（H）。

注：电感是自感和互感的总称。提供电感的器件称为电感器。

5. 交流电阻时间常数 time constant of ac resistor

由于存在分布参数，在给定的频率下，交流电阻可以等效为一个电阻 R_S 与电感 L_S 串联，或等效为一个电阻 R_P 与电容 C_P 并联的电路。交流电路的时间常数定义为 L_S/R_S 或 $R_P \cdot C_P$，其单位为“秒”。

三、磁学计量名词术语

1. 磁场 magnetic field

存在于载流导体、永久磁铁、运动电荷或时变电场等周围空间的，以电磁感应强度表征的一种特殊形式的物质。

2. 磁常数 μ_0 magnetic constant μ_0

为表示一种单位制中电磁单位与该单位制中力学单位的关系所选用的常数 μ_0。在国际单位制（SI）中，其值为

$$\mu_0 = 4\pi \times 10^{-7}\,(\mathrm{H/m})$$

注：μ_0 也称为真空的绝对磁导率。

3. 磁通密度 magnetic flux density

表征磁场强弱程度和磁场方向的物理量，又叫磁感应强度。磁通密度以矢量 $\boldsymbol{B}$ 来表示，单位为特斯拉（T）。

4. 磁通 magnetic flux

磁感应强度的面积分，又称磁通量。以符号 Φ 表示，单位为韦伯（Wb）。

5. 磁导率 permeability

描述物质磁性的物理量，等于物质中某点的磁感应强度 B 与该点的磁场强度 H 之比。通常以符号 μ 来表示，单位为亨每米（H/m）。

注：在电工技术领域，为适应不同的应用需求，还定义有若干不同条件下的磁导率，例如：①初始磁导率，表示磁场强度趋近于零时磁导率的极限值；②微分磁导率，又称动态磁导率，表示为磁化曲线上各点的斜率；③最大磁导率，表示为磁导率—磁场强度关系曲线上的最大值。

6. 磁场强度 magnetic field strength

由磁感应强度与磁化强度组合成的物理量，用符号 H 表示。在国际单位制中，其单

位是安每米（A/m）。

注：

（1）$H=B/\mu_0-M$，B 为磁感应强度；M 为磁化强度；μ_0 为真空磁导率。在各向同性线性物质中，磁化强度 M 与磁场强度 H 成正比，$M=X_mH$，其中，X_m 为磁化率。于是，上式可改写成 $B=(1+X_m)\mu_0H=\mu H$，其中，μ 是物质的磁导率。

（2）真空中，无磁化现象，$M=0$，此时，$B=\mu_0H$。

第三节　电磁单位换算表（部分）

一、电流单位换算表

电流单位换算见表1－1。

表1－1　电流单位换算表

单位名称	A	μA	mA	kA
安培（A）	1	10^{6}	10^{3}	10^{-3}
微安（μA）	10^{-6}	1	10^{-3}	10^{-9}
毫安（mA）	10^{-3}	10^{3}	1	10^{-6}
千安（kA）	10^{3}	10^{9}	10^{6}	1

二、电压单位换算表

电压单位换算见表1－2。

表1－2　电压单位换算表

单位名称	V	μV	mV	kV	W/A
伏特（V）	1	10^{6}	10^{3}	10^{-3}	1
微伏（μV）	10^{-6}	1	10^{-3}	10^{-9}	10^{-6}
毫伏（mV）	10^{-3}	10^{3}	1	10^{-6}	10^{-3}
千伏（kV）	10^{3}	10^{9}	10^{6}	1	10^{3}
瓦每安（W/A）	1	10^{6}	10^{3}	10^{-3}	1

三、电阻单位换算表

电阻单位换算见表1－3。

表 1－3　电阻单位换算表

单位名称	Ω	μΩ	mΩ	kΩ	MΩ	V/A	S^{-1}
欧姆（Ω）	1	10^{6}	10^{3}	10^{-3}	10^{-6}	1	1
微欧（μΩ）	10^{-6}	1	10^{-3}	10^{-9}	10^{-12}	10^{-6}	10^{-6}
毫欧（mΩ）	10^{-3}	10^{3}	1	10^{-6}	10^{-9}	10^{-3}	10^{-3}
千欧（kΩ）	10^{3}	10^{9}	10^{6}	1	10^{-3}	10^{3}	10^{3}
兆欧（MΩ）	10^{6}	10^{12}	10^{9}	10^{3}	1	10^{6}	10^{6}
伏每安（V/A）	1	10^{6}	10^{3}	10^{-3}	10^{-6}	1	1
负一次方西门子（S^{-1}）	1	10^{6}	10^{3}	10^{-3}	10^{-6}	1	1

四、电容单位换算表

电容单位换算见表 1－4。

表 1－4　电容单位换算表

单位名称	F	pF	nF	μF	mF	C/V
法拉（F）	1	10^{12}	10^{9}	10^{6}	10^{3}	1
皮拉（pF）	10^{-12}	1	10^{-3}	10^{-6}	10^{-9}	10^{-12}
纳法（nF）	10^{-9}	10^{3}	1	10^{-3}	10^{-6}	10^{-9}
微法（μF）	10^{-6}	10^{6}	10^{3}	1	10^{-3}	10^{-6}
毫法（mF）	10^{-3}	10^{9}	10^{6}	10^{3}	1	10^{-3}
库每伏（C/V）	1	10^{12}	10^{9}	10^{6}	10^{3}	1

五、电感单位换算表

电感单位换算见表 1－5。

表 1－5　电感单位换算表

单位名称	H	μH	mH	Wb/A
亨利（H）	1	10^{6}	10^{3}	1
微亨（μH）	10^{-6}	1	10^{-3}	10^{-6}
毫亨（mH）	10^{-3}	10^{3}	1	10^{-3}
韦伯每安（Wb/A）	1	10^{6}	10^{3}	1

六、磁感应强度单位换算表

磁感应强度单位换算见表 1 –6。

表 1 –6　磁感应强度单位换算表

单 位 名 称	T	μT	mT	G	kG	Wb/m^2
特斯拉（T）	1	10^6	10^3	10^4	10	1
微特（μT）	10^{-6}	1	10^{-3}	10^{-2}	10^{-5}	10^{-6}
毫特（mT）	10^{-3}	10^3	1	10	10^{-2}	10^{-3}
高斯（G）	10^{-4}	10^2	10^{-1}	1	10^{-3}	10^{-4}
千高斯（kG）	10^{-1}	10^5	10^2	10^3	1	10^{-1}
韦伯每平方米（Wb/m^2）	1	10^6	10^3	10^4	10	1

七、磁场强度单位换算表

磁场强度单位换算见表 1 –7。

表 1 –7　磁场强度单位换算表

单 位 名 称	A/m	kA/m	Oe
安每米（A/m）	1	10^{-3}	$4\pi \times 10^{-3}$
千安每米（kA/m）	10^3	1	4π
奥斯特（Oe）	$10^3/(4\pi)$	$1/(4\pi)$	1

八、磁通量单位换算表

磁通量单位换算见表 1 –8。

表 1 –8　磁通量单位换算表

单位名称	Wb	V · s	Mx
韦伯（Wb）	1	1	10^8
伏秒（V · s）	1	1	10^8
麦克斯韦（Mx）	10^{-8}	10^{-8}	1

九、功率单位换算表

功率单位换算见表 1 –9。

表 1－9 功率单位换算表

单位名称	W	kW	erg/s	kgf·m/s	米制马力	hp	cal/s	kcal/h	Btu/h
瓦（W）	1	10^{-3}	10^{7}	0.10972	1.35962×10^{-3}	1.34102×10^{-3}	0.238846	0.859845	3.41214
千瓦（kW）	10^{3}	1	10^{10}	0.10972×10^{3}	1.35962	1.34102	0.238846×10^{3}	0.859845×10^{3}	3.41214×10^{3}
尔格每秒（erg/s）	10^{-7}	10^{-10}	1	0.10972×10^{-7}	1.35962×10^{-10}	1.34102×10^{-10}	0.238846×10^{-7}	0.859845×10^{-7}	3.41214×10^{-7}
千克力米每秒（kgf·m/s）	9.80665	9.80665×10^{-8}	9.80665×10^{7}	1	0.0133333	0.0131509	2.34228	8.43220	33.4617
米制马力	735.499	0.735499	0.735499×10^{10}	75	1	0.986320	175.671	632.415	2509.63
英马力（hp）	745.700	0.745700	0.745700×10^{10}	76.0402	1.01387	1	178.107	641.186	2544.43
卡每秒（cal/s）	4.1868	4.1868×10^{-3}	4.1868×10^{7}	0.426835	5.69246×10^{-3}	5.61459×10^{-3}	1	3.6	14.2860
千卡每小时（kcal/h）	1.163	1.163×10^{-3}	1.163×10^{7}	0.118593	1.58124×10^{-3}	1.55961×10^{-3}	0.277778	1	3.96832
英热单位每小时（Btu/h）	0.293071	0.293071×10^{-3}	0.293071×10^{7}	2.98849×10^{-2}	3.98466×10^{-4}	3.93015×10^{-4}	0.0699988	0.251996	1

十、电能表常数单位换算表

电能表常数单位换算表见表 1－10。

表 1－10 电能表常数单位换算表

铭牌上标注的常数	换成常数 C[r(imp)/(kW·h)(kvar·h)]的公式
1r = x(W·s)	3600×1000/x
1r = x(W·h)	1000/x
1r = x(kW·h)	1/x
1W = x(r/s)	3600×1000x
1min100W = x(r)	600x
P(W) = x(kHz)	3600×1000x
1W·h = x(imp)	1000x
注：r—转；imp—脉冲；x—标注的常数值；1kW·h—人们常说的 1 度电。	

第四节　电磁计量器具检定系统表（部分）

一、直流电动势计量器具检定系统框图（见图1－5）

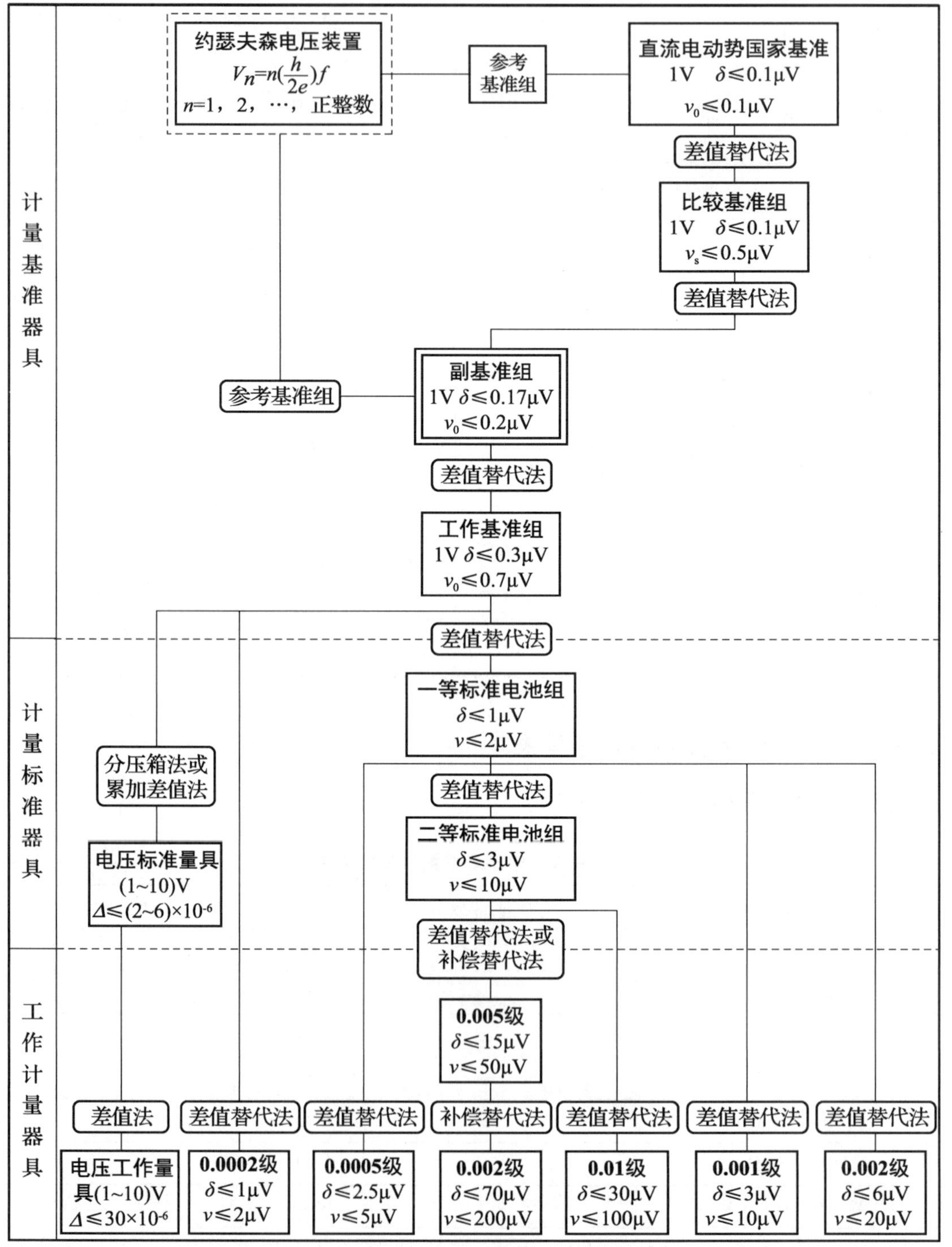

图1－5　直流电动势计量器具检定系统框图

二、直流电阻计量器具检定系统框图（见图1－6）

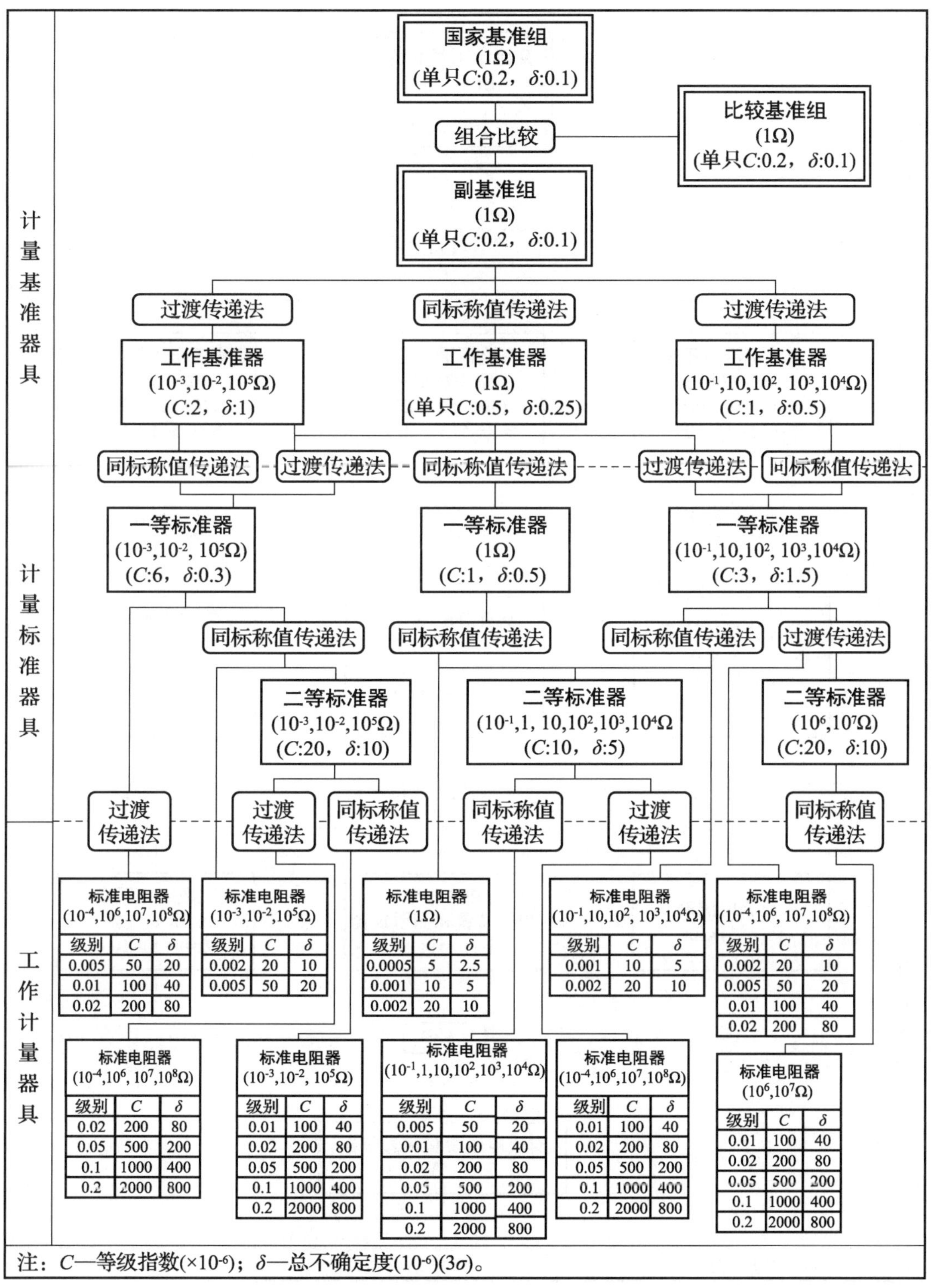

图1－6 直流电阻计量器具检定系统框图

三、交流电压计量器具检定系统框图（见图 1－7）

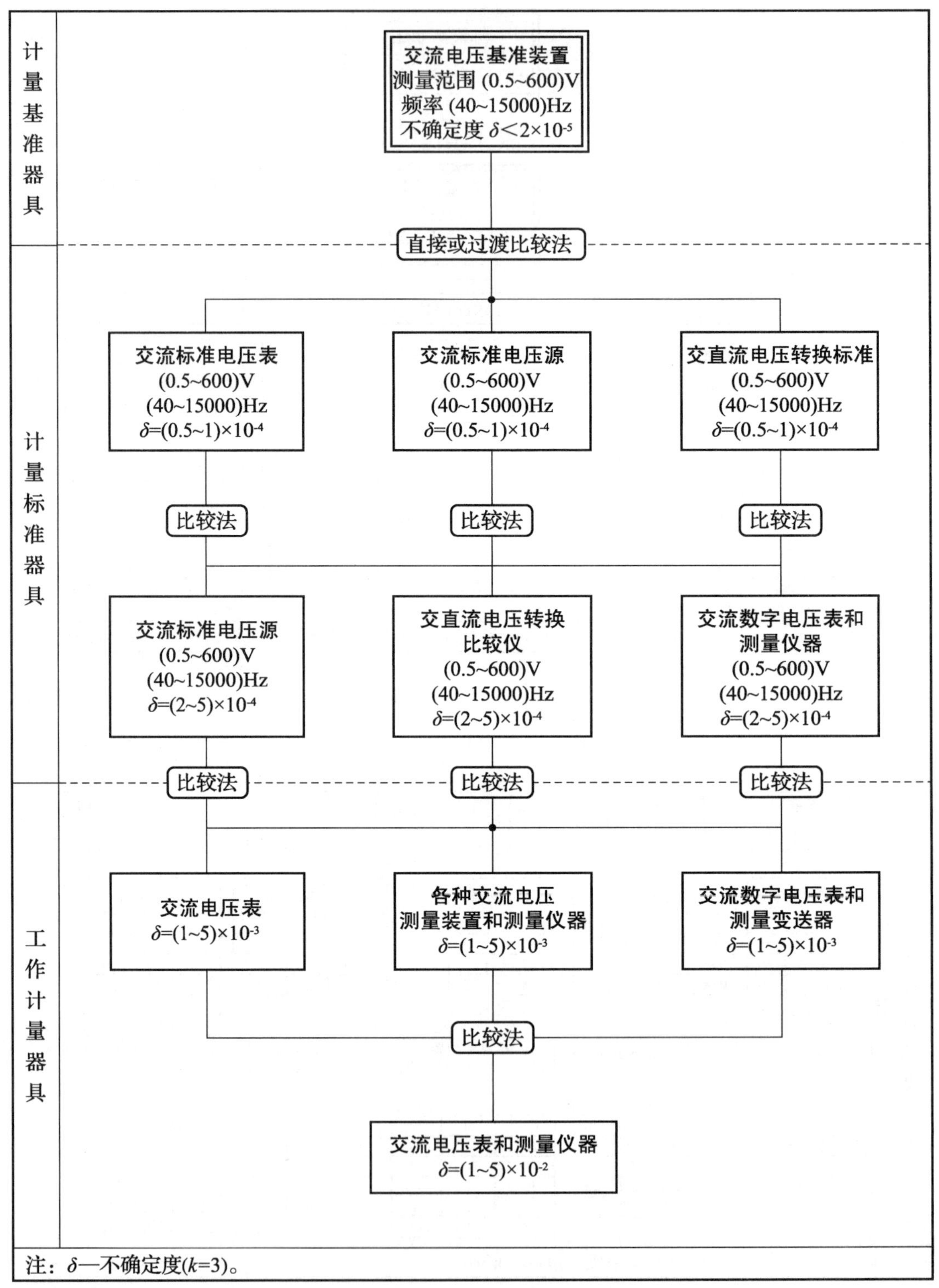

图 1－7　交流电压计量器具检定系统框图

四、交流功率计量器具检定系统框图（见图1－8）

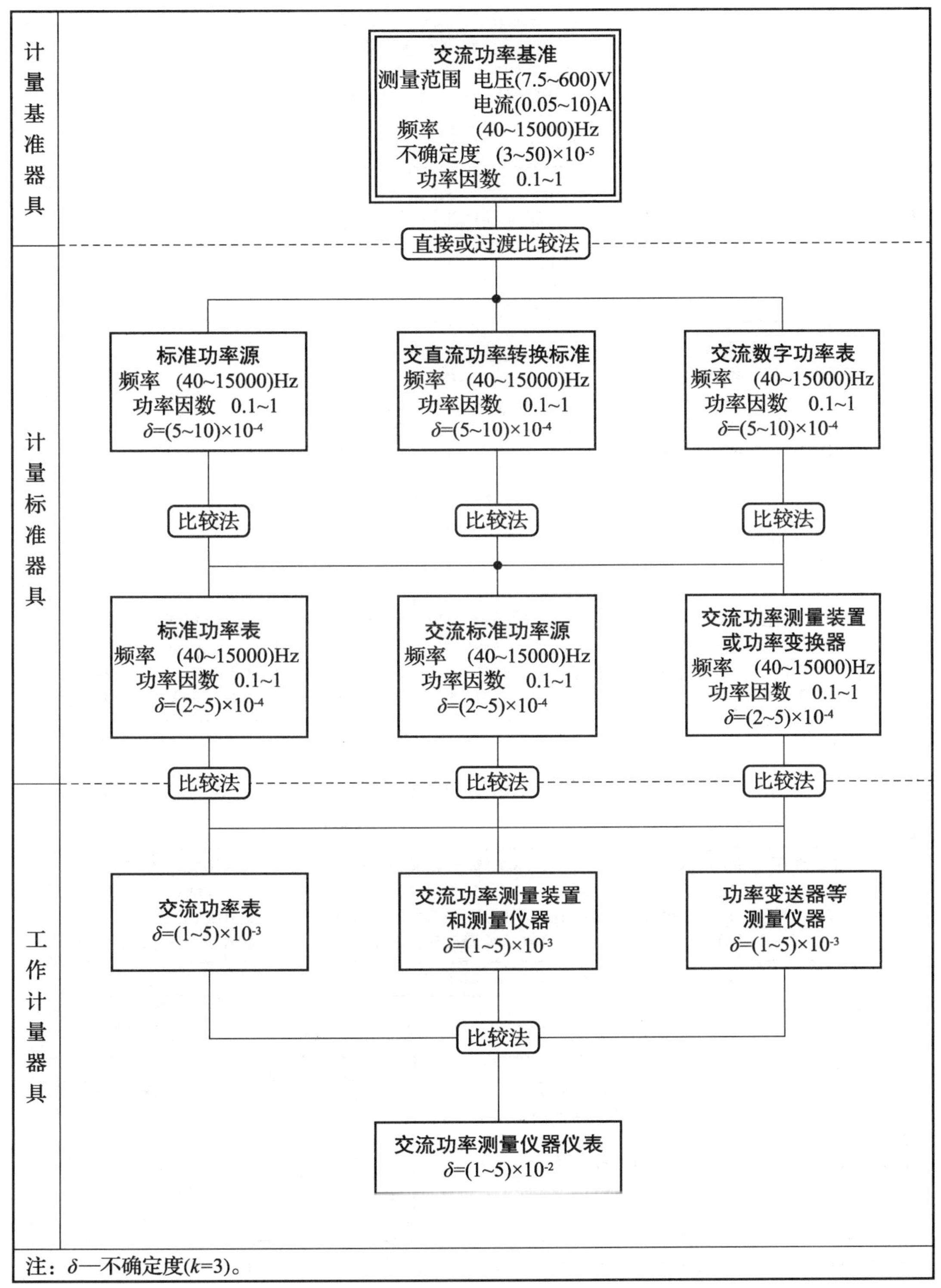

图1－8　交流功率计量器具检定系统框图

五、损耗因数计量器具检定系统框图（见图 1－9）

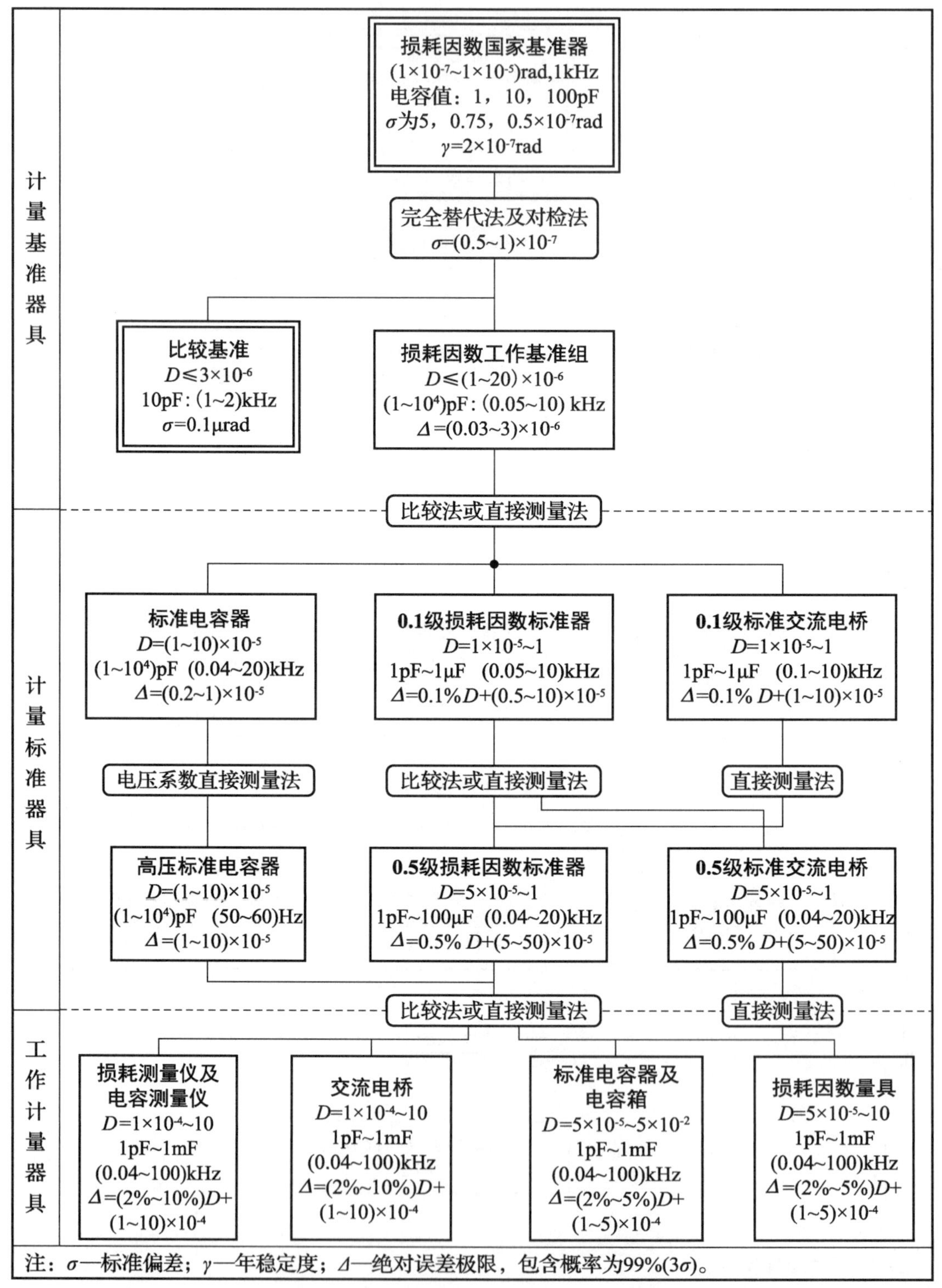

图 1－9　损耗因数计量器具检定系统框图

六、交流电能计量器具检定系统框图（见图1－10）

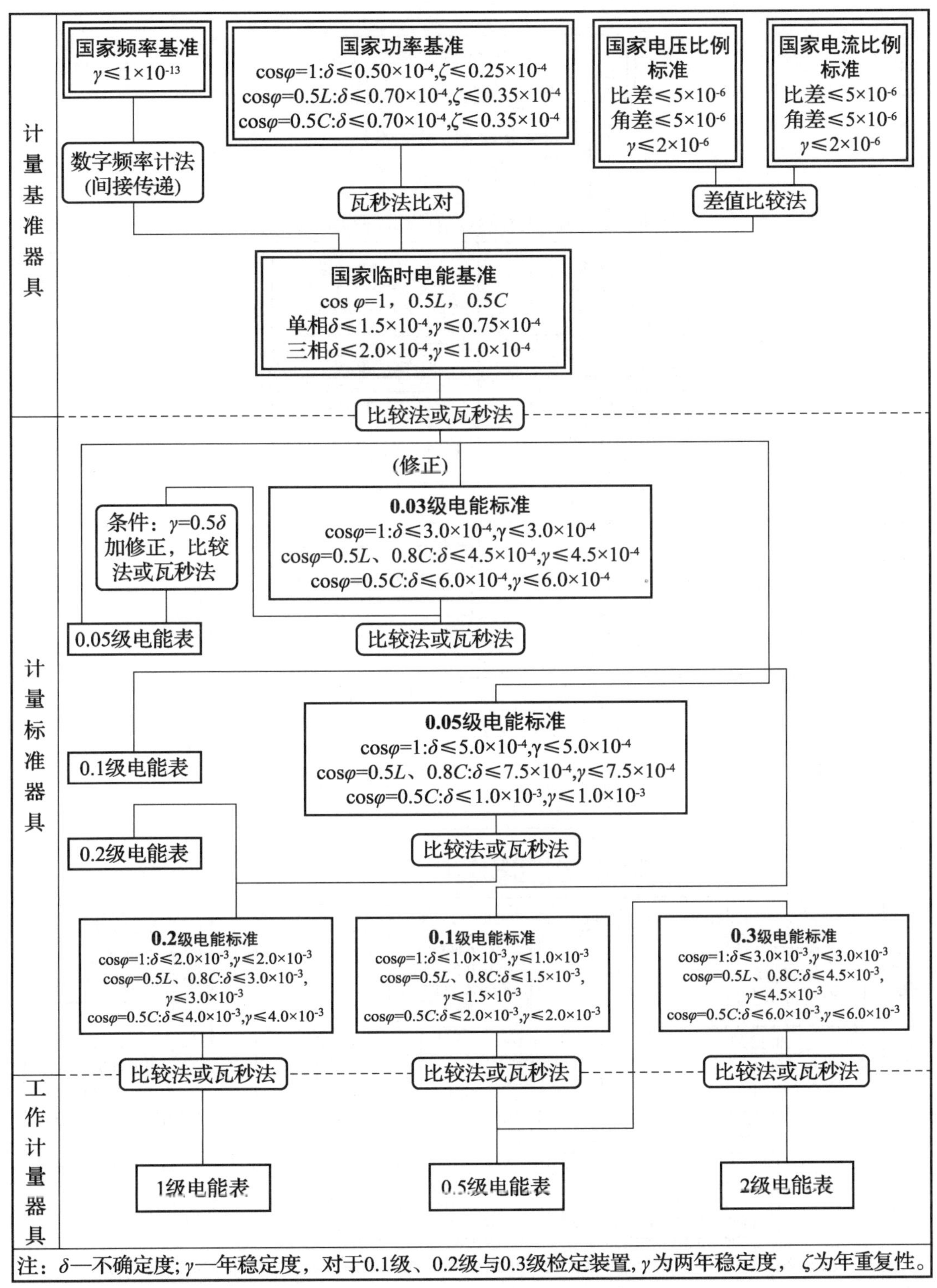

图1－10　交流电能计量器具检定系统框图

七、工频电流比例计量器具检定系统框图（见图1－11）

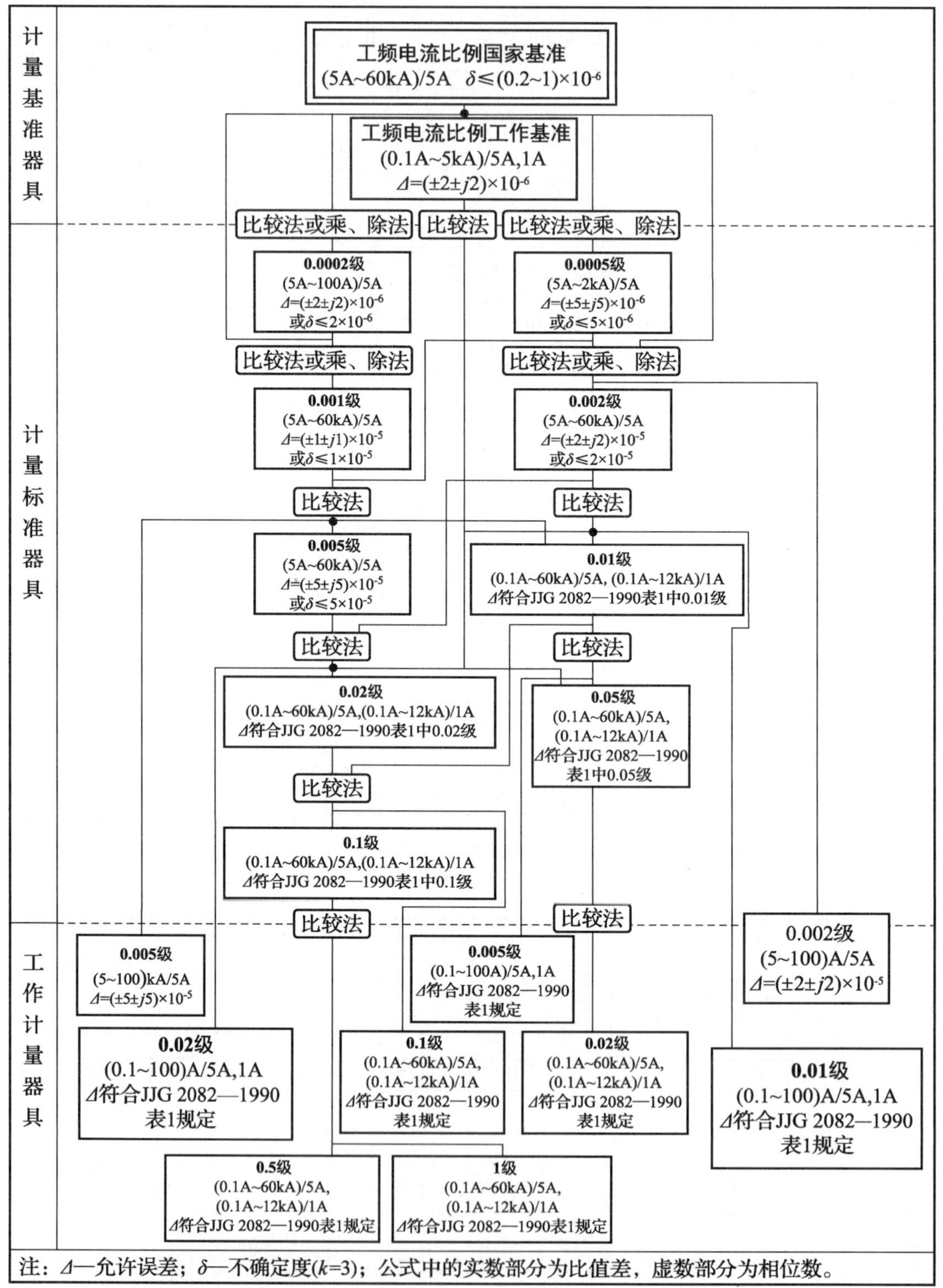

图1－11　工频电流比例计量器具检定系统框图

八、电容计量器具检定系统框图（见图 1－12）

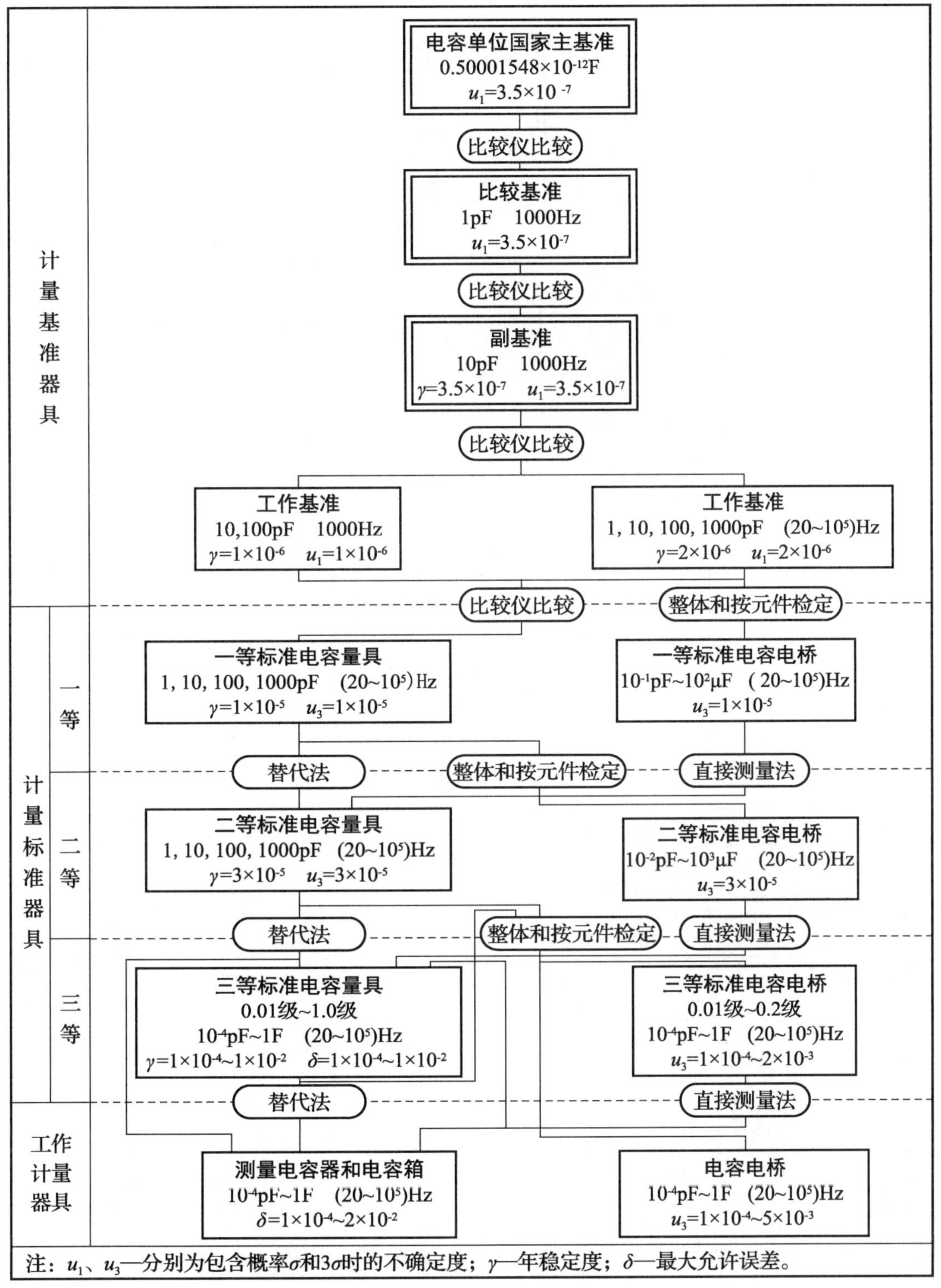

图 1－12　电容计量器具检定系统框图

九、电感计量器具检定系统框图（见图 1-13）

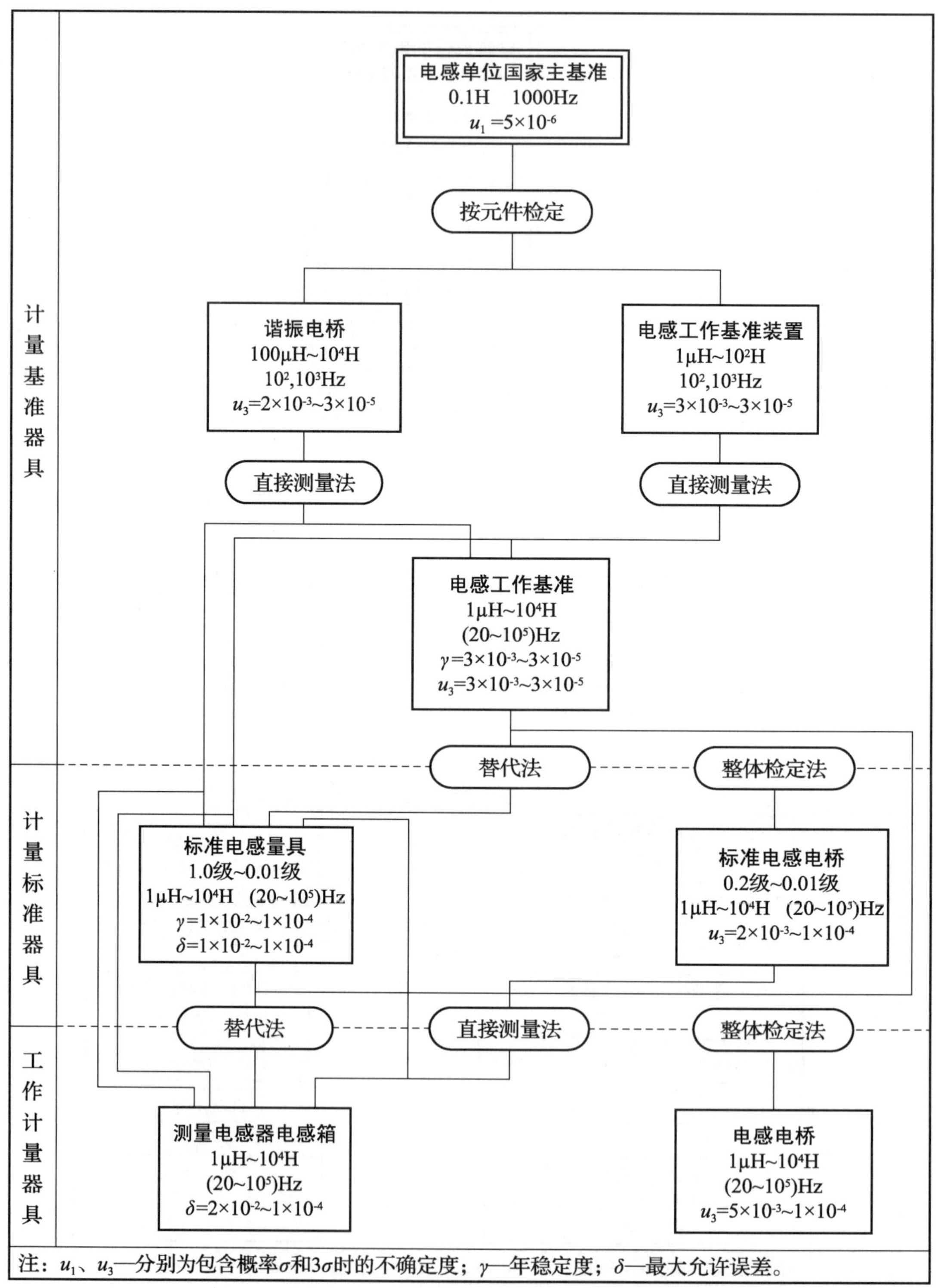

图 1-13 电感计量器具检定系统框图

十、磁感应强度(恒定弱磁场)计量器具检定系统框图(见图1-14)

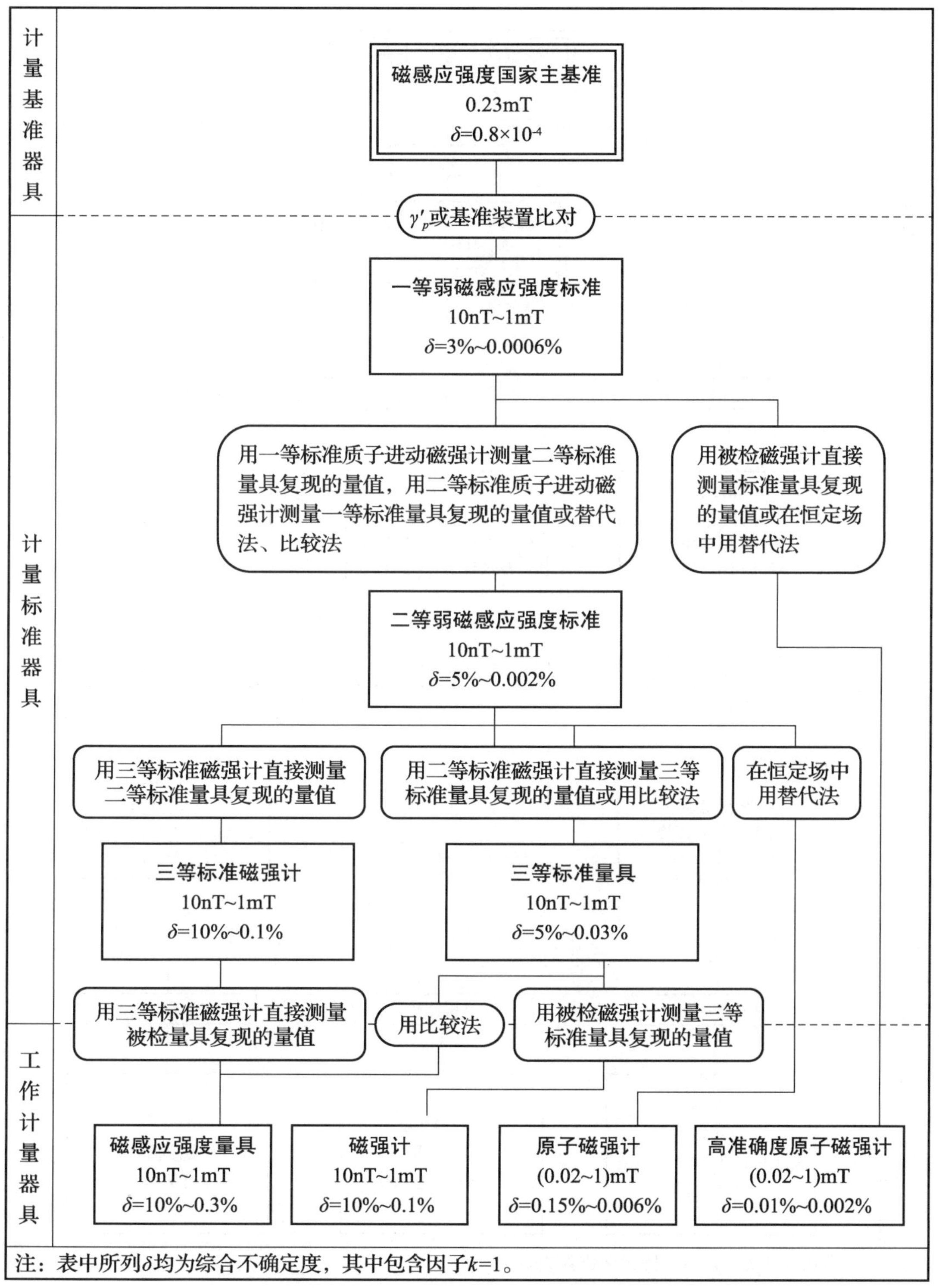

图1-14　磁感应强度（恒定弱磁场）计量器具检定系统框图

十一、磁通计量器具检定系统框图（见图 1－15）

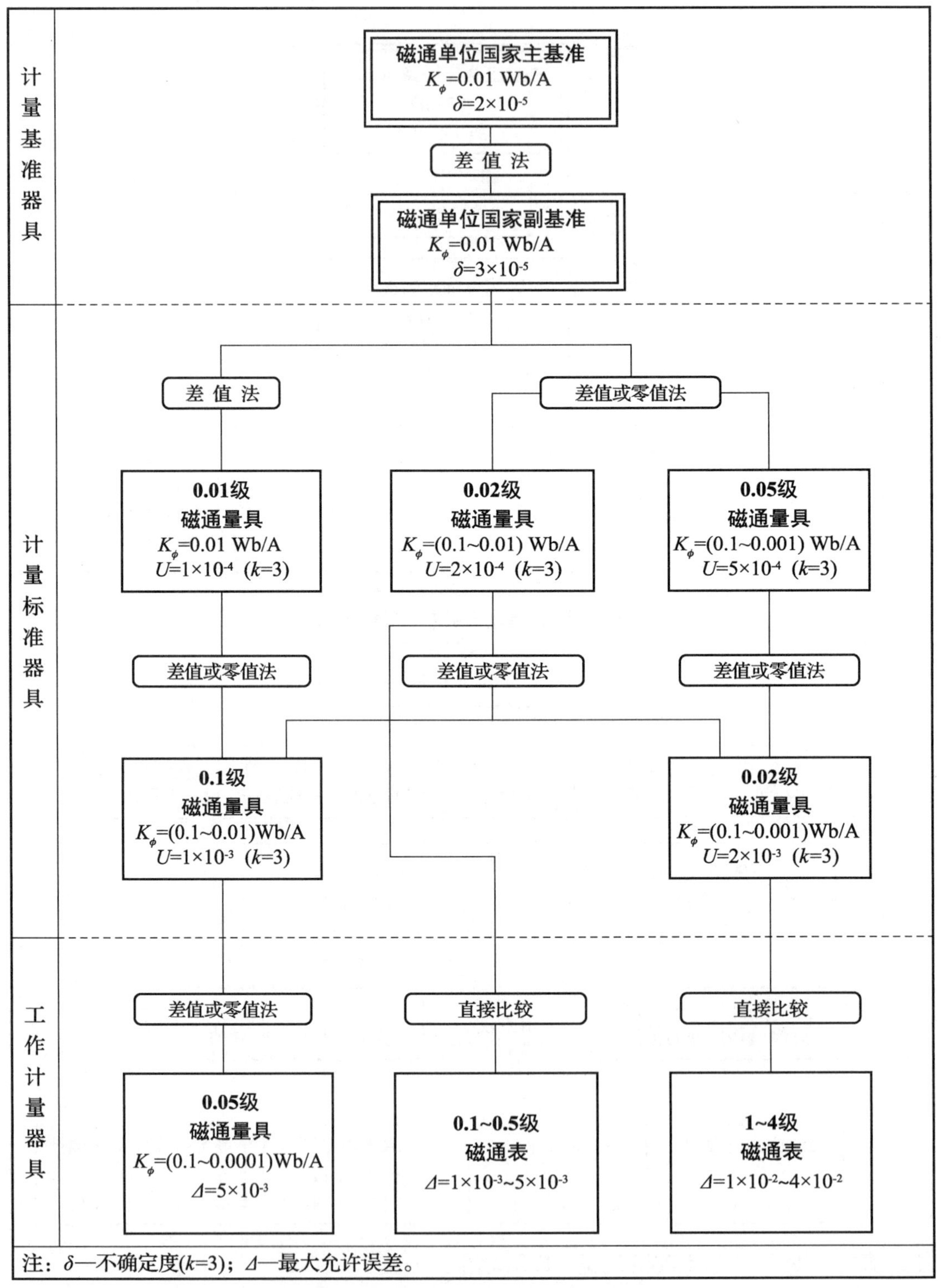

图 1－15　磁通计量器具检定系统框图

第五节　电磁计量器具常用配套设备

计量标准器及配套设备是保证实验室正常开展检定或校准工作，并取得准确可靠的测量数据的最重要的设备。主要配套设备是指除计量标准器以外的对测量结果的不确定度有明显影响的其他设备。下面介绍在电磁计量领域的检测、校准工作中比较有代表性的常用配套设备及其使用方法。

一、直流电量标准装置常用配套设备

（一）直流标准电阻器

直流标准电阻器一般用于对其他电阻、电阻器件以及电阻测量仪器的测量，作为一个标准电阻源来使用，具有准确度高、温度系数低的特点。在直流电工仪器表中，如直流电阻器、直流电桥、直流电阻箱、回路电阻测试仪、直阻仪和数字多用表等检定项目中作为主要检定设备或辅助设备。

从使用方法上看，直流标准电阻器可以分成油型和空气型两种。

1. 油型直流标准电阻器

该类标准电阻器大部分是密封的双壁结构，精密使用时需要浸泡在装有矿物油的恒温油槽中，以便恒温、均热和散热。油的热容比较大，电阻在使用中的热量容易被吸收而不产生明显温升，另外油是流动、均匀的，可以保持恒定的温度。

图1－16所示为BZ3系列标准电阻，此系列标准电阻是国产双壁、油型直流标准电阻器，国内许多计量技术机构建标的均采用BZ3/BZ3C系列标准电阻作为实物标准。进口的油浴电阻主要是英国生产的5685A/HS型AC/DC充油标准电阻，年变化小于0.5×10^{-6}。

图1－16　BZ3/BZ3C系列标准电阻

该类标准电阻的特点是：

（1）价格比较便宜，且准确度较高、温度系数较小，稳定性好；

（2）便于长期储存，适合作为传递标准；

（3）精密测量时须在油槽中使用。

2. 标准电阻恒温油槽

深圳艾依康公司（AIKOM）生产的MR-5010B、MR-5015台式精密恒温油槽，最多可容纳18只采用BZ3系列标准电阻以及两只标准过渡电阻，配备槽内可升降支架。产品具有控温准确度高、温场均匀性好、使用容积大、体积小以及静音、节能环保等特点。

3. 空气型直流标准电阻器

由于油型直流标准电阻器不便于携带和使用，随着Evan ohm等低温度系数电阻材料的使用，出现了温度系数非常低的空气型直流标准电阻器，如Electro Scientific Industries公司的SR104、美国福禄克公司（FLUKE）的742A（见图1－17）、加拿大Cuildline公司的9334A（见图1－18）以及深圳艾依康公司的AR-1125（见图1－19）系列标准空气电阻等。

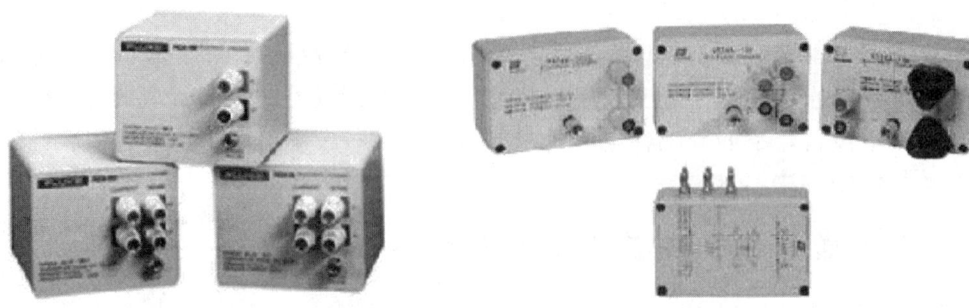

图1－17　742A型标准空气电阻

图1－18　9334A系列标准电阻

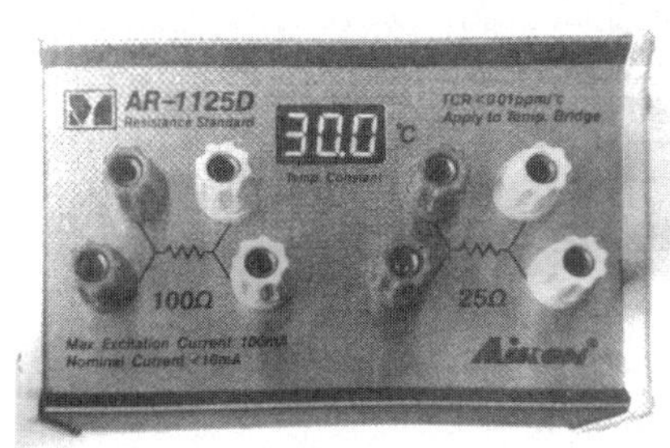

图1－19　AR－1125系列配备恒温器的标准空气电阻

该类标准电阻的特点是：

（1）温度使用范围宽且温度系数极低，因此温度对空气型直流标准电阻器的影响很小，可不在油槽中使用。

（2）空气型直流标准电阻器的电阻的温度系数都是已知的（α 和 β），因此只要了解电阻周围的环境温度，就可以通过计算或查表得到精确的电阻修正值。修正值很小，权重也很小，可以降低和避免因温度变化而引起的电阻值的变化。

目前许多计量技术机构购置空气型直流标准电阻器作为数字多用表电阻及电流量程等项目建标的主要配套设备，非常便于现场的检定工作。

标准空气电阻的技术特点包括：

（1）可实现在空气中的高准确度电阻校准，无需在温受控的恒温槽中进行稳定；

（2）既可作为工作标准，也可作为高可靠性和坚固的便携式传递标准，非常适合于测量领域的标准和校准之中；

（3）滞后误差很小，通常可以忽略不计；

（4）可满足高准确度的数字万用表的不同校准需求。

4. 配备恒温器的空气型直流标准电阻器

空气型直流标准电阻器的优势在于方便携带和使用，但是，尽管采用了Evan ohm等低温度系数电阻材料，其环境温度影响对于稳定性要求高的量值传递过程还是需要进行温度修正或寻求恒温手段。

深圳艾依康公司推出的具备内置恒温装置的空气型气流标准电阻器（见图1－19），只要具备220V交流电源就可以使标准电阻器恒温体保持高稳定性的恒温以及极大的热容，性能接近或超过油槽的散热作用，环境温度在（23±10）℃范围内，温度系数为$(0\pm10^{-6})℃^{-1}$。校准不确定度以及年稳定度与国际同类空气型气流标准电阻器具有相同的准确度等级。

（二）直流电阻箱

1. 直流电阻箱简介

直流电阻箱是一种可以调节电阻大小并且能够显示出电阻阻值的可变电阻量具，由若干个阻值已知的电阻线圈按一定形式连接在一起组合而成。直流电阻箱能够表示出接入电路中的阻值大小，但阻值变化是间隔渐进式的。直流电阻箱在直流电量的测量中使用非常广泛，直流电桥、绝缘电阻表、电子式绝缘电阻表、高绝缘电阻测试仪（高阻计）、接地电阻表、直流低电阻表、回路电阻测试仪、接地导通电阻测试仪等项目的主标准器都可以认为是各种类型的直流电阻箱，只是测量范围、额定功率、准确度等级等有所不同。

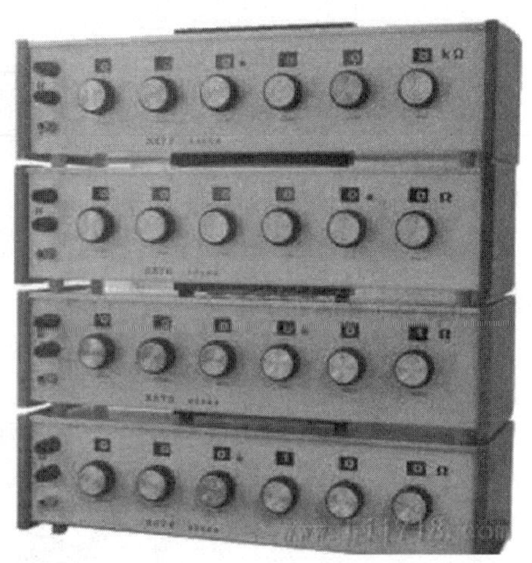

图1－20　ZX系列开关式电阻箱

直流电阻箱按其电阻值调节方式可以分为接线式、插头式和开关式三类。目前，各计量技术机构广泛使用的是开关式电阻箱。开关式电阻箱又称旋臂式电阻箱或十进转盘电阻箱，它是依靠电刷旋转来实现电阻调节的。其优点是操作方便，缺点是接触电阻较大，且稳定性较差。图1－20为上海精密仪器仪表有限公司生产的ZX系列开关式电阻箱。

2. 直流电阻箱的准确度等级

参考条件下，直流电阻箱的每个十进制盘都有各自相应的准确度等级。因此用户在购置和后续送检中，应注意确认直流电阻箱的检定证书或校准证书，以免出现不符合检定规定或测量要求的情况。

（三）绝缘电阻表、绝缘电阻测试仪

1. 绝缘电阻测量仪表的分类

绝缘电阻表、电子式绝缘电阻表均主要用于测量设备或材料的绝缘电阻。传统的绝缘电阻表和电子式绝缘电阻表的使用方法及用途基本一致，两者之间仅在其供电方式和电子器件构造等方面有所不同：手摇式的绝缘电阻表的供电方式是内附的手摇发电机，需要人工外力驱动才能工作，在使用过程中要求刻度调零，只有单一的额定电压；电子式绝缘电阻表的供电方式以干电池为主，一般具有两个或两个以上的额定电压量程，因此在抗干扰、防止反击和自动放电等方面具有优势，方便现场携带使用。

电子式绝缘电阻测试仪与传统手摇式绝缘电阻表的区别见表1－11。

表 1 - 11　电子式绝缘电阻测试仪与手摇式绝缘电阻表的区别

项　目	电子式绝缘电阻测试仪	手摇式绝缘电阻表
额定电压	2 个或 2 个以上	1 个
输出电压稳定性	自身产生预置的额定电压，电池电量充足条件下输出电压稳定	以 120r/min 转速人工产生一个额定电压，输出电压在转速相对稳定时才能稳定
操作自动化	自动测量显示	人工操作
测量极化指数	测量各种绝缘参数 R_{15s}、R_{60s}、R_{10min}、吸收比、极化指数时很方便	测量吸收比约需手摇 1min，测量极化指数约需摇 10min
功能	可对测试品进行短路、电流反击、自动放电等测试	不具备短路测试、测试品电流反击、自动放电等功能

2. 绝缘电阻表的准确度等级

如无特殊要求，一般选择准确度等级为 10. 0 级的绝缘电阻表即可满足要求。需要特别提示的是，传统的绝缘电阻表采用手摇方式，额定电压单一，满足实际需要可能要配备若干绝缘电阻表；电子式绝缘电阻表则有多个电压量程，测量范围较宽，准确度等级相对较高，一两台就可以满足工作的需要。

图 1 - 21 为 ZC7 型、ZC29 型绝缘电阻表，图 1 - 22 为美国福禄克（FLUKE）公司生产的 1508 型电子式绝缘电阻测试仪。

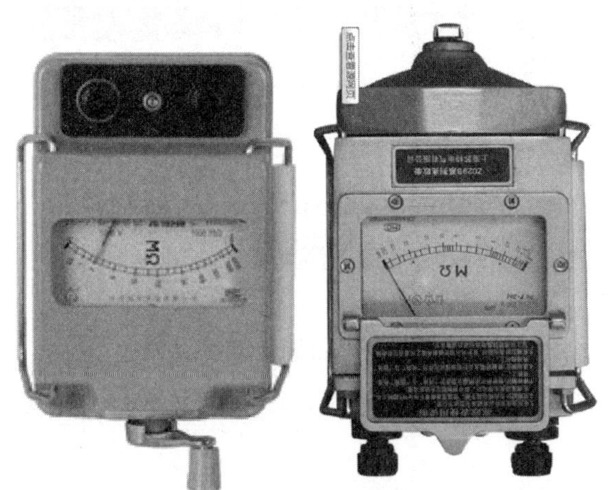

图 1 - 21　ZC7 型、ZC29 型绝缘电阻表

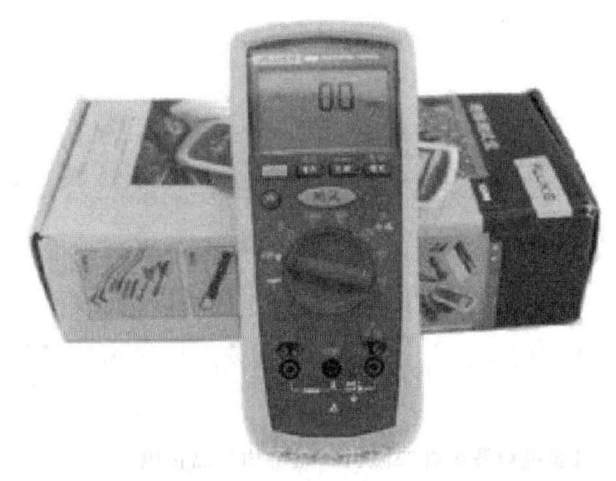
图 1 - 22　1508 型电子式绝缘电阻测试仪

（四）耐电压测试仪

在不同专业的检定规程或校准规范中，对耐压试验的表述略有不同，有的称为耐压试验，有的称为介电强度试验或绝缘强度试验，几种试验的检定方法和要求基本相同，都使用耐电压测试仪进行试验。耐电压测试仪是对各种低压电器设备和器具的绝缘部位和绝缘结构的抗电性能进行检测和试验的仪器。

1. 耐电压测试仪的工作原理和工作方式

耐电压测试仪的基本原理是：把一个高于正常工作的电压加在被测设备的绝缘体上，

并持续一段规定的时间，如果其间的绝缘性足够好，加在上面的电压就只会产生很小的漏电流。如果一个被测设备绝缘体在规定的时间内，其漏电电流保持在规定的范围内，就可以确定这个被测设备可以在正常的运行条件下安全运行。

2. 耐电压测试仪的分类

耐电压测试仪可以分为交流输出和直流输出两种类型，用户可以根据自己的实际需要进行选择。

3. 耐电压测试仪的选用

通常情况下，常用的耐电压测试仪输出电压和击穿报警电流的最大值（除特殊用途）分别为10kV和100mA。用户主要根据被测对象的工作电压的不同来选取耐电压测试仪，在大多数的标准和规范要求中，耐电压测试仪的交流输出电压不低于5kV，击穿报警电流不低于200mA，即可满足计量工作的要求。耐电压测试仪还必须具备时间设定和声光报警功能。目前市场上销售的耐电压测试仪有进口厂家的也有国产厂家的，其价格差距较大，但是指标差别不大。近年来随着我国生产厂家技术水平的提高，耐电压测试仪的自动化程度和产品质量有了较大提升，可以根据实际需要酌情选择。

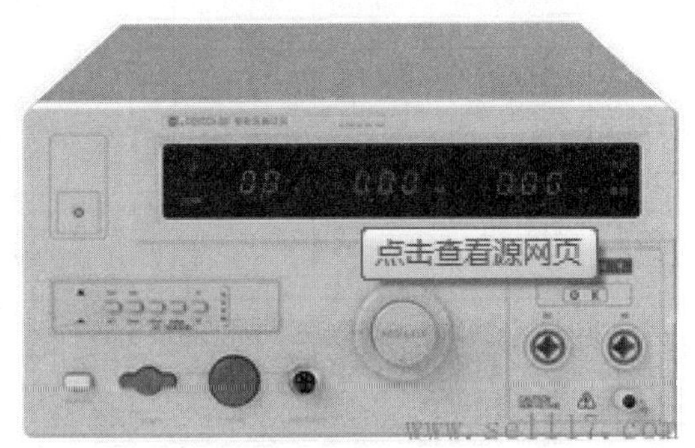

图1－23　CS2672XX系列耐电压测试仪

耐电压测试仪的准确度等级最高为1级。如无特殊要求，一般选取准确度等级为5级的耐压测试仪即可满足使用要求。

图1－23为南京长盛仪器有限公司生产的CS2672XX系列耐电压测试仪。

4. 耐电压测试仪的使用注意事项

耐电压测试仪在使用中应注意严格按使用说明书接线测试。另外，根据被测仪器的特点还要特别注意某些器件要预先拆除，如：防雷击装置、相关接地装置等，然后再开展耐电压试验，以免造成设备的损坏。

5. 电能表耐电压测试台

工频耐压试验对于电能表日常检定是一项必不可少的试验。正确选择耐压仪不仅可以满足电能表日常检测工作的需要，还可大大提高工作效率。

选购耐电压测试台首先应根据日常检定工作量的大小决定是选择便携式（通用型）还是台式多表位（专用型表位数量大于16个且方便接线）耐压台。其次根据电能表标准的要求，耐压仪的高压输出容量应不小于500V·A，电能表耐压试验泄露电流一般选择(5～10)mA，对于台式多表位耐压仪，输出电压越高、表位数量越多则应适当增加容量，以满足要求。耐压仪需保证使用方便且安全可靠，量程切换可满足Ⅰ类和Ⅱ类防护等级的电能表试验电压，可根据试验要求设置输出试验电压、击穿电流及持续时间等。

对于台式多表位的耐压仪，可以方便地对各种电子式、感应式、机电式单相、三相三线、三相四线有功和无功电能表、全电子式多功能电能表进行耐压试验。每个表位都应有击穿着指示，当泄露电流值超出预置击穿报警电流值时，能够自动切断该表位的输出电压，同时发出报警信号。台式多表位耐压仪的输出电压多采用自动升降方式，不仅能够对试验人员提供更好的保护，而且便于控制电压升降的时间。

检定规程定电能表的检定需要做耐电压试验，因此进行耐压试验时可以考虑使用耐电压测试台，如果检定任务较少，则可以使用一般的耐电压测试用作为计量标准的配套设备。

图 1－24 为电能表检测中经常使用的耐电压测试台。

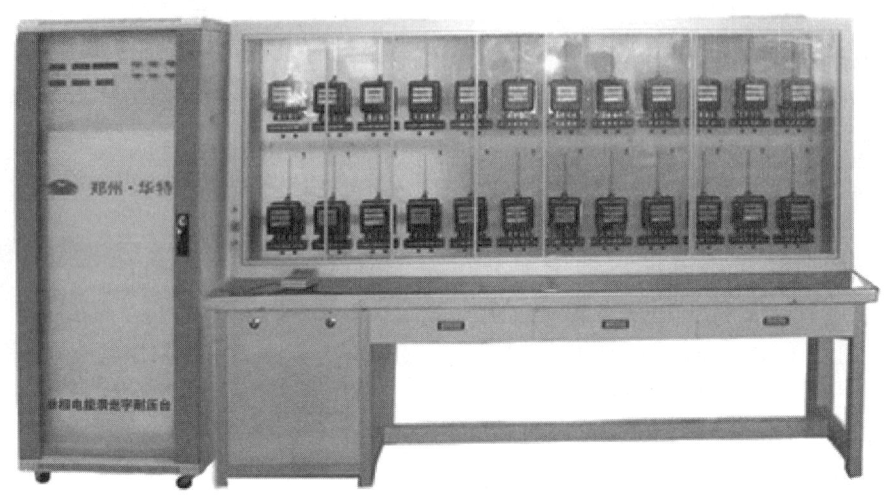

图 1－24　耐电压测试台

（五）接地电阻表

接地电阻表是用来测试电力、邮电、铁路、通信、矿山等部门测量各种装置的接地电阻以及测量低电阻的导体电阻值、土壤电阻率及地电压的仪器。

接地电阻表主要由手摇发电机、电流互感器、电位器以及检流计组成。

图 1－25 为 ZC29 型接地电阻表，图 1－26 为 4105AH 接地电阻测试仪。

图 1－25　ZC29 型接地电阻表

图 1－26　4105AH 接地电阻测试仪

（六）恒速器

手摇式绝缘电阻表和接地电阻表的检定工作中应配备有恒定转速的驱动装置，简称恒转速源，如图 1－27 所示。因为绝缘电阻表和接地电阻表都需要由其内附手摇发电机提供电源，为减少由此带来的不确定度的影响，可以配备相应转速为(120～250)r/min 的恒速器。

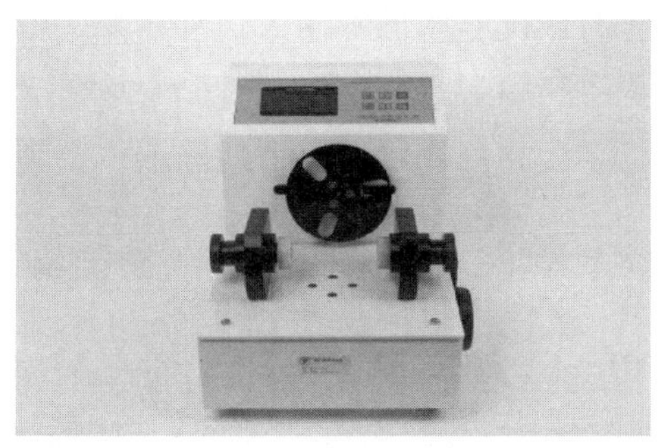

图 1－27 SHZ－E 型恒转速源

二、交流电量标准装置常用配套设备

(一) 数字多用表

数字多用表（DMM）是在数字电压表（DVM）基础上发展起来的数字化仪表，可直接测量电压、电流、电阻或其他电参量，其功能可任意组合并以十进制数字显示被测量结果。数字多用表（DMM）通常具有直流电压、交流电压、直流电流、交流电流、电阻等多种测量功能。有些数字多用表还具有温度、频率等测量功能，除了在电磁领域使用等还广泛使用在力学、流量、温度等领域。

1. 数学仪表常用绝对误差的表达形式

数字仪表常用绝对误差表示方法有以下几种：

(1) ±读数的 $a\%$ ±满量程的 $b\%$，同时注明使用温度、保证准确度的时间和所用量程；

(2) ±读数的 $a\%$ $\pm n$ 个字；

(3) ±读数的 $b\%$ $\pm n$ 个字；

(4) ±读数的 $a\%$ ±满量程的 $b\%$ $\pm n$ 个字。

习惯上把 $a\%$、$b\%$、n 个字分别称为相对误差项、引用误差项和绝对误差项。在测量中，使用者总是希望知道仪表在测某一被测量时的相对误差是多少，因此用一项 $a\%$ 来表示仪表的测量误差的情况最为理想。但在制造仪器时，往往很难办到这一点。因为任何仪器总会有不依赖于被测量大小的绝对误差，比如：零位电阻、零电势、最小分辨力、漂移等，所以总的误差以相对误差和绝对误差两项综合来表示还是比较合理的，因此数字多的表说明书中多用方法（2）来表达。

方法（1）通常为准确度较高的数字多用表的表达方式。误差表示式中的系数 a 是仪表中的内附基准源和测量线路的传递系数不稳定性所决定的。

误差表示式中的系数 b 是由放大器的零点漂移、热电势、量子化误差引起的。在误差表达方式（3）、方式（4）中的引用误差（满量程的 $b\%$）和绝对误差的“n 个字”实质上是一样的，它们都表示与被测量大小无关的绝对误差，因此可以直接相互换算合并成一个，即只保留满量限的 $b\%$ 或 n 个字。

2. 分辨力

数字多用表的分辨力是指在仪表的最低量限上最末一位改变一个数所代表的被测量的大小。以 7 位数字电压表为例，在最低量限满度值如果是 1V，它的分辨力就是 10^{-7}V，即 0.1μA。数字多用表能稳定显示的位数越多，则分辨力越高。目前的数字电压表的分辨力可达 0.1μA 甚至更高。常用的高档数字多用表的显示位数为 $5\frac{1}{2}$位、$6\frac{1}{2}$位、$7\frac{1}{2}$位、$8\frac{1}{2}$位等，如常用的 8508A 型（见图 1－28）为 $8\frac{1}{2}$位、Hp3458A 型为 $8\frac{1}{2}$位；Hp34420A 型为 $7\frac{1}{2}$位、2001 型和 2010 型为 $7\frac{1}{2}$位；8846A/8845A$\left(6\frac{1}{2}\text{位}\right)$型、Hp34401 型（见图 1－29）为 $6\frac{1}{2}$位等。

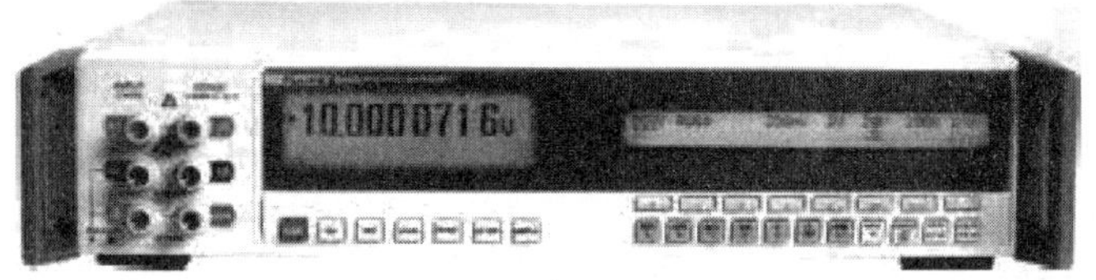

图 1－28　8508A 型数字电压表

需要特别说明的是，分辨力与准确度是不一样的。分辨力高的数字多用表不一定代表准确度高。

国产厂家生产的数字仪表多为手持式，准确度较进口厂家生产的低一些，但是功能也很齐全，尤其作为测量测试工具使用时，也能满足要求。图 1－30 是两种常见的国产手持式数字式仪表。

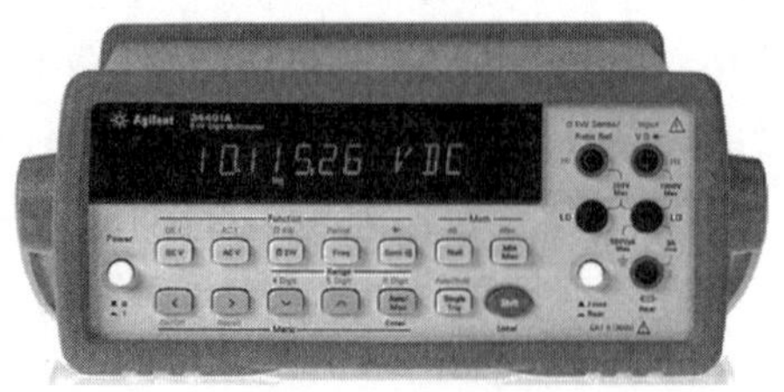

图 1－29　Hp34401 型数字电压表

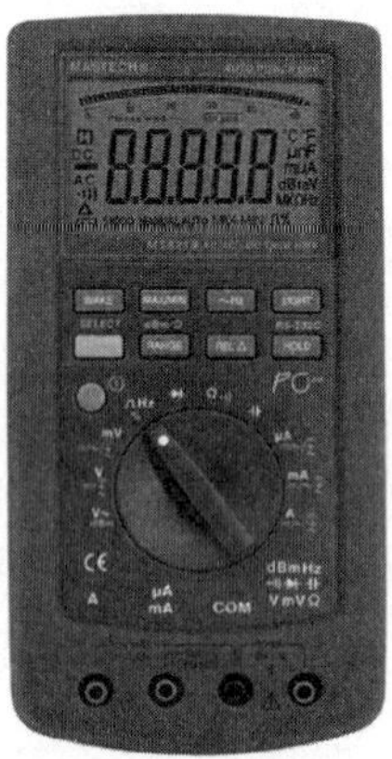

图 1－30　手持式数字仪表

另外，我国还有大量的模拟指示仪表生产厂家提供模拟式仪表及电工仪器仪表，但由于数字仪表的发展时间不长，而且其价格昂贵、电路复杂，不能像模拟仪表那样直接反映变化趋势，因此模拟指示仪表也仍有其适用场合。图 1－31 是几种常见的模拟指示仪表。

图 1-31　常见的模拟指示仪表

（二）多功能源

多功能源又称标准发生器、多功能校准器等，它是以定点或步进的方式产生并输出电压、电流、电阻参量，并且功能可任意组合的电子测量仪器。早期的标准源直流电压准确度只有 0.03% 左右，现在的直流标准源直流电压功能准确度最高可达 4×10^{-6}，交流标准源的准确度等级也可以达到 ±0.1%。同时标准源的多功能化的趋势也十分明显，往往同时具有直流电压、交流电压、直流电流、交流电流、直流电阻等多种标准电量输出，交流量的频率还可以扩展至几十 kHz 甚至是 1MHz。有的精密多功能校准器还能覆盖数字多用表的所有功能和量程范围，几乎相当于一个标准电学计量实验室，这样就能够满足多功能仪表以及各类模拟仪表的测量需要。

例如常见的进口多功能校准器如美国福禄克公司提供的几款不同精度、不同测量范围和适用范围的校准产品，基本上覆盖了各种电学和热工的仪表的校准工作。图 1-32 ~ 图 1-34 为几款典型产品。

图 1-32　5720A 型高精度多功能校准器

图 1-33　5730A 型高精度多功能校准器

图 1-34　5080A 型多功能多产品校准器

图 1 – 35 ~ 图 1 – 37 为几款常用的国产多功能标准源。其特点是宽量限、多量值、多功能、高准确度。

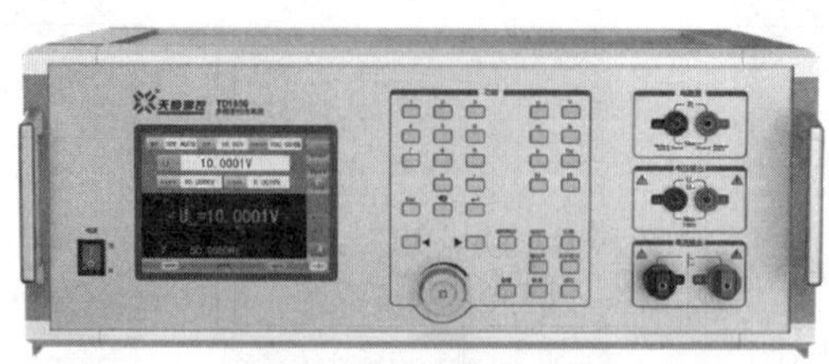

图 1 – 35 TD1850 型多用表校准系统

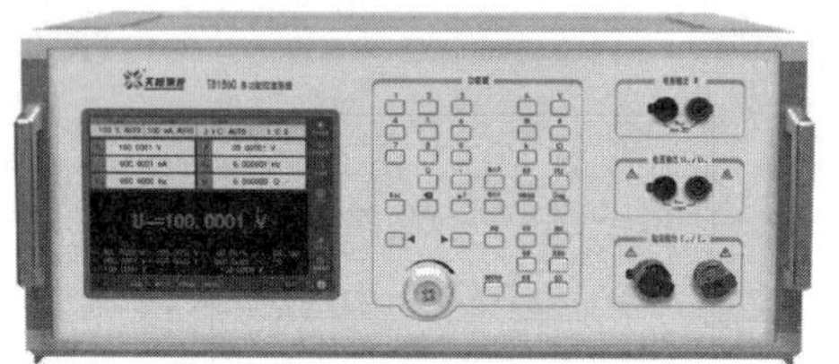

图 1 – 36 TD1860 型多功能校准系统

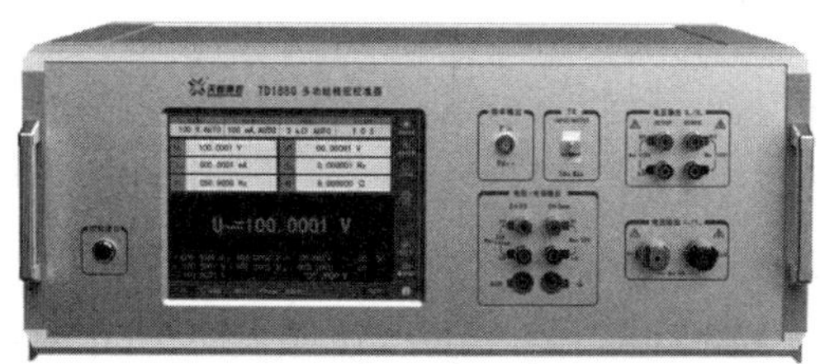

图 1 – 37 TD1880 型多功能精密校准器

（三）电容检定装置简介

电容是电子线路中使用最为广泛的电子器件，在进行电子设计的基础上，准确测量这些器件的值极其重要。电容测试仪是一种采用交流方式测量电容元件的装置。

一般来说，每种电容测试仪器均给出特定的测量条件，如测试频率、信号电平、直流偏置等，这些条件的设定规定了仪器的使用范围。由于电容在各种使用条件下呈现不同的特性，因此正确认识元件与使用条件的互相规律——相关性是极为重要的。仪器的测量条件应尽可能真实地反映电容的使用条件。

鉴于电容对频率、电平、直流偏置电压的相关性，就需要电容测度仪器对一些特定电容（如陶瓷电容）进行上述参数的列表扫描，即对多点频率（或电平、偏压）扫描测量，并将测量值同时显示，还可以对测试值进行比较判断。

图 1 – 38 为 TH2828 系列电容测试仪，是采用自动平衡电桥原理研制的新一代电容测试仪，其 0.05% 的基本准确度、20Hz ~ 1MHz 的频率范围可以满足电容元件的一切测量要求，特别有利于对低损耗电容器的测量。其支持 20V 交流测试信号和 40V 直流偏置的高功率测试条件及列表扫描能力，有利于扩展电容评价的能力。四端对的端口配置方式可有

效消除测试线电磁耦合的影响。TH2828 系列电容测试仪可以实现商业标准和军用标准，如 IEC 和 MIL 标准的各种测试。

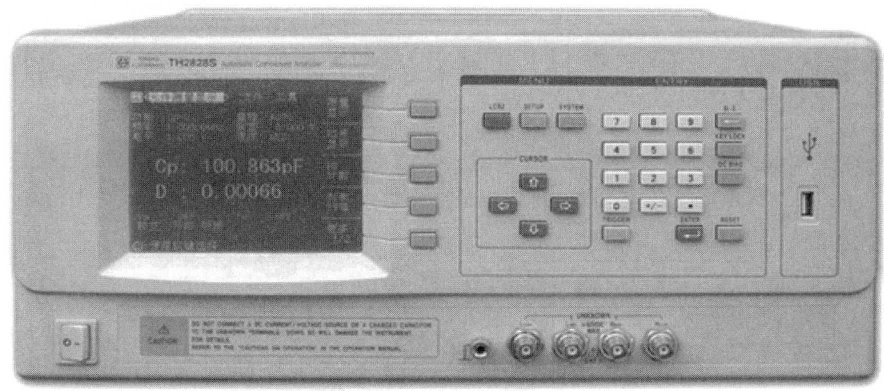

图 1－38　TH2828 系列电容测试仪

第二章　建标指导

第一节　仪器选型

一、数字式电测量仪表检定装置

（一）概述

数字式的电测量仪表一般是指可测量单一功能的数字式直流电压表、直流电流表和可测量多种参数的数字式电压电流表或者是数字多用表。这类仪表的种类繁多，类型各异，但电测量的基本量相同，都是以交直流电压、交直流电流、电阻等电学参量为依据进行测量和显示，因此在检定校准方面和模拟指示仪表是一致的。只是数字式仪表的测量范围更宽、准确度更高，从手持式的数字仪表到台式的高精度数字表，准确度可以由千分之几到百万分之几，针对它们的标准器要求更高。

为了保证“由标准器、辅助设备及环境条件等引起的测量扩展不确定度（$k=2$）应小于被检表最大允许误差的1/3”的要求，数字仪表的标准一般采用数字式的多功能标准源。这种标准源的种类也很多，只要满足标准源的测量扩展不确定度小于被检表的最大允许误差的1/3，一般就可以开展工作。

（二）举例

典型的数字式电测量仪及检定装置如美国福禄克公司的5520A系列数字功率源（见图2－1）以及国产的一款TD1880型多功能功能数字功率源（见图2－2）。

图2－1　5520A系列数字功率源

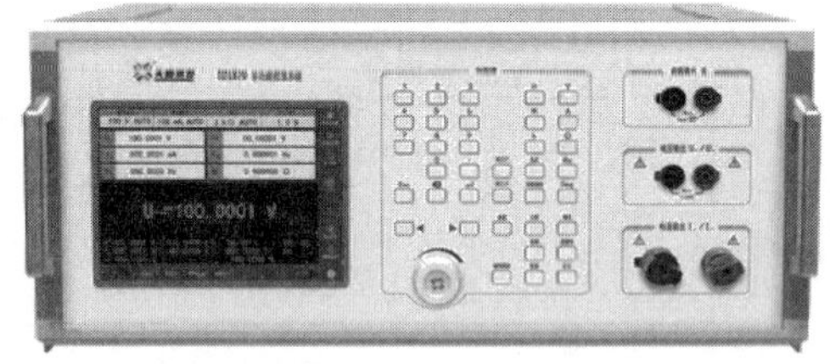

图2－2　TD1880型多功能功能数字功率源

二、交流数字功率表检定装置

（一）概述

传统的功率表主要是指电动系和铁磁电动系的各种功率表、功率因数表及相位表等。随着数字技术的发展，数字显示的功率表以及能够同时测量电压、电流、相位、功率因数、频率等参数，甚至可进行实时分析的功率分析仪已经大量出现，并且功能和测量准确度远远超过了模拟指示的功率表。它们有的还被称作单相（三相）电参数测量仪、交直流电参数测量仪、电能质量分析仪等。可以根据 JJF1491—2014《数字式交流电参数测量仪校准规范》对电压、电流、相位、功率因数、频率等交流参数进行校准，对于数字式直流功率部分暂时没有适合的国家检定规程或校准规范，只能参照前述的电测量模拟指示仪表和数字指示电测量仪表的部分内容。

（二）举例

图 2-3 为部分常用交流数字功率表。

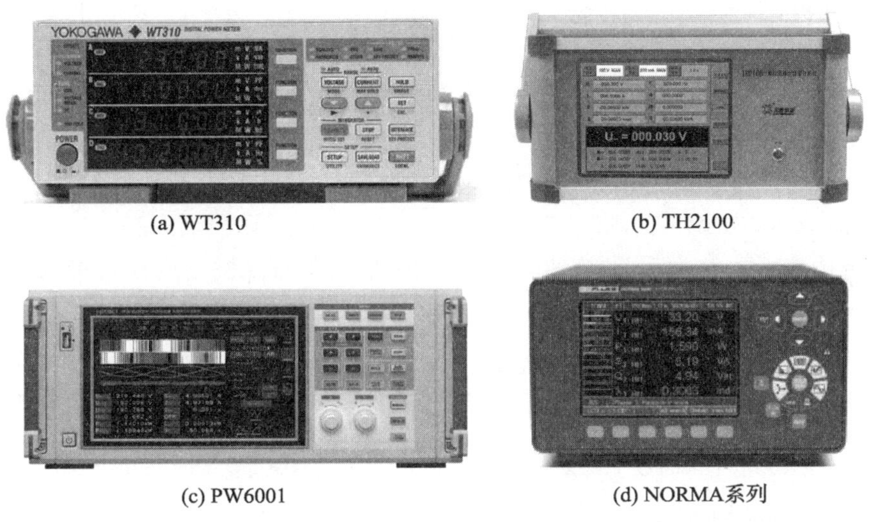

(a) WT310　(b) TH2100

(c) PW6001　(d) NORMA系列

图 2-3　常用的交流数字功率表举例

三、交流电压表、电流表检定装置

（一）概述

目前，模拟指示类测量仪表的检定基本都采用数字化标准源作为标准开展工作。模拟指示类测量仪表的准确度等级和最大允许误差（引用误差）一共分 10 个等级（见表 2-1）。

表 2-1　模拟仪表准确度等级和最大允许误差

准确度等级	0.1	0.2	0.5	1.0	1.5
最大允许误差/%	±0.1	±0.2	±0.5	±1.0	±1.5
准确度等级	2.0	2.5	5.0	10	20
最大允许误差/%	±2.0	±2.5	±5.0	±10	±20

交直流电压表、电流表、功率表基本误差的检定比较常用的是用标准源作为标准的方法，此种方法的标准器具简单易于实现，而且操作起来也比较容易。

(1) 使用标准功率源作为标准，采用直接法进行检定时，可检定交直流电流表、电压表及功率表，主要技术指标及要求见表 2－2。

表 2－2　模拟仪表检定时针对标准源的要求

被检表的准确度等级		0.1	0.2	0.5
标准源	允许误差	±0.02%	±0.05%	±0.1%
	稳定性	0.01%	0.02%	0.05%
	输出频率允许误差	±0.02%	±0.05%	±0.05%
	输出相位允许误差	±0.02°	±0.03°	±0.05°
被检表上限时标准源的读数位数		不少于 6 位	不少于 5 位	不少于 5 位

建立模拟仪表计量标准的基本原则是标准功率源的准确度等级或最大允许误差至少是被检表的准确度等级或最大允许误差的 1/5 及以下。这样才能保证“由标准器、辅助设备及环境条件等引起的测量扩展不确定（$k=2$）应小于被检表最大允许误差的 1/3”的要求。

（2）使用数字表作为标准器具，采用间接比对法进行检定时，标准设备的要求见表 2－3。

表 2－3　数字表作为标准检定模拟仪表时的要求

被检表的准确度等级	0.1	0.2	0.5
被检表测量上限时数字表实际误差	±0.02%	±0.05%	±0.1%
标准电阻的准确度等级	0.01	0.1	0.02
分压箱的准确度等级	0.01	0.02	0.05
数字电压表的输入阻抗与被测回路的阻抗之比	≥10000	≥5000	≥10000
数字电压表的零电流在测量回路产生的压降引起的误差	≤0.01%	≤0.02%	≤0.05%

（3）当选用模拟指示仪表作为标准时，适用于检定不低于 0.5 级的交直流仪表，标准设备主要是标准模拟仪表及互感器，其要求见表 2－4。

表 2－4　模拟仪表作为标准检定模拟仪表时的要求

被检表的准确度等级	标准表的准确度等级	标准表的标度尺长度/mm	与标准表配用的互感器准确度等级
0.5	0.1	≥300	0.02
1.0（1.5）	0.2	≥200	0.05
2.5	0.5	≥130	0.1
5.0	0.5	≥130	0.2

（4）当选用直流电位差计作为标准时，适合于检定不高于 0.5 级的直流仪表，标准器直流电位差计及所配用的标准器应符合表 2－5 的要求。

表 2-5 直流电位差计作为标准检定模拟仪表时的要求

被检表的准确度等级	0.1	0.2	0.5
标准电阻的准确度等级	0.01	0.01	0.02
标准电池的准确度等级	0.005	0.01	0.01
分压箱的准确度等级	0.01	0.02	0.03
直流电位差计的准确度等级	0.01	0.02	0.05
装置的相对灵敏度	$\leqslant 5\times10^{-5}$/格	$\leqslant 1\times10^{-4}$/格	$\leqslant 2.5\times10^{-4}$/格
直流电位差计工作电流变化	$\leqslant 5\times10^{-5}$	$\leqslant 1\times10^{-4}$	$\leqslant 2.5\times10^{-4}$
被检表上限时直流电位差计读数位数	6 位	5 位	5 位

上述方法（3）和方法（4）在实际工作中已很少使用。方法（1）和方法（2）的特点是操作便捷、易于实现，被计量部门普遍使用。

如果被检模拟指示类测量仪表的准确度等级为 0.1 级和 0.1 级以下，那么选择准确度等级为 0.02 级的标准器就可以满足检定工作的要求。如果考虑成本的因素，即使不是采用 0.02 级这么高级别的标准设备，但是也可以按照规程要求开展两个等级以下的被检表的检定工作。或者也可以采用标准数字表作为标准器监视并读取实际值的检定方法［上述方法（2）］。

对于电阻表或者万用表中的电阻挡功能的检定，一般采用标准电阻箱作为标准。标准电阻箱的调节细度应不低于被检表最大允许误差的 1/10，准确度等级应符合相应的检定规程的要求。

（二）举例

交流电压表、电流表检定装置部分产品如图 2-4 所示。

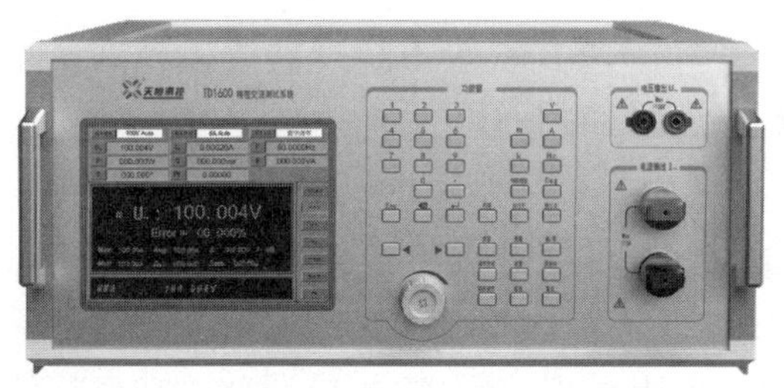

(a) TD1600精密交流测试系统

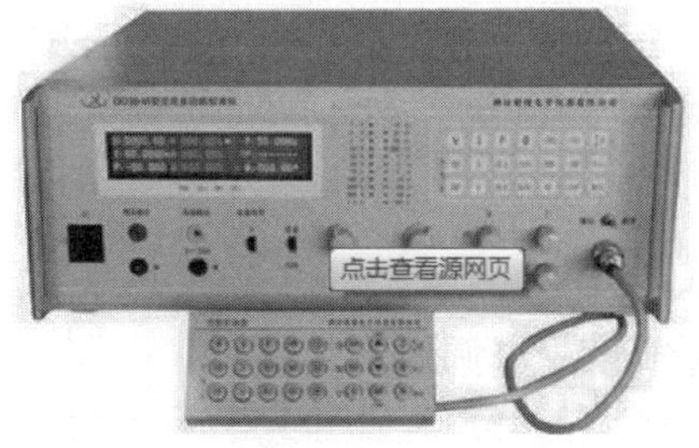

(b) DO30型数字式多功能校准仪

图 2-4 常用的电压表、电流表检定装置举例

四、钳形表校准装置

（一）概述

钳形电流表（包括数字式、指针式）是将可以开合的磁路套在载有被测电流的导体上测量其电流值的仪表。它的特点是无需断开回路，即可测量被测电路的电流。

根据结构和原理不同，可分为整流系和电磁系：

整流系——互感器式，只能测量交流电流。

电磁系——霍尔效应式、磁平衡式，可测量交直流电流。

根据显示方式不同，可分为数字式和指针式。

根据功能不同，可分为：交流钳形表、交直流钳形表、多用钳形表、数字谐波钳形表、泄漏电流钳形表等多种。

根据 JJF 1075—2015《钳形电流表校准规范》，钳形电流表的工作频率范围调整为：45～400Hz，电流测量范围由原来的 0.1～1000A 扩大为 0.1～2000A，因此检定装置也需覆盖上述量程范围。目前国内生产的钳形电流表按照准确度等级可分为 0.2 级、0.5 级、1.0 级、2.0 级和 5.0 级。

钳形电流表检定装置主要由交直流电压源、交直流电流源和电阻源等部分组成。钳形电流表的校准方法一般采用单匝法或等效安匝法，单匝法可进行有效溯源，适用于高、低准确度被校表的校准，等效安匝法难以直接溯源，仅适用于低准确度被校表的校准。两种方法的对比见表 2－6。

表 2－6　单匝法和等效安匝法的对比

校准方法	单匝法	等效安匝法
适用性	各种准确度等级的钳形表	低准确度的钳形表
成本	高	低
溯源性	易溯源	难溯源
直流电流	支持	支持
交流电流	适用于中高频	适用于低频，中高频误差较大
未来发展	更适合	难适应

检定装置由测量标准引入的扩展不确定度（$k=2$）一般不超过被校表允许误差绝对值的 1/4，分辨力一般不超过被校表允许误差绝对值的 1/10。

（二）举例

如图 2－5 所示，TD1050A 是一款专用于校准钳形电流表及相关测量功能的标准装置，电流最高准确度为 0.02 级。该装置采用单匝法校准交流或直流钳形表，具有准确度高、易溯源的特点，还兼具交直流电压输出、电阻模拟、频率/相位调节、功率检测及直流分流器检定等功能，适用于校准钳形表的电流及电压、电阻、测量挡以及交直流钳形功率表。

五、交流阻抗（LCR 测量）检定装置

（一）LCR 表简介

从电阻的测量发展历史来看，电阻元件一般都是在直流下定值测量和传递的。随着准确度要求的提高，测试和使用频率的扩展，在直流下为电阻元件定值、在其他频率下使用的方法已不可行。因此，交流电阻应当在其使用频率下测定。这就涉及交流阻抗的测量工

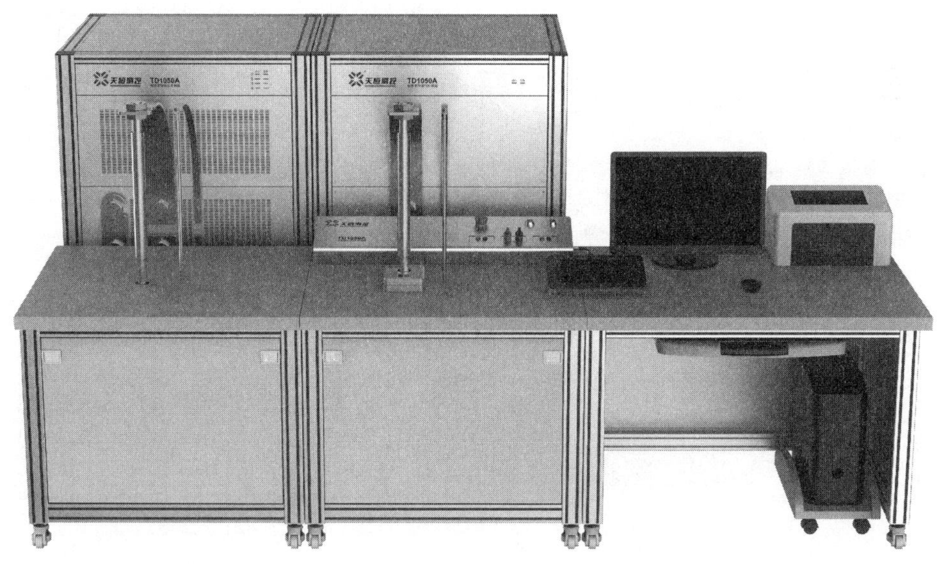

图2－5　TD1050A钳形表综合校准装置

作。交流阻抗不同于直流电阻的地方在于它增加了相角差这个分量，因此造成了参数的多样化和复杂化。交流阻抗至少有3个参量需要测量，即电阻、电感和电容。同时，还有附带的其他参量如损耗因数等。

（二）LCR校准装置简介

传统的交流阻抗的测量一般采用交流电桥的方法，有电流比较仪和变压器电桥的结构，现在的LCR测量仪多采用数字电桥，采用电压表电流表法，允许误差一般在±0.1%以内，高准确度的可达到±0.05%甚至更高，精密的专业电容电桥最优频率下的最佳测量点的允许误差在$\pm 5\times 10^{-6}$以内。

LCR测量仪的测量一般采用标准的电容器、电感器和交流电阻器作为标准，同时还可配备标准损耗箱等设备。一般的交流阻抗标准都是实物量具，允许误差为0.01%～0.1%，可以对相应准确度的LCR测量仪开展检定或者校准。考虑到实物量具的稳定性一般较高，如果有更高准确度的交流电桥或者LCR电桥，也可以采用替代法测量，以扩大测量范围、提高测量准确度。

（三）LCR校准装置举例

常用的LCR校准装置如图2－6所示。

六、电能表检定装置

（一）交流电能表检定装置的原理及组成

交流电能表检定装置主要由标准表、功率源、互感器、功能模块及台体等几部分组成。

1. 标准电能表

标准电能表是电能表检定装置的核心。我国标准电能表产品经历了从模拟乘法器技术

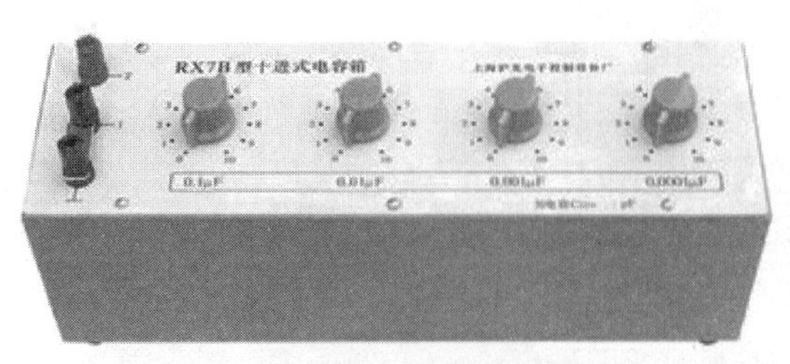

(a) 十进位电容箱及大电容箱

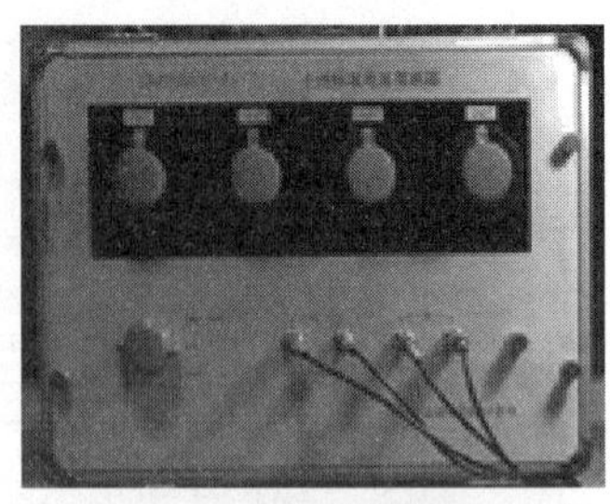
(b) 电容损耗箱

(c) 电感箱

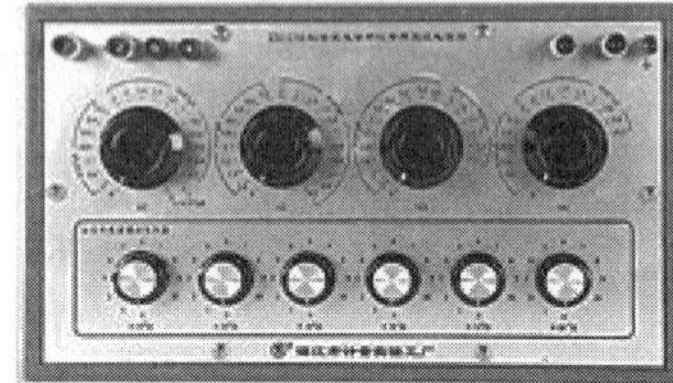
(d) 交流电阻箱

图 2－6　LCR 校准装置举例

向采样计算技术发展和转换的过程。采用模拟乘法器技术的产品功能单一，只适合测量有功功率、电能，不适合电压、电流及无功功率、电能、相位、功率因数、频率等参数的测量。典型产品如 CB3、PS41 等。此外，这类型的标准表程控难度大，成本也高，但是其性能稳定，价格低廉，因此仍然在一些功能单一的电能表检定装置中使用。

采样计算技术的标准表不仅能对有功功率、无功功率、电能、相位、功率因数、频率、谐振波等参数进行测量，而且宽量限设计彻底结束了电能表装置中仪用互感器的寿命，简化了装置结构，装置的监视仪表也被多功能标准表替代，目前，电子式多功能标准表已经稳居主导地位。典型产品如 PRS400. 3、K2006、TD3310 等，在计量部门中已普遍使用。

2. 功率源

功率源的准确度和稳定度是测量准确与否的一个重要因素。功率源按原理分类可分为电工式、模拟式、数字式电能珍检定装置等。电工式电能表检定装置由于其稳定度、失真度、对称度等性能极大地取决于市电，无法控制，频率也不能调节，目前已被淘汰。模拟式电能表检定装置电路稳定性差，不易实现程控，在早期的电子式电能表检定装置中比较常见，目前仍在功能单一的检定装置中使用。现在广泛使用的是数字式电能表检定装置，几乎全部采用了数字技术，实现嵌入式控制技术、软件校准技术等，大大地提高了产品性能。

功率源的性能要求如下：

（1）电压、电流量程应覆盖所有被检表的各种规格。功率源电压量程应有：57. 7V、100V、220V、380V；电流量程应有：1mA、10mA、25mA、50mA、100mA、250mA、0. 5A、1A、2. 5A、5A、10A、25A、50A、100A 等。

（2）电压、电流回路容量应与装置表位数量相匹配。一般情况下，每一电压回路容量可取 15V · A，每一电流回路容量取 40V · A 就可以满足要求。

（3）输出功率稳定度和电压、电流波形失真度这两个指标反映了功率源在不同负载下的输出能力，保证了电能表的溯源在稳定、纯正的正弦功率输出下进行。

3. 功能模块

随着日益增长的复费率电能表和多功能电能表，根据检定规程要求对其日计时误差进行检测，因此电能表检验装置内必须有时间标准，如时基测试仪或日差测试仪。这类时间标准都属于计量仪器仪表，如需检定复费率电能表和多功能电能表，就应首先对时间标准进行周期检定。需要特别提醒的是：为了时间标准的准确，装置内的时基测试仪或日差测试仪也必须进行周期检定。图2－7为某时基测试仪的校准证书内页。

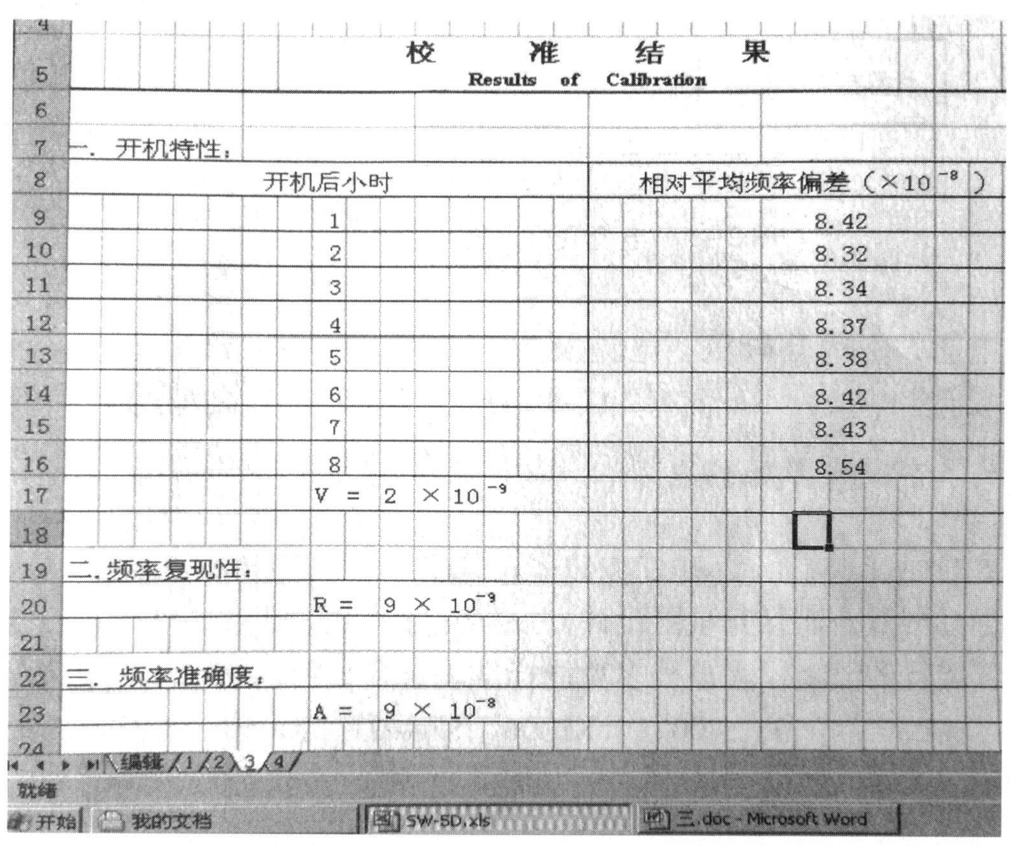

校　准　结　果
Results of Calibration

一. 开机特性：

开机后小时	相对平均频率偏差（×10^{-8}）
1	8.42
2	8.32
3	8.34
4	8.37
5	8.38
6	8.42
7	8.43
8	8.54

V = 2 × 10^{-9}

二. 频率复现性：

R = 9 × 10^{-9}

三. 频率准确度：

A = 9 × 10^{-8}

图2－7　某时基测试仪的校准证书内页

根据规程，电能表的日计时误差采用频率计法测量时频率准确度不低于2×10^{-7}。因此电能表检定装置配备的内置的时间标准的频率准确度（即证书中的技术指标A）也应不低于2×10^{-7}。另外，当频率复现性（即证书中的技术指标V）或开机特性（即证书中的技术指标R）大于频率准确度的1/10时，取频率复现性或开机特性中大者再乘以10作为频率准确度。

（二）安装式交流电能表检定装置的选择

选择安装式电能表检定装置，首先应根据开展检定的电能表的数量和功能决定是单独建立还是合并建立。如果单相电能表检定量很大的单位应单独建立单相电能表计量标准，如果单相、三相电能表检定量不是很大，可只建立三相电能表计量标准并附加单相电能表检测功能。需要特别注意的是：三相电能表计量标准附加单相电能表检测功能的检定装置应具备隔离电压互感器，安装在作为单相输出的电压端，因为目前直通式单相电子式电能表都是电压与电流不能脱钩的结构，具备隔离电压互感器才能实现单相电能表的不脱钩检定。

其次，根据被测表的种类决定电能表检定装置的功能。如果检定的是机电式电能表或电子式电能表，则应配备光电采样器和台体水平调整装置，检测多功能电能表则应在台体上每个表位配备常用的 485 通信端口，控制软件应包括常用的通信协议如 DL645 协议，并且可根据需要进行扩充，并且可根据需要进行扩充，对于需要检测电能表时钟和时段功能的还要有内附时间标准。校验软件应方便使用，具备校验方案设计、数据存储、备份、打印、报表输出设计等功能。

第三，电能表检定装置测量范围的选择应大于或等于本地区部门或机构需要量值传递的电能表的类型和测量范围。一般来说电压输出范围基本都可以满足要求，主要应注意电流输出的下限，当被测表为(0.3～1.2)A 的电流量程时其输出电流为毫安级，有些电能表检定装置可能已不能满足检测的要求，在建标时应予以注意。

另外，如果三相电能表要实现不脱钩检定，还应在电流线路增加三相电流隔离互感器来实现，即每个表位配备一个三相电流隔离互感器。这样虽然增加了装置整体的测量不确定度，但是可以大大提高检测工作效率。

（三）常用的安装式交流电能表检定装置简介

新型的电子式检定装置将功率源与标准表、精密级标准电流和电压互感器，电流、电压、相位、频率等检测仪表，以及升流、升压变换器等设备组合于一个台体中，运用微机控制，实现电能表自动校验和管理，可以一人检定多台仪表，提高了工作效率。

1. 带电流隔离互感器的三相电能表检定装置

传统的直接接入式三相电能表为了能够多块表同时校验，设置了一个电压与电流回路的挂钩，在校验时需要脱钩校验，给管理和操作上带来不便，新型的电子式电能表电流采用分流器采样，挂钩无法设置；新型的电流隔离型等电位三相电能表检定装置内部每表位设置了一个高精度的电流隔离互感器，可以实现电流的隔离及电压的等电位，从而解决了三相电能表的不脱钩校验。

2. 表源一体程控检定装置

目前我国校验电能表一般由程控功率源、标准功率电能表组成校验系统。在校验电能表时，需将标准功率电能表、被校电能表相互间按要求接线，并根据接线系数和标准表常数、标准表脉冲和被校表转数及被校表预置圈数来计算预置常数；再将预置常数输入到程控校表源的微机系统内，表源一体程控检定装置在软、硬件设计时将程控源与标准表融为一体，由一套微机系统控制，实现了程控功率电源与标准功率电能表的参数、测量数据自动识别与共享，简化了电度表校验操作。通过表源一体设计使装置结构紧凑，便于携带。

3. 多表位电能表检定装置

近年来随着农网和城网改造的进行，电能表的使用量急剧增加，多表位电能表检定装置有了一个较快的发展。原来多表位电能表检定装置多为电能表生产厂使用，其功能单一，对多种型号、规格的电能表检定，适应性差。现在由于供电部门大量使用多表位电能表检定装置，为了满足需要，其功能增加较多，如两面挂表轮流校验、空表位电流回路自动短路、自动寻找色标或信号等，使此类装置的适应性不断增强。

4. 多功能电能表检定装置

该检定装置除具备普通电能表检定的功能之外，还具有测量正反向有无功电量、四象限无功电能的基本误差、日计时误差和时段投切误差、最大误差和需量周期误差等项目的功能。此外，软件中还装有国内外知名品牌电能表的通信规约，且可以装载用户提供的通信规约，实现正常通信。

5. 智能电能表检验装置

针对国网智能电能表设计，除具有多功能电能表检验装置的功能以外，还可以对于电能表功能、电压暂降、费控跳闸、通信协议一致性等功能进行检测。对于单相电能表检定装置还可以对电能表进行双回路检测。由于国网电能表的外形尺寸和端子间距固定统一，电流端子、电压端子一般采用压接方式，信号端子和通信端子采用针接方式，大大提高了工作效率。

（四）交流电能表检定装置举例

TD3500D（见图2－8）和TD3600（见图2－9）分别是专用于检定单相电能表/三相电能表的台体装置，最高准确度为0.01级。装置由精密交流功率源、多表位检定台体、标准电能表、全自动校验软件组成；可同时对具有相同电压和电流量程、不同电表常数、不同误差限的多块单相/三相感应式、电子式有功电能表、复费率电能表、多功能电能表、智能电能表进行检定。

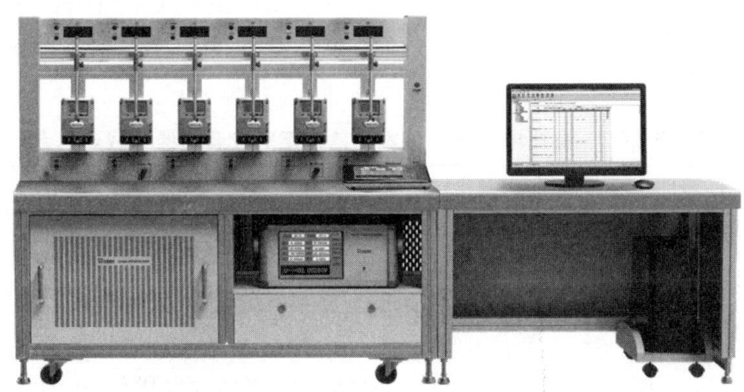

图2－8 TD3500D单相电能表校验装置

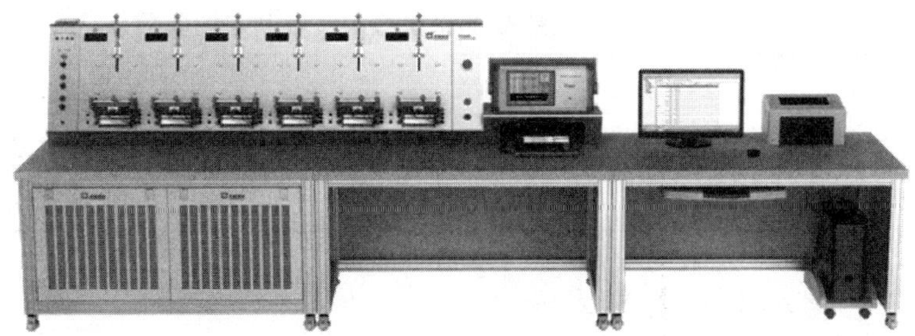

图2－9 TD3600三相电能表检定装置

（五）直流电能表检定装置的原理及组成

如今，直流电能表应用范围迅速扩大，不仅包括无轨电车、有轨电车、地铁车辆、电动汽车和光伏发电等领域的直流能量计量，而且适用于工矿企业、民用建筑、楼宇自动化等现代供配直流电系统。

根据电流接入方式的不同，直流电能表分为直接接入式和间接接入式电能表，我国目前生产的直流电能表按照准确度等级可分为：0.2 级、0.5 级、1 级和 2 级。随着电动汽车等新能源汽车的发展，直流电能表的电压、电流测量范围大大提高，这对直流电能表检定装置提出了更高的要求。

目前，国内生产的直流电能表检定装置，分为可检直接接入式电能表的直流电能表检定装置、可检间接接入式电能表的直流电能表检定装置以及两种电能表都可以检的直流电能表检定装置。根据被检表的表位不同，可分为单表位和多表位检定装置。直流电能表检定装置的硬件主要包括标准电流源、标准电压源、间接接入式模拟小信号电压源、标准电能脉冲输出模块、标准秒脉冲发生器和电能误差计算模块等。

对于电能表的检定方法目前有标准表法和瓦秒法。其中标准表法是标准电能表与被检电能表都在连续工作的情况下，用被检电能表输出的脉冲（低频或高频）控制标准电能表计数来确定被检电能表的相对误差。而瓦秒法是用标准功率表测定调定的恒定功率，或用标准功率源确定功率，同时用标准测时器测量电能表在恒定功率下输出若干脉冲所需时间，该时间与恒定功率的乘积所得实际电能，与电能表测定的电能相比较来确定电能表的相对误差。

在参比电压下，通常按表 2－7 的规定调定负载点；在参比电流下，通常按表 2－8 的规定调定负载点。根据需要，允许增加误差测量点。在检定工作中，确定好负载点后，用标准表法或瓦秒法检定。

表 2－7 参比电压下的基本误差检定时应调定的负载点

电能表类别	电能表准确度等级	负载电流
直接接入式	1，2	I_{max}，$(0.5I_{max})$①，I_b，$0.5I_b$，$0.1I_b$，$0.05I_b$
	0.2，0.5	I_{max}，$(0.5I_{max})$①，I_b，$0.5I_b$，$0.1I_b$，$0.05I_b$，$0.01I_b$
间接接入式	1，2	I_{max}，I_n，$0.5I_n$，$0.05I_n$，$0.02I_n$
	0.2，0.5	I_{max}，I_n，$0.5I_n$，$0.05I_n$，$0.02I_n$，$0.01I_n$
①：当 $I_{max} \geq 4I_b$ 时应适当增加负载点，如增加 $0.5I_{max}$ 负载点等。		

表 2－8 参比电流下的基本误差检定时应调定的负载点

电能表类别	电能表准确度等级	电压
A 类（由独立电源供电）	0.2，0.5，1，2	$1.1U_n$，U_n，$0.8U_n$，$0.4U_n$，$0.1U_n$
B 类（由电压测量线路供电）	0.2，0.5，1，2	$1.1U_n$，U_n，$0.9U_n$，$0.8U_n$，

（六）直流电能表检定装置举例

如图 2－10 所示，TD1545/TD1550 是一套专用于直流电能表检定的台体装置，分别为单表位、三表位。该装置完全符合 JJG 842《电子式直流电能表》的要求，直流电能的准确度为 0.05/0.02 级可选。

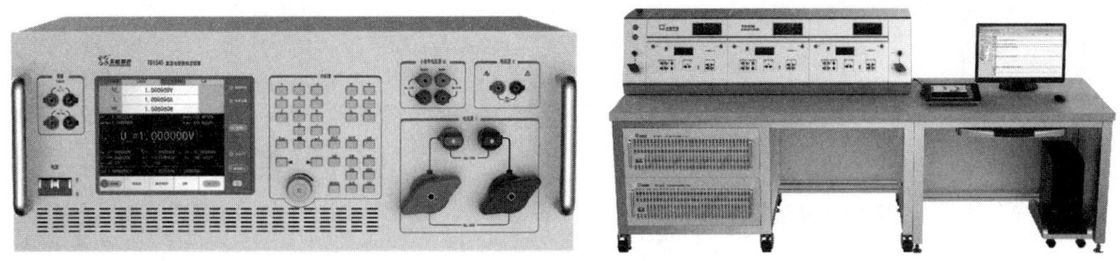

图 2－10 TD1545/TD1550 直流电能表检定装置

（七）电能检定的其他应用

随着可再生能源技术的不断突破，光伏、风力发电等新型绿色能源已经成为电力供应的重要补充，电动汽车由于其低污染排放而日益受到青睐，而负责给电动汽车供电的充电机（桩）作为电动汽车发展的基础设施，其计量准确性也日益受到关注。

电动汽车充电机（桩）检定装置如图 2－11 所示。

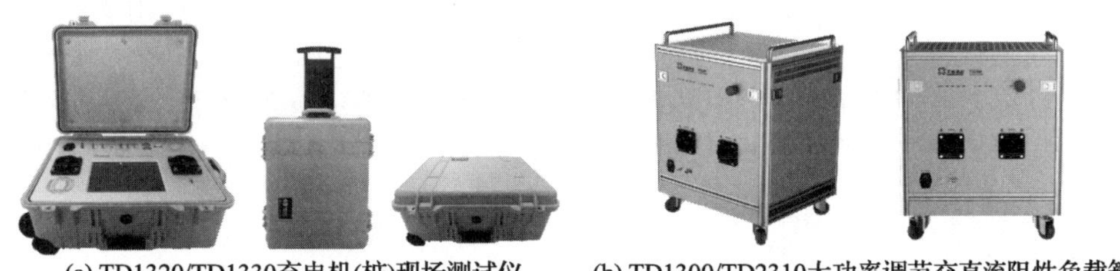

(a) TD1320/TD1330充电机(桩)现场测试仪　(b) TD1300/TD2310大功率调节交直流阻性负载箱

图 2－11 电动汽车充电机（桩）检定装置

七、互感器检定装置

（一）概述

测量互感器对标准器的要求是变比与被检互感器相同，准确度等级至少比被检互感器高两个级别，实际误差不大于被检互感器误差限值的 1/5。同时也允许使用高一个等级的标准器，然后修正标准器引入的误差。

电流互感器和电压互感器基本上采用类似的误差测量装置，通常为互感器校验仪，一般情况下对 0.01 级以下的互感器进行检定和校准测量时，采用的互感器校验仪基本是电子式的，这类校验仪既可以测量电压互感器，也可以测量电流互感器的误差，可以工作在 5A、1A、100V、$(100/\sqrt{3})$ 等常用的标准量程下。同时配合校验仪使用的还有负载箱、升流器升压器、调压器、一次导线等。由于互感器校验仪及测量装置采用的是测量互感器二次电信号的差值，所以对一些配套设备的准确度要求不高。

（二）举例

互感器检定装置一般由标准电流互感器、标准电压互感器、电流发生器和互感器校验台的组合组成，如图 2－12 所示。

(a) 标准电流互感器　(b) 标准电压互感器　(c) 电流发生器　(d) 互感器校验台

图 2－12　互感器检定装置

八、绝缘电阻表检定装置

（一）特点

由于绝缘电阻表、电子式绝缘电阻表使用方法和用途基本一致，均主要用于测量设备或材料的绝缘电阻，在检定规程中规定的主要检定项目、检定方法也大致相同，只是由于供电方式和电子器件构造等方面不同分为了绝缘电阻表和电子式绝缘电阻表，因此在建立计量标准时都可以选用高压高阻箱作为主标准器。按照规程要求，绝缘电阻表检定装置检定的参数是电阻和电压，早期生产的高压高阻箱只用于检定电阻值，还需要配备标准电压表和其他测量装置。现在生产的高压高阻箱则既可以用于检定电阻又可以用于检定电压，因此这样的高压高阻箱称为绝缘电阻表检定装置。

（二）选择

1. 测量范围

高压高阻箱的测量范围一般最小值为 100Ω，最大值可以为 1TΩ。按 JJG 622—1997《绝缘电阻表（兆欧表）》中规定的适用范围不大于 500GΩ，所以作为绝缘电阻表检定装置使用的高压高阻箱不大于 500Ω 即可，新生产的高压高阻箱的测量范围大都可以满足检定工作的需要。

2. 额定电压

绝缘电阻表、电子式绝缘电阻表的额定电压可分为：50V、100V、250V、500V、1000V、2500V、5000V、10000V 等。由于目前大多数被检仪器的额定电压一般是在 5000V 及以下，因此建立计量标准应注意检定装置的额定电压达到 5000V 或以上。

3. 准确度等级

我国生产的绝缘电阻表按准确度等级可分为：

——电子式绝缘电阻表：0.5 级、1.0 级、2.0 级、5.0 级、10.0 级、20.0 级；

——绝缘电阻表：1.0 级、2.0 级、5.0 级、10.0 级、20.0 级。

目前普遍使用、送检的绝缘电阻表、电子式绝缘电阻表的准确度等级主要以 5.0 级及以下的为主。按 JJG622《绝缘电阻表（兆欧表）》、JJG1005《电子式绝缘电阻表》的要求，由标准高压高阻箱、检定辅助设备及环境条件所引入的不确定度不应超过被检仪器允许误差限值的 1/3。标准高压高阻箱允许误差限值应不超过被检表允许误差限值的 1/4。

以检定 10.0 级、额定电压为 1000V 的绝缘电阻表为例：被检仪器的测量范围为

0.2MΩ～1000MΩ，主标准器的分辨力应达到被检仪器允许误差限值的1/10，即0.2MΩ×10%×1/10=0.002MΩ。

分辨力应为1kΩ及以下，即可满足计量检定的要求。

若被检的电子式绝缘电阻表的准确度等级为2.0级，则标准高压高阻箱的允许误差限值应不超过被检仪器的误差限值1/4，一般高压高阻箱的最小值为100Ω，则2.0×1/4=0.5。

高压高阻箱100Ω盘的准确度等级为0.5级及以上，即可满足检定要求。

4. 连续导线的选择

高压高阻箱的导线应为高绝缘性能的带金属屏蔽层的专用导线，防止在检定过程中由于测试电压过高引起问题，如将测试线击穿或危害人身安全等问题。

5. 直流高压电压表

选择高压高阻箱作为主标准器时，由于高压高阻箱只能测量电阻的基本误差，用于检定被检仪器的端钮电压及其稳定性测量还应该配备标准电压表或其他测量装置。其准确度等级应不低于1.5级，测量范围应高于被检表的标称电压值，同时还要考虑输入电阻的影响。一般选用测量范围为(10～5000)V的直流高压电压表即可。

6. 恒定转速驱动装置

进行绝缘电阻表的检定时应该配有恒定转速驱动装置，同时还应该配备进行倾斜影响的装置，该装置应该可以向前后左右倾斜5°，如果按照检定规程要求进行所有项目的检定，还需要按照规程要求配备符合规定的10级绝缘电阻表和5级耐电压测试仪。

（三）举例

绝缘电阻表检定装置如图2－13所示。

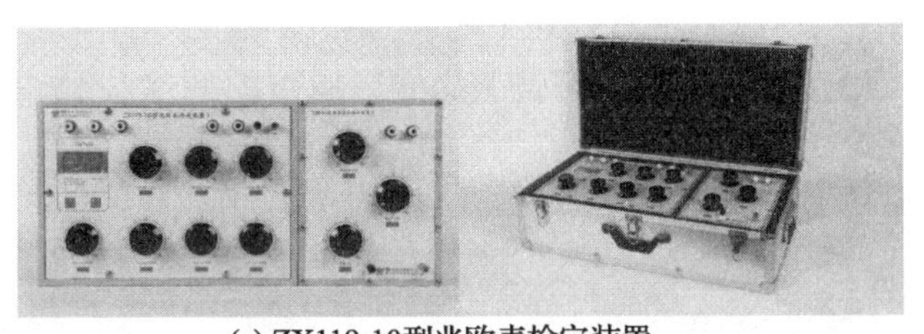

(a) ZX119-10型兆欧表检定装置

(b) SRT-1型表面电阻测试仪

图2－13 绝缘电阻表检定装置

九、接地电阻表检定装置

（一）分类

接地电阻表是用于测量接地导体和大地之间电阻的仪器。按照显示方式可分为数字式接地电阻表和模拟式接地电阻表。我国生产的接地电阻表按准确度等级可分为：

——模拟式接地电阻表：1级（1.5级）、2级、(2.5级)、(3级)、5级（无括号的等级优先采用）；

——数字式接地电阻表：1级、2级、5级。

目前使用的大多数模拟式接地电阻表以3级以下等级的为主，数字式接地电阻表的测量上限一般不超过20000Ω，计量部门建立的计量标准应该结合本地区实际情况，满足本地区工作需要。

（二）选择

接地电阻表检定装置检定所用的标准电阻器的电阻值一般为$10\times(10^3+10^2+10+1+0.1+0.01+0.001)\Omega$。功率不小于0.25W，其实际误差应不超过被检接地电阻表最大允许误差的1/4。目前生产的接地电阻表检定装置的准确度等级为0.05级~20级。标准器、辅助设备及环境条件所引入测量扩展不确定度不应超过被检仪器允许误差限值的1/3。检定所用的辅助电阻箱的电阻值一般可由500Ω分别改变到0Ω、1000Ω、2000Ω、5000Ω，功率不小于0.25W，其允许误差限值不超过±5%。

目前接地电阻表检定装置的生产厂家生产的标准器基本都可以满足检定规程的要求，但是不同厂家生产和标准器的测量上限不同，准确度等级也有所不同。早期产品的测量上限为2000.010Ω，低于某些数字接地电阻表的测量上限，但对于模拟式接地电阻表的检定没有影响。新设计产品的测量上限一般为20000.010Ω，基本可以满足检定工作的需要。

如果按照检定规程中首次检定的项目进行检定，则可以参照上文中绝缘电阻表检定装置中对于倾斜影响、绝缘电阻和节电强度的要求配备相应符合要求的设备。

绝缘电阻表检定装置和接地电阻表检定装置中的主要部分都是以直流电阻箱为主，只是测量范围和准确度等级有所不同，使用单位在购买时应该结合本单位的工作情况，选择最适合开展计量工作需要的标准器。同时应该选择有生产许可证等资质的厂家生产的标准器，因为标准器使用说明书上标准的准确度等级、技术指标可能一致，但是其旋钮性能、年稳定性等项目都是要经过长期使用才能考察出来的。

（三）举例

JD-1C接地电阻表检定装置如图2－14所示，TD1250接地导通电阻测试仪检定装置如图2－15所示。

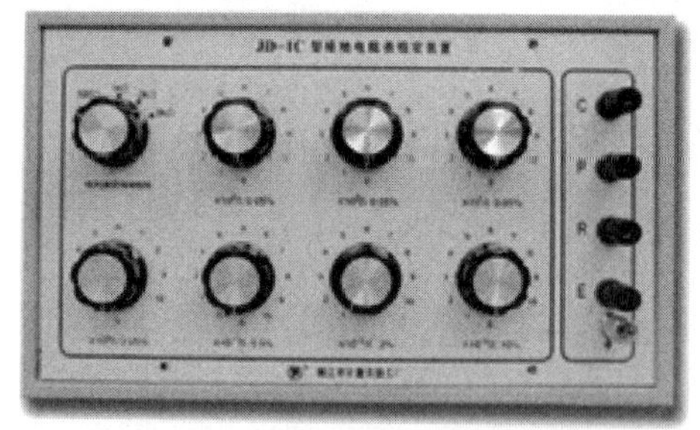

图2－14　JD-1C接地电阻表检定装置

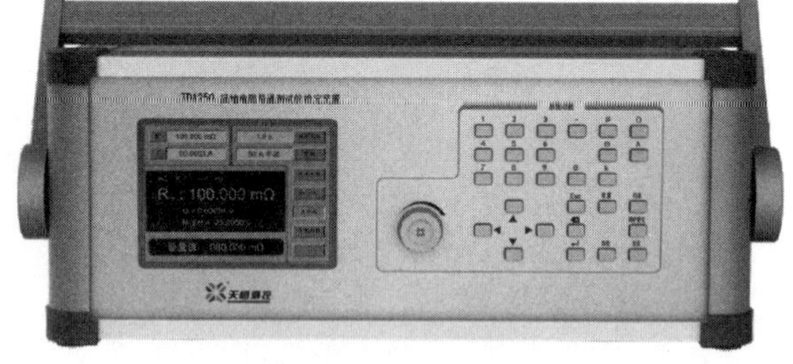

图2－15　TD1250接地导通电阻测试仪检定装置

十、继电保护测试仪检定装置

（一）概述

继电保护测试仪一般由电源、控制部分、电流放大器、电压放大器、辅助直流电压、开出量、开入量等组成，是对继电保护的采样准确度、动作原理、动作时间等进行测试的仪器。其主要功能是按照既定的测试试验条件，测试仪产生一定的测试电压和电流信号来检测继电保护装置，从而达到检测继电保护装置的逻辑功能和动作特性的目的，并根据国际、国家标准及电力行业标准对测试结果进行分析和评价。其准确度等级可分为 0.1 级（其中交流 ±0.1%、直流 ±0.2%）和 0.2 级（其中交流 ±0.2%、直流 ±0.5%）。

近年来，我国的继电保护测试技术发展相当迅速，国内有少数厂家研制了专用的继电保护测试仪检定装置。不仅可以准确测量继电保护测试仪的三相交流电压/电流、直流电压/电流，同时可以测量响应速度、同步性、带负载能力以及时间精度等大多数技术参数。目前，被广泛使用的继电保护测试仪检定装置的准确度等级为 0.02 级和 0.05 级。

（二）举例

如图 2-16 所示，TD6600 是一款专用于检测继电保护测试仪技术性能的智能化仪器，该仪器可准确测量 6 路交直流电压（最大 1100V）和 6 路交直流电流（最大 60A），准确度达 0.02 级。用户使用一台仪器即可完成 0.1 级及以下的继电保护测试仪的全功能测试，与传统方法相比，具有连线简单、操作便捷等特点。

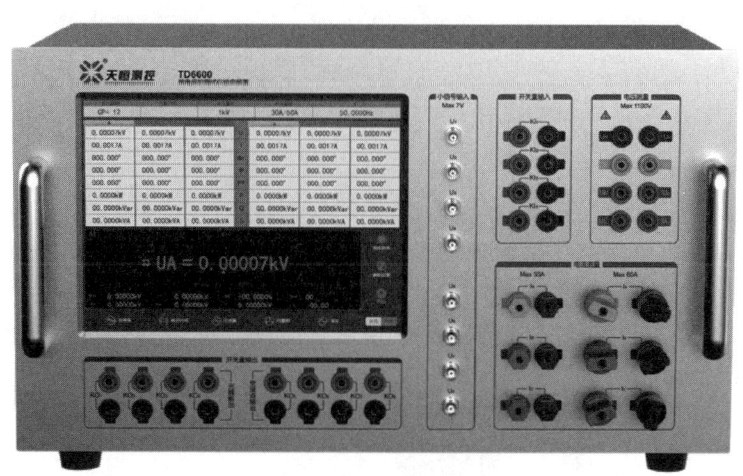

图 2-16　TD6600 继电保护测试仪检定装置

十一、特斯拉计检定装置

（一）原理

现在普遍使用的检定方法是同时使用比较法和替代比较法。使用的标准装置主要有核磁共振标准检定装置、霍尔效应式特斯拉计和线圈法特斯拉计等。

核磁共振标准检定装置是基于核磁共振原理测量磁场，其特点是总不确定度高，测量结果准确可靠，但是价格昂贵，组成复杂，需要配合频率计、示波器等设备，受外界环境影响严重（尤其是电磁环境影响），用来检定工作用磁感应强度计量器具时效率较低下，适合作为一等、二等磁感应强度标准，用来开展量值传递。

霍尔效应式特斯拉计一般采用霍尔组件作为探头，价格相对便宜。由于受到霍尔元件材质和工艺的局限，以及工作原理的影响，普通的霍尔特斯拉计对均匀、恒定磁场测量的准确度一般在 0.1% ~5%，比较适合用来作为工作计量器具和开展低精度特斯拉计及磁感应强度量具的检定和校准工作。

旋转线圈式特斯拉计的测量准确度主要受到电机转速稳定性的限制，使用平衡测量法，可以得到0.01mT的分辨力和较高的准确度等级，但是由于制造工艺要求较高，所以只有国外厂家生产，型号较少。

（二）选择

一般来说，开展特斯拉计的检定工作主要以检定0.5级及以下等级的仪器为主。标准器可以采用霍尔效应式特斯拉计和线圈法特斯拉计，测量范围为(0.01～2.0)T。

根据检定规程要求检定装置总测量不确定度不应超过被检特斯拉计最大允许误差的1/3。检定装置还需要其他的辅助设备，包括标准磁场、供电电源、对位装置等。当检定装置的准确度等级优于0.5级时还应考虑温度影响，应附以探头恒温电路或自动温度补偿电路，否则必须给出准确的探头温度修正系数。

标准特斯拉计的分辨力不应低于被检特斯拉计的分辨力，其相应测量范围内的最大允许误差应不超过被检特斯拉计最大允许误差的1/5。例如，开展检定0.5级的特斯拉计的工作，标准特斯拉计的准确度等级不能低于0.1级。同时，标准特斯拉计的年变化不应超过被检特斯拉计最大允许误差的1/10或自身最大允许误差的1/3。检定装置通常应配备对位装置，对位装置可以保证标准特斯拉计和被检特斯拉计在测量标准磁场是所处的位置。

（三）举例

如图2－17所示，TD8850特斯拉计检定装置是一款高精度、功能齐全、智能化的磁参量校准设备，由大功率高稳定直流标准源、电磁铁、磁场线圈、零高斯屏蔽腔、无磁智能移动架、全自动检定软件组成，适用于对霍尔效应与线圈法等原理制造的特斯拉计或高斯计进行检定或校准。

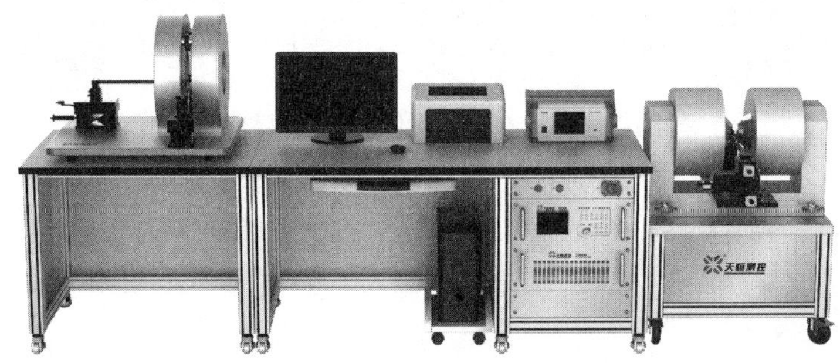

图2－17　TD8850特斯拉计检定装置

第二节　建立计量标准的准备及计量标准考核的申请

一、建立计量标准的决策准备

建立计量标准应从实际需求出发、科学决策、讲求效益，减少建立计量标准的盲目性，提升计量标准的实用性和技术水平。

1. 建立标准前应当考虑的要素

（1）进行需求分析，分析被测量领域对国民经济和科技发展的重要程度和迫切程度，分析被测量对象今后的发展前景和动态，分析被测仪器仪表测量范围、测量准确度和需要检定或校准的工作量。

（2）确定建立标准所需的基础设施与条件，如需要的房屋面积、恒温条件及能源消耗等。

（3）确定建立计量标准应当购置的标准器、配套设备及其技术指标。

（4）分析是否具有或需要培养使用、维护及操作计量标准的技术人员（2 名及以上）。

（5）分析计量标准的考核、使用、维护及量值传递保证条件，确定计量标准的量传渠道。

（6）确定建立计量标准的物质、经济、法律保障等基础条件。

2. 对准备建立的计量标准进行评估

计量行政部门组织建立社会公用计量标准前，应当对行政辖区内的计量资源进行调查研究、摸底统计。根据当地国民经济建设发展的需要，统筹规划、合理组织建立社会公用计量标准体系。对社会计量资源进行科学调配，避免重复投资，最大限度地发挥现有的计量资源的作用。强化社会公用计量标准的建设，兼顾部门和企事业单位计量标准的发展，对需要建设的社会公用计量标准统一规划、统一部署、科学立项、认真实施。明确各级各类计量技术机构的发展战略定位与目标，完善量值传递体系，解决项目交叉、重复建设、投入分散、资源浪费的问题。提高法定计量技术机构的技术保障水平，增强对社会开展计量检定和校准的服务能力。原则上，企事业单位建立的计量标准应低于国家计量基准，并严格遵守国家计量量值传递体系。为了方便量值溯源，企事业单位建立的计量标准可考虑低于本省法定计量检定机构。

当社会公用计量标准不能覆盖或满足不了部门专业特点的需求时，国务院有关部门和省、自治区、直辖市有关部门可以根据本部门的特殊需要建立部门内部使用的计量标准。企事业单位建立计量标准是为了获得及时的、低成本的、高效的计量服务，是否建立应取决于企业产品质量和工艺流程对计量工作的依赖程度，不宜追求“全、高、精、尖”。

3. 对社会经济效益进行分析

只有具有良好的社会效益或经济效益的计量标准，才有必要建立。政府计量行政部门建立社会公用计量标准，应当根据本行政区域内统一量值的需要，着重考虑社会效益，同时兼顾经济效益。部门和企事业单位建立计量标准，应当根据本部门和本单位的实际情况重点建立生产、科研等需要的计量标准，主要考虑经济效益。

需要提醒的是，计量标准的建立、考核、维护、使用、运行和管理等一系列工作离不开经济基础的支撑和人才梯队的培养，是否建立计量标准应以实际需要来确定，同时遵循及时、方便、实用、经济的原则，需要进行经济效益分析。检定或校准的预计收益，按照该计量标准标准一年开展检定或校准工作的台件数乘以每台件的收费来估计。检定或校准支出全部费用包括计量标准器及配套设备、房屋等资产折旧费、量值溯源保证费、低值易耗年消耗费、能源消耗费、人员费用、管理费用等。核定建立计量标准的收支费用，应当把资金利用率、物价变动因素均考虑进去。如果是部门和企事业单位建立计量标准有可能获得计量授权对社会开展计量检定或校准，也可以把增加收入部分估计进去，综合衡量，进行计量标准经济效益分析。另外，相对稳定的计量检定队伍也是计量标准建立和维护不可或缺的部分，对于部门和企业事业单位，建立计量标准之前应先确定好相对稳定的人员进行计量专业培训后方可开展工作。

二、建立计量标准的技术准备

建立计量标准的过程是一个技术性很强的工作过程，它要确定计量标准的计量性能和功能，完成计量标准器及配套设备、设施的配置，进行有效溯源，培训人员，还要进行检定或校准结果的重复性试验及稳定性考核，建立文件集等工作。

申请新建计量标准的单位，应当按 JJF 1033—2016 第 4 章“计量标准的考核要求”的规定进行准备，并按照如下七个方面的要求做好前期准备工作，这些准备工作是申请建立计量标准必要的前提条件：

（1）参照相应计量检定规程或校准规范，科学合理地配置计量标准器及配套设备。如需要，还应包括必须的计算机和软件，配置应当做到科学合理，经济实用。

（2）计量标准器及主要配套设备进行有效溯源，取得有效检定或校准证书，并对检定或校准证书进行确认。计量标准器必须经法定或者计量授权的计量技术机构检定合格或校准，将量值溯源至国家计量基准或者社会公用计量标准，配套的计量设备可由本单位建立的计量标准或由有权进行计量检定或校准的计量技术机构检定合格或校准。

注：

1. 在计量标准考核中，计量标准器是指量值传递中对提供量值起主要作用的计量器具，有时也称为主标准器。
2. 对于自行研制或进行过重新改造的计量标准，应先进行技术鉴定，技术鉴定合格后方可申请建标。

（3）新建计量标准应当进行检定或校准结果的重复性试验，并将得到的检定或校准结果的重复性用于检定或校准结果的不确定度评定。具体方法按照 JJF 1033—2016 中 C. 1 的要求进行。

（4）完成《计量标准考核（复查）申请书》和《计量标准技术报告》的填写。《计量标准技术报告》中检定或校准结果的重复性试验、稳定性考核、检定或校准结果的不确定度评定以及检定或校准结果的验证等内容的填写符合 JJF 1033—2016 附录 C 中的相关要求。

注：某些情况下确实不需要或不能进行检定或校准结果重复性试验及稳定性考核的，可免予考核。

（5）具备符合计量检定规程或者技术规范并确保计量标准正常工作所需要的温度、湿度、洁净度、振动、电磁干扰、辐射、照明及供电等环境条件和工作场地，并按照相应计量检定规程或校准规范的要求对环境条件进行有效监测和控制。

（6）每项计量标准应当配备至少两名具有相应能力，满足有关计量法律法规要求的检定或校准人员。所谓“满足有关法律法规要求”，第一是指对于法定计量检定机构和人民政府计量行政部门授权的计量机构的检定或校准人员，应当持有相应等级的《注册计量师资格证书》和人民政府计量行政部门颁发的具有相应项目的《注册计量师注册证》；

或持有有关的人民政府计量行政部门颁发的具有相应项目的原《计量检定员证》；或持有当地省级人民政府计量行政部门或其规定的市（地）级人民政府计量行政部门颁发的具有相应项目的“计量专业项目考核合格证明”（过渡期期间）。第二是指对于其他企、事业单位的检定或校准人员，不要求必须持有人民政府计量行政部门颁发的计量检定人员证件，但是应当经过计量专业理论和实际操作培训或考核合格，确保具有从事检定或校准工作的相应能力。其能力证明可以是“培训合格证明”，也可以是其他能够证明具有相应能力的计量证件，如建标单位内部培训合格证明，行业学会、协会或计量检定机构签发的培训合格证明。

（7）具有完善的运行、维护制度，建标单位至少要制定以下8个方面的管理制度：

① 实验室岗位责任制度：明确实验室管理人员、计量标准负责人和检定校准、核验人员的具体分工和职责；

② 计量标准使用维护制度：明确计量标准的保存、运输、维护、使用、修理、更换、改造、封存及撤销以及恢复使用等工作的具体要求和程序；

③ 量值溯源管理制度：应当明确计量标准器及主要配套设备的周期检定或定期校准计划和执行程序，包括偏离程序应当采取的措施；

④ 原始记录及证书管理制度：应当明确计量检定或校准过程原始记录、数据处理、证书填写、数据核验和证书签发等环节的工作程序及要求；

⑤ 事故报告制度：明确仪器设备、人员安全和工作责任事故的分类和界定，以及各种事故的发现、报告、处理的程序规定；

⑥ 计量标准文件集管理制度：应当明确计量标准文件集的管理内容和要求，对文件的起草、批准、发布、使用、更改、评价、存档及作废等作出明确规定，设置专人负责，确定其借阅、保存等方面的具体要求；

⑦ 计量检定规程或技术规范管理制度：应当确保开展计量检定或校准时采用符合规定要求的计量检定规程或校准规范；

⑧ 环境条件及设施管理制度：确保满足规程规范要求，对温度、湿度等环境条件进行监测和记录，对实验室互不相容的活动区域进行有效隔离。

（8）建立计量标准的文件集

文件集应当包含以下文件：

①《计量标准考核证书》（如果适用）；

②《社会公用计量标准证书》（如果适用）；

③《计量标准考核（复查）申请书》；

④《计量标准技术报告》；

⑤《检定或校准结果的重复性试验记录》；

⑥《计量标准的稳定性考核记录》；

⑦《计量标准更换申请表》（如果适用）；

⑧《计量标准封存（或撤销）申请表》（如果适用）；

⑨《计量标准履历书》；

⑩ 国家计量检定系统表（如果适用）；

⑪ 计量检定规程或计量技术规范；

⑫ 计量标准操作程序；
⑬ 计量标准器及主要配套设备使用说明书（如果适用）；
⑭ 计量标准器及主要配套设备的检定或校准证书；
⑮ 检定或校准人员能力证明；
⑯ 实验室的相关管理制度；
⑰ 开展检定或校准工作的原始记录及相应的检定或校准证书副本；
⑱ 可以证明计量标准具有相应测量能力的其他技术资料（如果适用）。

三、计量标准考核的程序

计量标准考核是国家行政许可项目，其行政许可项目的名称为“计量标准器具核准”。计量标准器具核准行政许可实行分级许可，即由国家质检总局和省、市（地区）及县级地方人民政府计量行政部门对其职责范围内的计量标准实施行政许可。国务院计量行政部门组织建立的社会公用计量标准以及各省级计量行政部门组织建立的各项最高等级的社会公用计量标准，由国务院计量行政部门主持考核；地（市）、县级计量行政部门组织建立的各项最高等级的社会公用计量标准，由上一级计量行政部门主持考核；各级地方计量行政部门组织建立其他等级的社会公用计量标准，由组织建立计量标准的计量行政部门主持考核。国务院有关部门和省、自治区、直辖市有关部门建立的各项最高等级的计量标准，由同级的计量行政部门主持考核。国务院有关部门所属的企业、事业单位建立的各项最高等级的计量标准，由国务院计量行政部门主持考核；省、自治区、直辖市有关部门所属的企业、事业单位建立的各项最高等级的计量标准，由当地省级计量行政部门主持考核；无主管部门的企业单位建立的各项最高等级的计量标准，由该企业工商注册地的计量行政部门主持考核。

行政许可应当按照规定的程序办理。计量标准核准行政许可流程的步骤如下。

1. 申请

申请新建计量标准考核单位，应当向主持考核的人民政府计量行政部门递交《计量标准考核（复查）申请书》和有关技术资料。递交的申请资料如下：

（1）《计量标准考核（复查）申请书》原件一式两份和电子版一份；
（2）《计量标准技术报告》原件一份；
（3）计量标准器及主要配套设备有效的检定或校准证书复印件一套；
（4）开展检定或校准项目的原始记录及相应的模拟检定或校准证书复印件两套；
（5）检定或校准人员能力证明复印件一套；
（6）可以证明计量标准具有相应测量能力的其他技术资料（如果适用）复印件一套。

2. 受理

主持考核的人民政府计量行政部门应当对申请资料进行初审，申请资料齐全并符合 JJF 1033—2016 要求的，受理申请，发送受理决定书；不符合 JJF 1033—2016 要求的，可以立即更正的，允许更正符合 JJF 1033—2016 后发送受理决定书；对于申请资料不齐全或不符 JJF 1033—2016 要求的，应当在 5 个工作日内一次通知建标单位需要补充的全部内容；经补充符合要求的，予以受理。不属于受理范围的，发送不予受理决定书，并将有关申请资料退回建标单位。

3. 考评

计量标准考核申请受理后，计量标准的考评应当在80个工作日内（包括整改时间及考评结果复核、审核时间）完成。考评分为书面考评和现场考评。一般新建计量标准、计量标准发生重大改变时会进行现场考评。

4. 审批

考评单位及考评组完成考评任务后，应当将考评材料及考评员的考评结果报送组织考核的人民政府计量行政部门。组织考核的人民政府计量行政部门审核后递交主持考核的人民政府计量行政部门审批。

主持考核的人民政府计量行政部门应当在接到考评材料的20个工作日内完成审批工作。主持考核的人民政府计量行政部门向考核合格的建标单位下达准予行政许可决定书，颁发《计量标准考核证书》，退回《计量标准考核（复查）申请书》和《计量标准技术报告》原件各一份；向考核不合格的建标单位发送不予行政许可决定书计量标准考核结果通知书，将有关资料退回建标单位；主持考核的人民政府计量行政部门应当保留《计量标准考核（复查）申请书》和《计量标准考核报告》各一份存档。

第三节 《计量标准考核（复查）申请书》的编写

一、封面

1. “[　　] 量标 证字第 号”

填写《计量标准考核证书》的编号。新建计量标准申请考核时不必填写，待考核合格后，颁发《计量标准考核证书》时，由主持考核的人民政府计量行政部门按照证书的编号规则予以编号，并填写在《计量标准考核证书》相应位置。

2. “计量标准名称”和“计量标准代码”

按JJF 1022—2014《计量标准命名与分类编码》规定了计量标准的命名和编码原则，在其附录“计量标准名称与分类代码”中查取所建计量标准名称及代码。JJF 1022—2014中没有的，可按计量标准命名及编码原则自行命名及编码，再由主持考核的人民政府计量行政部门依据JJF 1022—2014的命名及编码原则确认。

3. “建标单位名称”和“组织机构代码”

分别填写建标单位的全称和组织机构代码。

建标单位的全称应当与申请书中“建标单位意见”栏内所盖公章中的单位名称完全一致。

组织机构代码应当填写法人单位的统一社会信用代码。

4. “单位地址”和“邮政编码”

分别填写建标单位的通信地址以及所在地区的邮政编码。

5. “计量标准负责人及电话”和“计量标准管理部门联系人及电话”

分别填写申请计量标准考核或复查项目的计量标准负责人姓名及电话、建标单位负责计量标准管理部门联系人的姓名及电话。电话可以是办公电话号码（同时注明所在地区的长途区位号码），也可以是手机号码，只要方便考核信息的联络、交流、沟通即可。

6. “ 年 月 日”

填写建标单位提出计量标准考核或复查申请时的日期。该日期应与“建标单位意见”

一栏内的日期一致。

二、申请书内容

1. “计量标准名称”

与申请书封面的“计量标准名称”栏目的填写要求一致。

2. “计量标准考核证书号”

申请新建计量标准时不必填写，申请计量标准复查时应填写原《计量标准考核证书》的编号，并与本申请书封面的相应栏目内容一致。

3. “存放地点”

填写该计量标准存放地点，不仅要填写建标单位的通信地址，还应当填写该计量标准保存部门的名称、楼号和房间号。

4. “计量标准原值（万元）”

填写该计量标准的计量标准器和配套设备购置时原价值的总和，单位为万元，数字一般精确到小数点后两位。该原值应当和《计量标准履历书》中“计量标准原值（万元）”相一致。

5. “计量标准类别”

需要考核的计量标准，分为社会公用计量标准、部门最高计量标准和企事业单位最高计量标准三类。取得人民政府计量行政部门授权的，属于计量授权项目。此处应当根据申请考核的计量标准类型，以及是否属于授权项目，在对应的“□”内打“√”。

6. “测量范围”

填写该计量标准的测量范围，即由计量标准器和配套设备组成的计量标准的测量范围。根据计量标准的具体情况，它可能与计量标准器所提供的测量范围相同，也可能与计量标准器所提供的测量范围不同。对于可以测量多种参数的计量标准应该分别给出每一种参数的测量范围。

7. “不确定度或准确度等级或最大允许误差”

《计量标准考核（复查）申请书》中有三处涉及要填写名称为“不确定度或准确度等级或最大允许误差”的栏目。原则上，应当根据计量标准的具体情况，并参照本专业规定或约定俗或选择不确定度或准确度等级或最大允许误差进行表述。

当填写最大允许误差时，可采用其英文缩写 MPE 来标识，其数值一般应带“±”号。例如：“MPE：±0.05mm”“MPE：±0.01mg”。

当填写准确度等级时，应当采用各专业规定的等别或级别的符号来表示，例如：“二等”“0.5 级”。

当填写不确定度时，可以根据该领域的表述习惯和方便的原则，用标准不确定度或扩展不确定度来表示。标准不确定度用符号 u 表示；扩展不确定度有两种表示方式，分别用 U 和 U_p 表示，与之对应的包含因子分别用 k 或 k_p 表示。当用扩展不确定度表示时，必须同时注明所取包含因子 k 或 k_p 的数值。不确定度数值前不带“±”号，也不能用“<”表示。

当包含因子的数值是根据被测量 y 的分布，并由规定的包含概率 $p=0.95$ 计算得到时，扩展不确定度用符号 U_{95} 表示。若取非 0.95 的包含概率，必须给出所依据的相关技术文件的名称，否则一律取 $p=0.95$。当包含因子的数值不是根据被测量 y 的分布计算得到，而是直接取定时（此时均取 $k=2$），扩展不确定度用符号 U 表示，与之对应的包含因子用 k 表示。填写本栏目时，应根据计量标准的具体情况填写不同的参数。

（1）若计量标准简单地由单台仪表或量具组成：

① 若在检定或校准中直接采用该仪表或量具的示值或标称值，即不加修正值使用，则填写该仪表或量具的最大允许误差；

② 若在检定或校准中，该仪表或量具需要加修正值使用，即采用其实际值，则填写该修正值的不确定度；

③ 若该仪表或量具有准确度等别和（或）级别的规定，则也可以填写该仪表或量具的等别和（或）级别。使用等别，相当于用不确定度来表示；使用级别，相当于用最大允许误差表示。

（2）若计量标准为由多台仪表或测量设备组成的一套系统，则在原则上可以将计量标准分成计量标准器和比较器两部分：

① 若可以分辨这两部分各自对测量结果的影响，则按上面的原则分别填写这两部分的有关参数（不确定度或准确度等级或最大允许误差），当比较器是由多种设备构成时，则填写这些设备的合成不确定度；

② 若无法分辨这两部分各自对测量结果的影响，则直接填写上述两部分的合成不确定度。

无论采用何种方法来表示，均应明确用符号表明所提供数据的含义。对于可以测量多种参数的计量标准，应分别给出每种参数的测量不确定度或准确度等级或最大允许误差。

对于不同测量点或不同测量范围，计量标准具有不同的测量不确定度时，原则上应该给出对应每一个测量点的不确定度。至少应该分段给出其不确定度，以每一分段中的最大不确定度表示。如有可能，最好能给出测量不确定度随测量点变化的公式。

若计量标准的分度值可变，则应该分别给出对应于每一分度值的不确定度。

8. “计量标准器”和“主要配套设备”

计量标准器是指计量标准在量值传递中对量值有主要贡献的计量设备。主要配套设备是指除计量标准器以外的对测量结果的不确定度有明显影响的设备。

本栏目中各子栏目的填法如下：

（1）“名称”和“型号”两栏目分别填写各计量标准器及主要配套设备的名称、型号或规格。

（2）“测量范围”栏目填写相应计量标准器及主要配套设备的测量范围。

（3）“不确定度或准确度等级或最大允许误差”栏目填写相应计量标准器及主要配套设备的不确定度或准确度等级或最大允许误差。填写要求与本申请书的同名栏目相同。

（4）“制造厂及出厂编号”栏目填写各计量标准器及主要配套设备的制造厂家名称及出厂编号。

（5）“检定周期或复校间隔”栏目填写各计量标准器及主要配套设备经有效溯源后计量技术机构给出的检定周期或建议复校间隔，例如：1 年、2 年、6 个月等。

（6）“末次检定或校准日期”栏目填写各计量标准器及主要配套设备最近一次的检定日期或校准日期。

（7）“检定或校准机构及证书号”栏目填写各计量标准器及主要配套设备溯源计量技术机构的名称及其检定或校准证书的编号。

9. “环境条件及设施”

对本栏目的填写，可以参照以下方法：

（1）在计量检定规程或计量技术规范中提出具体要求，并且对检定或校准结果的测量不确定度有显著影响的环境要素；

（2）在计量检定规程或计量技术规范中未提出具体要求，但对检定或校准结果的测量不确定度有显著影响的环境要素；

（3）在计量检定规程或计量技术规范中未提出具体要求，但对检定或校准结果的测量不确定度的影响不大的环境要素。

对第一类情况，在“要求”栏目内填写计量检定规程或计量技术规范对该环境要素规定必须达到的具体要求。对第二类情况，“要求”栏目按《计量标准技术报告》中对该要素的要求填写。对第三类情况，“要求”栏目可以不填。

“实际情况”栏目填写使用计量标准的环境条件所能达到的实际情况。

“结论”栏目是指是否符合计量检定规程或计量技术规范的要求，或是否符合《计量标准技术报告》的“检定或校准结果的测量不确定度评定”栏目中对该要素所提的要求。视情况分别填写“合格”或“不合格”。

在设施中还应填写在计量检定规程或计量技术规范中提出具体要求，并对检定或校准结果及其测量不确定度有影响的设施和监控设备。在“项目”栏目内填写计量检定规程或计量技术规范规定的设施和监控设备名称，在“要求”栏目内填写计量检定规程或计量技术规范对该设施和监控设备规定必须达到的具体要求。“实际情况”栏目填写设施和监控设备的名称、型号和所能达到的实际情况，并应与《计量标准履历书》中相关内容一致。“结论”栏目是指是否符合计量检定规程或计量技术规范对该项目所提的要求。视情况分别填写“合格”或“不合格”。

10. “检定或校准人员”

分别填写使用该计量标准进行检定或校准工作人员的基本信息。每项计量标准应有不少于两名的检定或校准人员。“姓名”“性别”“年龄”“从事本项目年限”“学历”等栏目按实际情况填写；“能力证明名称及编号”可以填写原计量检定员证及编号，也可以填写注册计量师资格证书及编号以及注册计量师注册证及编号，还可以填写当地省级人民政府计量行政部门或其规定的市（地）级人民政府计量行政部门颁发的具有相应项目的“计量专业项目考核合格证明”及编号（过渡期期间）；其他企事业单位的检定或校准人员，可以填写“培训合格证明”及编号，也可以填写原计量检定员证及编号、注册计量师资格证书及编号以及注册计量师注册证及编号，还可以填写当地省级人民政府计量行政部门或其规定的市（地）级人民政府计量行政部门颁发的具有相应项目的“计量专业项目考核合格证明”及编号。“核准的检定或校准项目”应当填写检定或校准人员所持能力证明中核准的检定或校准项目名称。

11. “文件集登记”

对表中所列 18 种文件是否具备，分别按项目的实际情况填写“是”或“否”，填写“否”时，应在“备注”中说明原因。

12. “开展的检定或校准项目”

本栏目在申请阶段是指计量标准拟开展的检定或校准项目，在考核报告中是指计量标准可开展的检定或校准项目，在发证环节应当是计量标准准予开展的检定或校准项目，为了保证考核信息的一致，方便信息拷贝，《计量标准考核（复查）申请书》《计量标准技术报告》《计量标准考核报告》《计量标准考核证书》等表格中该栏目不再区分“拟”和“可”，统一使用“开展的检定或校准项目”。各子栏目的填写要求如下：

“名称”栏目填写被检或被校计量器具名称，如果只能开展校准，必须在被校准计量器具名称或参数后注明“校准”字样。

“测量范围”栏目填写被检或被校计量器具的量值或量值范围。

“不确定度或准确度等级或最大允许误差”栏目，填写用被检或被校准计量器具的测量不确定度或准确度等级或最大允许误差。

（1）如果被检定或被校准的计量器具不加修正值使用，则填写该计量器具的最大允许误差。如果被检定或被校准的计量器具有准确度级别的划分，也可以填写可以检定或校准的计量器具的级别。

（2）如果被检定或被校准的计量器具需加修正值使用，则填写所出具的检定或校准证书上所提供的修正值的扩展不确定度，并同时给出有关该扩展不确定度的足够多的信息。如果被检定或被校准的计量器具有准确度等别的划分，也可以填写可以检定或校准的计量器具的等别。

“所依据的计量检定规程或计量技术规范的编号及名称”栏目，填写开展计量检定所依据的计量检定规程以及开展校准所依据的计量检定规程或计量技术规范的编号及名称。填写时先写计量检定规程或计量技术规范的编号，再写规程规范的全称。例如：“JJG 240—1981《一等标准液体压力计（试行）》”“JJG 146—2011《量块》”。若涉及多个计量检定规程或计量技术规范时，则应全部分别一一列出。此处应当填写被检或被校计量器具（或参数）的计量检定规程或计量技术规范，而不是计量标准器或主要配套设备的计量检定规程或计量技术规范。

13. “建标单位意见”

建标单位的负责人（即主管领导）签署意见并签名和加盖公章。

14. “建标单位主管部门意见”

建标单位的主管部门在本栏目签署意见并加盖公章。

例1：某单位申请部门最高计量标准考核，建标单位的主管部门应当在“建标单位主管部门意见”栏目中签署“同意该项目作为本部门最高计量标准申请考核”。

例2：某企业申请企业最高计量标准考核，企业的主管部门应当在“建标单位主管部门意见”栏目中签署“同意该项目作为本企业最高计量标准申请考核”。如果企业无主管部门，本栏目可以不填。

15. “主持考核的人民政府计量行政部门意见”

主持考核的人民政府计量行政部门在审阅申请资料并确认受理申请后，根据所申请计量标准的测量范围、不确定度或准确度等级或最大允许误差等情况确定组织考核（复查）的人民政府计量行政部门。主持考核的人民政府计量行政部门应将是否受理、由谁组织考核的明确意见写入本栏目并加盖公章。如“同意受理该计量标准考核申请，请×××局组织考核”，或者“不同意受理该计量标准考核申请，理由如下……”。

16. “组织考核的人民政府计量行政部门意见”

组织考核（复查）人民政府计量行政部门在接受主持考核的人民政府计量行政部门下达的考核任务后，确定考评单位或成立考评组，并将处理意见写入栏目内并加盖公章。如“同意承接该计量标准考核，请×××计量科学研究院组织考评”。

主持考核的人民政府计量行政部门和组织考核的人民政府计量行政部门可以是同一个部门，也可以是不同级别的人民政府计量行政部门。

第四节 《计量标准技术报告》的编写

一、封面和目录

1. “计量标准名称”

该名称应当与《计量标准考核（复查）申请书》中的名称相一致。

2. “计量标准负责人”

填写所建计量标准负责人的姓名。

3. “建标单位名称”

填写建标单位的全称。该单位名称应当与《计量标准考核（复查）申请书》中建标单位的名称及公章中名称完全一致。

4. “填写日期”

填写编制完成《计量标准技术报告》的日期。如果是重新修订，应当注明第一次填写日期和本次修订日期及修订版本。

5. “目录”

《计量标准技术报告》共 12 项内容，报告完成后，应当在目录每项（　　）内注明页码。

二、技术报告内容

1. “建立计量标准的目的”

简明扼要地叙述为什么要建立该计量标准，建立该计量标准的被检定或校准对象、测量范围及工作量分析，以及建立该计量标准的预期社会效益及经济效益。

2. “计量标准的工作原理及其组成”

用文字、框图或图表的形式，简要叙述该计量标准的基本组成，以及开展量值传递时采用的检定或校准方法。计量标准的工作原理及其组成应当符合所建计量标准所属的国家计量检定系统表和执行的计量检定规程或计量技术规范的规定。

3. “计量标准器及主要配套设备”

本栏目填写内容和方法与《计量标准考核（复查）申请书》的对应栏目完全相同，只是本栏目不需要填写“末次检定或校准日期”及“检定或校准证书号”。

4. “计量标准的主要技术指标”

明确给出整套计量标准的测量范围、不确定度或准确度等级或最大允许误差以及计量标准的稳定性等主要技术指标以及其他需要的技术指标。

对于可以测量多种参数的计量标准，必须给出对应于每种参数的主要技术指标。

若对于不同测量点，计量标准的不确定度或最大允许误差不同时，建议用公式表示不确定度或最大允许误差与被测量 y 的关系。如无法给出其公式，则分段给出其不确定度或最大允许误差。对于每一个分段，以该段中最大的不确定度或最大允许误差表示。

5. “环境条件”

本栏目的填写内容应当与《计量标准考核（复查）申请书》中的“环境条件及设施”中“环境条件”一致。申请书中填写的“设施”可以不填写在本栏目中。

6. “计量标准的量值溯源和传递框图”

根据与所建计量标准相应的国家计量检定系统表或计量检定规程或计量技术规范，画出该计量标准的量值溯源和传递图。要求画出该计量标准溯源到上一级计量标准和传递到下一级计量器具的量值溯源和传递关系框图。

7. “计量标准的稳定性考核”

在计量标准考核中，计量标准的稳定性是指用该计量标准在规定的时间间隔内测量稳定的被测对象时所得到的测量结果的一致性。本栏目应该列出计量标准稳定性考核的全部数据，建议用图、表的形式反映稳定性考核的数据处理过程、结果，并判断其稳定性是否符合要求。

JJF 1033—2016《计量标准考核规范》附录 C. 2 给出了五种计量标准稳定性考核方法：“采用核查标准进行考核”“采用高等级的计量标准进行考核”“采用控制图法进行考核”“采用计量检定规程或计量技术规范规定的方法进行考核”“采用计量标准器的稳定性考核结果进行考核”等。该栏目应当根据计量标准的实际情况和 JJF 1033—2016 附录 C. 2 规定的原则确定计量标准稳定性考核的具体方法，填写核查标准、稳定性试验条件、稳定性试验过程，列出稳定性试验数据，给出稳定性考核结论，判断稳定性是否能够满足开展检定或校准工作的需要。

8. “检定或校准结果的重复性试验”

检定或校准结果的重复性试验是指在重复性测量条件下，用计量标准对常规的被检定或被校准对象重复测量所得示值或测得值间的一致程度。

检定或校准结果的重复性通常用重复性测量条件下所得检定或校准结果的分散性定量地表示，即用单次检定或校准结果 y_i 的实验标准差 $s(y_i)$ 来表示。检定或校准结果的重复性通常是检定或校准结果的测量不确定度来源之一。

重复性条件是指相同测量程序、相同操作者、相同测量系统、相同操作条件和相同地点，并在短时间内对同一或相类似被测对象重复测量，因此必须在尽可能短的时间内完成。检定或校准结果的重复性通常用单次测量结果 y_i 的实验标准差 $s(y_i)$ 来表示。

“测量重复性”是指在重复性测量条件下得到的精密度，它表示测量过程中所有的随机效应对测得值的影响。

在进行检定或校准结果的重复性试验时，其条件应当与测量不确定度评定中所规定的条件相同。

重复性试验的测量条件通常是重复性测量条件，但在特殊情况下也可能是复现性测量条件或期间精密度测量条件。

该栏目应当填写重复性试验的被测对象、测量条件，列出重复性试验的全部数据和计算过程，通常情况下，采用 JJF 1033—2016 附录 E“《检定或校准结果的重复性试验记录》参考格式”的形式反映重复性试验数据处理过程，并判断其重复性是否符合要求。

9. “检定或校准结果的不确定度评定”

检定或校准结果的不确定度评定应当依据 JJF 1059. 1—2012《测量不确定度评定与表示》进行。对于某些计量标准，如果需要，也可以同时采用 JJF 1059. 2—2012《蒙特卡洛法评定测量不确定度》以进行比较。如果相关国际组织已经制定了该计量标准所涉及领域的测量不确定度评定指南，则相应项目的测量不确定度也可以依据这些指南进行评定。

在进行检定和校准结果的测量不确定度的评定时，测量对象应当是常规的被测对象，测量条件应当是在满足计量检定规程或计量技术规范前提下至少应当达到的临界条件。

检定或校准结果的测量不确定度评定，应当给出测量不确定度评定的详细过程，若文件集中已有详细的不确定度评定报告，此处也可以只给出测量不确定度评定的简要过程。

当对于不同量程或不同测量点，其测量结果的不确定度不同时，如果各测量点的不确定度评定方法差别不大，允许仅给出典型测量点的不确定度评定过程。

对于可以测量多种参数的计量标准，应当分别给出每一种主要参数的测量不确定度评定过程。

该栏目应当填写进行检定或校准结果测量不确定度评定具体采用的方法，被测量的简要描述、测量模型、不确定度分量的评估、被测量分布的判定和包含因子的确定、合成标准不确定度的计算以及最终给出的扩展不确定度。

10. “检定或校准结果的验证”

检定或校准结果的验证是指要求对用该计量标准得到的检定或校准结果的可信程度进行实验验证。也就是说通过将测量结果与参考值相比较来验证所得到的测量结果是否在合理范围内。由于验证的结论与测量不确定度有关，因此验证的结论在某种程度上同时也说明了所给的检定或校准结果的不确定度是否合理。

验证方法可以分为传递比较法和比对法两类。传递比较法是具有溯源性的，而比对法则不具有溯源性，因此检定或校准结果的验证，原则上应当优先采用传递比较法，只有在不可能采用传递比较法的情况下，才允许采用比对法进行检定或校准结果的验证，并且参加比对的建标单位应当尽可能多。

该栏目应当填写进行检定或校准结果的验证具体采用的方法，由哪个计量技术机构进行的验证，对验证的测量数据、不确定度、验证结论等逐一叙述清楚。

11. “结论”

通过计量标准稳定性考核、检定或校准测量结果重复性试验、测量不确定度评定和检定或校准结果的验证，对所建计量标准的各项技术特性是否符合国家计量检定系统表和计量检定规程或计量技术规范的规定，是否具有预期的测量能力，是否能够开展设定的检定及校准项目，是否满足 JJF 1033—2016《计量标准考核规范》的考核要求等方面给出总的评价。

12. “附加说明”

填写认为有必要指出的其他附加说明。例如：计量标准技术报告编写、修订人，编写、修订的版本号及日期，编写、修订用到的文件名称和原始记录（如：计量标准的稳定性考核记录、检定或校准测量结果重复性试验记录、测量不确定度评定记录和检定或校准测量结果验证记录），以及可以证明计量标准具有相应测量能力的其他技术资料（如：计量比对报告、研制或改造计量标准的技术鉴定或验收资料、单独成册的检定或校准结果的不确定度评定报告）。

第三章　电磁计量器具建标申请书和技术报告编写示例

示例 3.1　一等直流电阻标准装置

计量标准考核（复查）申请书

［　　］　量标　　　证字第　　　号

计量标准名称　一等直流电阻标准装置

计量标准代码　15513203

建标单位名称＿＿＿＿＿＿＿＿

组织机构代码＿＿＿＿＿＿＿＿

单 位 地 址＿＿＿＿＿＿＿＿

邮 政 编 码＿＿＿＿＿＿＿＿

计量标准负责人及电话＿＿＿＿＿＿＿＿

计量标准管理部门联系人及电话＿＿＿＿＿＿＿＿

年　　月　　日

说　明

1. 申请新建计量标准考核，建标单位应当提供以下资料：

1）《计量标准考核（复查）申请书》原件一式两份和电子版一份；

2）《计量标准技术报告》原件一份；

3）计量标准器及主要配套设备有效的检定或校准证书复印件一套；

4）开展检定或校准项目的原始记录及相应的模拟检定或校准证书复印件两套；

5）检定或校准人员能力证明复印件一套；

6）可以证明计量标准具有相应测量能力的其他技术资料（如果适用）复印件一套。

2. 申请计量标准复查考核，建标单位应当提供以下资料：

1）《计量标准考核（复查）申请书》原件一式两份和电子版一份；

2）《计量标准考核证书》原件一份；

3）《计量标准技术报告》原件一份；

4）《计量标准考核证书》有效期内计量标准器及主要配套设备连续、有效的检定或校准证书复印件一套；

5）随机抽取该计量标准近期开展检定或校准工作的原始记录及相应的检定或校准证书复印件两套；

6）《计量标准考核证书》有效期内连续的《检定或校准结果的重复性试验记录》复印件一套；

7）《计量标准考核证书》有效期内连续的《计量标准的稳定性考核记录》复印件一套；

8）检定或校准人员能力证明复印件一套；

9）计量标准更换申报表（如果适用）复印件一份；

10）计量标准封存（或撤销）申报表（如果适用）复印件一份；

11）可以证明计量标准具有相应测量能力的其他技术资料（如果适用）复印件一套。

3.《计量标准考核（复查）申请书》采用计算机打印，并使用 A4 纸。

注：新建计量标准申请考核时不必填写“计量标准考核证书号”。

<table>
<tr><td>计量标准
名　　称</td><td colspan="4">一等直流电阻标准装置</td><td colspan="2">计量标准
考核证书号</td><td colspan="3"></td></tr>
<tr><td>保存地点</td><td colspan="4"></td><td colspan="2">计量标准
原值（万元）</td><td colspan="3"></td></tr>
<tr><td>计量标准
类　　别</td><td colspan="3">☑ 社会公用
☑ 计量授权</td><td colspan="3">□ 部门最高
□ 计量授权</td><td colspan="3">□ 企事业最高
□ 计量授权</td></tr>
<tr><td>测量范围</td><td colspan="9">$(10^{-3} \sim 10^{5})\Omega$</td></tr>
<tr><td>不确定度或
准确度等级或
最大允许误差</td><td colspan="9">1Ω：$U_{rel}=4\times10^{-6}$ $(k=2)$
$10^{-1}\Omega$、10Ω、$10^{2}\Omega$、$10^{3}\Omega$、$10^{4}\Omega$：$U_{rel}=5\times10^{-6}$ $(k=2)$
$10^{-3}\Omega$、$10^{-2}\Omega$、$10^{5}\Omega$：$U_{rel}=6\times10^{-6}$ $(k=2)$</td></tr>
<tr><td rowspan="3">计量标准器</td><td>名　称</td><td>型　号</td><td>测量范围</td><td>不确定度
或准确度等级
或最大允许误差</td><td>制造厂及
出厂编号</td><td>检定周
期或复
校间隔</td><td>末次检
定或校
准日期</td><td>检定或校
准机构及
证书号</td></tr>
<tr><td>标准电阻</td><td></td><td>$(10^{-3} \sim 10^{5})\Omega$</td><td>一等</td><td></td><td>1年</td><td></td><td></td></tr>
<tr><td>标准电阻</td><td></td><td>$(10^{-3} \sim 10^{5})\Omega$</td><td>一等</td><td></td><td>1年</td><td></td><td></td></tr>
<tr><td rowspan="3">主要配套设备</td><td>全自动直
流电桥校
验装置</td><td></td><td>$(10^{-3} \sim 10^{5})\ \Omega$</td><td>$\pm3\times10^{-6}$</td><td></td><td>1年</td><td></td><td></td></tr>
<tr><td>油介质恒
温槽</td><td></td><td>(20～95)℃</td><td>温度波动度：
≤±0.01℃
温场均匀性：
≤0.01℃</td><td></td><td>1年</td><td></td><td></td></tr>
<tr><td>水银温
度计
（棒式）</td><td></td><td>(17～25)℃</td><td>最小分度：
0.02℃</td><td></td><td>1年</td><td></td><td></td></tr>
</table>

	序号	项　目	要　　求	实 际 情 况	结论
环境条件及设施	1	温　度	(20 ±1)℃	(20 ±1)℃	合格
	2	湿　度	25% RH ~75% RH	40% RH ~60% RH	合格
	3				
	4				
	5				
	6				
	7				
	8				

	姓 名	性别	年龄	从事本项目年限	学 历	能力证明名称及编号	核准的检定或校准项目
检定或校准人员							

<table>
<tr><td rowspan="32">文件集登记</td><th>序号</th><th>名　　称</th><th>是否具备</th><th>备 注</th></tr>
<tr><td>1</td><td>计量标准考核证书（如果适用）</td><td>否</td><td>新建</td></tr>
<tr><td>2</td><td>社会公用计量标准证书（如果适用）</td><td>否</td><td>新建</td></tr>
<tr><td>3</td><td>计量标准考核（复查）申请书</td><td>是</td><td></td></tr>
<tr><td>4</td><td>计量标准技术报告</td><td>是</td><td></td></tr>
<tr><td>5</td><td>检定或校准结果的重复性试验记录</td><td>是</td><td></td></tr>
<tr><td>6</td><td>计量标准的稳定性考核记录</td><td>是</td><td></td></tr>
<tr><td>7</td><td>计量标准更换申请表（如果适用）</td><td>否</td><td>新建</td></tr>
<tr><td>8</td><td>计量标准封存（或撤销）申报表（如果适用）</td><td>否</td><td>新建</td></tr>
<tr><td>9</td><td>计量标准履历书</td><td>是</td><td></td></tr>
<tr><td>10</td><td>国家计量检定系统表（如果适用）</td><td>是</td><td></td></tr>
<tr><td>11</td><td>计量检定规程或计量技术规范</td><td>是</td><td></td></tr>
<tr><td>12</td><td>计量标准操作程序</td><td>是</td><td></td></tr>
<tr><td>13</td><td>计量标准器及主要配套设备使用说明书（如果适用）</td><td>是</td><td></td></tr>
<tr><td>14</td><td>计量标准器及主要配套设备的检定或校准证书</td><td>是</td><td></td></tr>
<tr><td>15</td><td>检定或校准人员能力证明</td><td>是</td><td></td></tr>
<tr><td>16</td><td>实验室的相关管理制度</td><td colspan="2"></td></tr>
<tr><td>16. 1</td><td>实验室岗位管理制度</td><td>是</td><td></td></tr>
<tr><td>16. 2</td><td>计量标准使用维护管理制度</td><td>是</td><td></td></tr>
<tr><td>16. 3</td><td>量值溯源管理制度</td><td>是</td><td></td></tr>
<tr><td>16. 4</td><td>环境条件及设施管理制度</td><td>是</td><td></td></tr>
<tr><td>16. 5</td><td>计量检定规程或计量技术规范管理制度</td><td>是</td><td></td></tr>
<tr><td>16. 6</td><td>原始记录及证书管理制度</td><td>是</td><td></td></tr>
<tr><td>16. 7</td><td>事故报告管理制度</td><td>是</td><td></td></tr>
<tr><td>16. 8</td><td>计量标准文件集管理制度</td><td>是</td><td></td></tr>
<tr><td>17</td><td>开展检定或校准工作的原始记录及相应的检定或校准证书副本</td><td>是</td><td></td></tr>
<tr><td>18</td><td>可以证明计量标准具有相应测量能力的其他技术资料（如果适用）</td><td colspan="2"></td></tr>
<tr><td>18. 1</td><td>检定或校准结果的不确定度评定报告</td><td>是</td><td></td></tr>
<tr><td>18. 2</td><td>计量比对报告</td><td>否</td><td>新建</td></tr>
<tr><td>18. 3</td><td>研制或改造计量标准的技术鉴定或验收资料</td><td>否</td><td>非自制</td></tr>
</table>

<table>
<tr><td rowspan="2">开展的检定或校准项目</td><td>名　称</td><td>测量范围</td><td>不确定度或准确度等级或最大允许误差</td><td>所依据的计量检定规程或计量技术规范的编号及名称</td></tr>
<tr><td>直流标准电阻器</td><td>$(10^{-3} \sim 10^{5})\,\Omega$</td><td>二等及以下</td><td>JJG 166—1993《直流电阻器》</td></tr>
<tr><td>建标单位意见</td><td colspan="4">负责人签字：　　（公章）
年　月　日</td></tr>
<tr><td>建标单位主管部门意见</td><td colspan="4">（公章）
年　月　日</td></tr>
<tr><td>主持考核的人民政府计量行政部门意见</td><td colspan="4">（公章）
年　月　日</td></tr>
<tr><td>组织考核的人民政府计量行政部门意见</td><td colspan="4">（公章）
年　月　日</td></tr>
</table>

计量标准技术报告

计量标准名称　一等直流电阻标准装置

计量标准负责人

建标单位名称

填写日期

目　录

一、建立计量标准的目的

为了确保国家电阻单位量值的统一，保证当地及邻近地区电阻量值的传递和溯源，确保生产过程的准确可靠，因此建立一等电阻标准装置。

二、计量标准的工作原理及其组成

测量标准电阻采用同名义值比较法，将作为标准的标准电阻 R_N 与作为被测的标准电阻 R_X 串联，恒流源产生一短期稳定性极好的电流流经这两个电阻。从而产生两个电压压降 V_N 和 V_X，由数表分别检测获得数据并由软件处理得出结果。即

$$V_X = I \cdot R_X \qquad V_N = I \cdot R_N$$

由于：

$$R_X / R_N = Vx / V_N = K$$

所以：

$$R_X = K \cdot R_N = R_{示}$$

测量时，将 R_N 的检定值输入，测量结果即为屏上显示的 $R_{示}$ 的值。

故：$K = R_{示} / R_N$，K 的名义值为 1。

三、计量标准器及主要配套设备

	名　称	型　号	测量范围	不确定度或准确度等级或最大允许误差	制造厂及出厂编号	检定周期或复校间隔	检定或校准机构
计量标准器	标准电阻		$(10^{-3} \sim 10^{5})\Omega$	一等			1年
	标准电阻		$(10^{-3} \sim 10^{5})\Omega$	一等			1年
主要配套设备	全自动直流电桥校验装置		$(10^{-3} \sim 10^{5})\Omega$	$\pm 3 \times 10^{-6}$			1年
	油介质恒温槽		(20～95)℃	温度波动度：≤ ±0.01℃ 温场均匀性：≤0.01℃			1年
	水银温度计（棒式）		(17～25)℃	最小分度：0.02℃			1年

四、计量标准的主要技术指标

一等直流电阻标准装置：

1Ω：$U_{rel}=4\times10^{-6}$（$k=2$）

10^{-1}Ω、10Ω、10^{2}Ω、10^{3}Ω、10^{4}Ω：$U_{rel}=5\times10^{-6}$（$k=2$）

10^{-3}Ω、10^{-2}Ω、10^{5}Ω：$U_{rel}=6\times10^{-6}$（$k=2$）

五、环境条件

序号	项　目	要　　求	实际情况	结　　论
1	温度	(20±1)℃	(20±1)℃	合格
2	湿度	25% RH～75% RH	40% RH～60% RH	合格
3				
4				
5				
6				

六、计量标准的量值溯源和传递框图

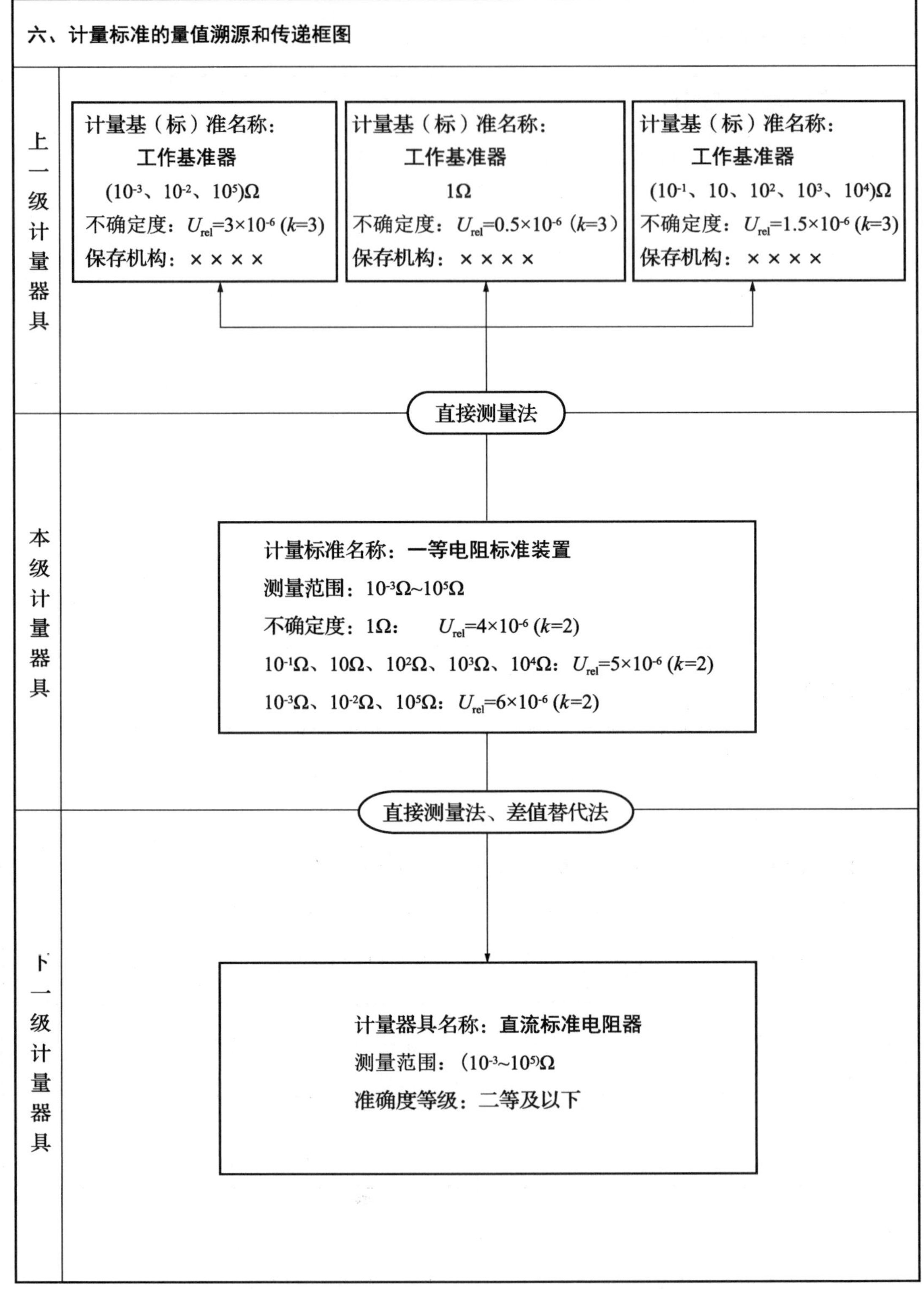

七、计量标准的稳定性考核

本装置采用高等级的计量标准进行稳定性考核。用高等级的计量标准测量本标准的标准值为1Ω的一等标准电阻，每次测量间隔时间大于30天，测量结果之间的最大差值的绝对值作为其稳定性数据。测量结果如下。

一等直流电阻标准装置的稳定性考核记录

考核时间	2017年4月5日	2017年5月8日	2017年6月10日	2017年7月16日
检查标准	名称：工作基准电阻　型号：1Ω　编号：6524			
测量条件	20.2℃；55% RH	20.2℃；51% RH	20.1℃；54% RH	20.3℃；54% RH
测量次数	测量值/Ω	测量值/Ω	测量值/Ω	测量值/Ω
1	1.000002	1.000001	1.000003	1.000002
2	1.000005	1.000006	1.000003	1.000004
3	1.000003	1.000004	1.000002	1.000005
4	1.000006	1.000005	1.000004	1.000006
5	1.000004	1.000003	1.000005	1.000005
6	1.000001	1.000001	1.000001	1.000003
7	1.000003	1.000003	1.000002	1.000003
8	1.000002	1.000003	1.000001	1.000003
9	1.000004	1.000004	1.000004	1.000004
10	1.000005	1.000006	1.000003	1.000006
$\bar{y}_i$	1.0000035	1.0000036	1.0000028	1.0000041
最大变化量 $\bar{y}_{imax}-\bar{y}_{imin}$	$1.3\times10^{-6}\Omega$			
允许变化量	$4\times10^{-6}\Omega$			
结　　论	符合要求			
考核人员	×××			

八、检定或校准结果的重复性试验

在重复性测量条件下，用本装置对标准值为1Ω 的二等标准电阻进行10 次独立重复测量，其重复性试验数据如下。

一等直流电阻标准装置的检定或校准结果的重复性试验记录

试验时间	2017 年 7 月 12 日		
被测对象	名　称	型号	编号
	二等标准电阻	BZ3	705620
测量条件	20.2℃；51% RH		
测量次数	测得值/Ω		
1	1.000002Ω		
2	1.000004Ω		
3	1.000005Ω		
4	1.000006Ω		
5	1.000005Ω		
6	1.000003Ω		
7	1.000003Ω		
8	1.000003Ω		
9	1.000004Ω		
10	1.000006Ω		
$\bar{y}$	1.0000041Ω		
$s(y_i)=\sqrt{\frac{\sum_{i=1}^{n}(y_i-\bar{y})^2}{n-1}}$	0.0000014Ω		
结　论	符合要求		
试验人员	×××		

九、检定或校准结果的不确定度评定

1　测量方法

依据 JJG 166—1993《直流电阻器》检定二等标准电阻（9 只），用一等标准电阻作为标准，通过全自动直流电桥校验装置对二等标准电阻（9 只）进行检定，检定采用同名义值比较法，直接由装置得出测量结果。同时利用被测与标准同置于一个恒温槽，确保温度相等。

2　测量模型

$$R_X = R_N + \delta_t$$

式中：R_X——被测二等标准电阻的实际值；

R_N——一等标准电阻的实际值；

δ_t——恒温油槽温度均匀度、准确度引起的误差。

3　灵敏系数

$$c_1 = \partial R_x / \partial R_N = 1$$

$$c_2 = \partial R_x / \partial \delta_i = 1$$

4　各输入量的标准不确定度分量评定

4.1　标准器引入的标准不确定度分量 $u(R_N)$

4.1.1　标准电阻引入的标准不确定度分量 $u(R'_N)$

（1）上级传递一等标准电阻引入的标准不确定度分量 $u(R_{N1})$

一等电阻经上级传递合格，检定证书给出的传递总不确定度见表 1。包含因子 $k=3$，则标准不确定度分量的计算结果见表 1。

表 1

标称值/Ω	0.001	0.01	0.1	1	10	100	1000	10000	100000
不确定度/$\times 10^{-6}$	3	3	1.5	0.5	1.5	1.5	1.5	1.5	3
$u(R_{N1})/\times 10^{-6}$	1	1	0.5	0.17	0.5	0.5	0.5	0.5	1

（2）一等标准电阻的基本误差限（即年变化指标）引入的标准不确定度分量 $u(R_{N2})$

一等电阻基本误差（即年变化指标）经多年考查，其对应的值不超过基本误差极限值的 1/2。在此区间内可以认为均匀分布，包含因子 $k=\sqrt{3}$，则不确定度分量见表 2。

表 2

标称值/Ω	0.001	0.01	0.1	1	10	100	1000	10000	100000
基本误差极限 /$\times 10^{-6}$	6	6	3	1	3	3	3	3	6
$u(R_{N2})/\times 10^{-6}$	1.73	1.73	0.86	0.29	0.86	0.86	0.86	0.86	1.73

标准电阻引入的标准不确定度为分量按 $u(R'_N) = \sqrt{u^2(R_{N1}) + u^2(R_{N2})}$ 计算，结果见表 3。

表 3

标称值/Ω	0.001	0.01	0.1	1	10	100	1000	10000	100000
$u(R_{N1})/\times10^{-6}$	1	1	0.5	0.17	0.5	0.5	0.5	0.5	1
$u(R_{N2})/\times10^{-6}$	1.73	1.73	0.86	0.29	0.86	0.86	0.86	0.86	1.73
$u(R'_N)/\times10^{-6}$	2.00	2.00	0.99	0.34	0.99	0.99	0.99	0.99	2.00

4.1.2　全自动直流电阻校验装置的测量精度引入的标准不确定度分量 $u(R_{N3})$

根据说明书，全自动直流电阻校验装置的最大允许误差为 3×10^{-6}，属均匀分布，包含因子 $k=\sqrt{3}$，则

$$u(R_{N3})=3\times10^{-6}/\sqrt{3}=1.73\times10^{-6}$$

4.1.3　标准器引入的标准不确定度分量 $u(R_N)$ 的计算评定

根据 $u(R_N)=\sqrt{u^2(R'_N)+u^2(R_{N3})}$ 计算，结果见表 4。

表 4

标称值/Ω	0.001	0.01	0.1	1	10	100	1000	10000	100000
$u(R'_N)/\times10^{-6}$	2.00	2.00	0.99	0.34	0.99	0.99	0.99	0.99	2.00
$u(R_{N3})/\times10^{-6}$	1.73								
$u(R_N)/\times10^{-6}$	2.64	2.64	1.99	1.73	1.99	1.99	1.99	1.99	2.64

4.2　二等标准电阻重复性引入的标准不确定度分量 $u(R_X)$

输入量 R_X 的标准不确定度 $u(R_X)$ 来源于二等标准电阻的重复性。对一套二等电阻（9 只）重复独立测量 10 次，计算出其试验标准偏差，并得出其单次测量的标准偏差，取单次测量的标准偏差为其标准不确定度，结果见表 5。

表 5

标称值/Ω	0.001	0.01	0.1	1	10	100	1000	10000	100000
标准偏差/$\times10^{-6}$	1.74	1.68	1.60	1.54	1.50	1.52	1.56	1.60	1.72
$u(R_X)/\times10^{-6}$	0.55	0.53	0.51	0.49	0.47	0.48	0.49	0.51	0.54

4.3　油槽的温度均匀度、准确度引入的标准不确定度分量 $u(\delta_t)$

恒温油槽温场均匀性为 0.005℃，测量不确定度为 0.01℃，取最大误差为 0.014℃，取包含因子 $k=2$ 得 $u(\delta_t)=0.007$℃，2 等电阻温度系数≤ $\pm10\times10^{-6}$/℃，其相对不确定度为

$$u(\delta_t)=0.007\times10\times10^{-6}/2=3.5\times10^{-8}$$

5　合成标准不确定度计算

合成标准不确定度按 $u_c=\sqrt{u^2(R_N)+u^2(R_X)+u^2(\delta_t)}$ 计算，结果见表 6。

表 6

标称值/Ω	0.001	0.01	0.1	1	10	100	1000	10000	100000
$u(R_N)/\times10^{-6}$	2.64	2.64	1.99	1.73	1.99	1.99	1.99	1.99	2.64
$u(R_X)/\times10^{-6}$	0.55	0.53	0.51	0.49	0.47	0.48	0.49	0.51	0.54
$u(\delta_t)/\times10^{-6}$	0.035								
$u_c/\times10^{-6}$	2.70	2.69	2.05	1.80	2.05	2.05	2.05	2.05	2.69

6　相对扩展不确定度评定

取包含因子 $k=2$，则相对扩展不确定按 $U_{rel}=2u_c$ 计算，结果见表 7。

表 7

标称值/Ω	0.001	0.01	0.1	1	10	100	1000	10000	100000
$u_c/\times10^{-6}$	2.70	2.69	2.05	1.80	2.05	2.05	2.05	2.05	2.69
$U_{rel}/\times10^{-6}$	6	6	5	4	5	5	5	5	6

7　不确定度评定报告

综合对电阻考查，不确定度评定结果（包含因子 $k=2$）见表 8。

表 8

标称值/Ω	0.001	0.01	0.1	1	10	100	1000	10000	100000
$U_{rel}/\times10^{-6}$	6	6	5	4	5	5	5	5	6

说明：在实际检定时，受到被测电阻自身稳定性、环境等因素的影响，会在重复性上体现不同的结果，导致由重复性引入的不确定度也会有不同。但是由于重复性引入的不确定度不是主要分量，不会对总的扩展不确定度造成决定性影响。

十、检定或校准结果的验证

检定或校准结果的验证采用传递比较法。

将一套二等电阻检定后，送××计量科学研究院检定。将两次数值进行计算比较，结果如下。

标称值/Ω	编号	本装置检定值 y_{ref}/Ω	上级装置检定值 y_{lab}/Ω	$\frac{\lvert y_{lab}-y_{ref}\rvert}{y_i}$	$\sqrt{U_{lab}^2+U_{ref}^2}$
0.001	045485	0.0010000802	0.0010000771	3.1×10^{-6}	9.2×10^{-6}
0.01	051558	0.010000476	0.010000450	2.6×10^{-6}	9.2×10^{-6}
0.1	000788	0.010000521	0.010000493	2.8×10^{-6}	6.1×10^{-6}
1	001131	0.9999093	0.9999072	2.1×10^{-6}	4.0×10^{-6}
10	009687	10.000304	10.000286	1.8×10^{-6}	6.1×10^{-6}
100	094349	99.99998	99.99984	1.4×10^{-6}	6.1×10^{-6}
1000	862	1000.0242	1000.0220	2.2×10^{-6}	6.1×10^{-6}
10000	684	10000.341	10000.317	2.4×10^{-6}	6.1×10^{-6}
100000	000255	100004.53	100004.30	2.3×10^{-6}	9.2×10^{-6}

测量结果满足$\frac{\lvert y_{lab}-y_{ref}\rvert}{y_i}\leqslant\sqrt{U_{lab}^2+U_{ref}^2}$，故本装置得到验证，符合要求。

十一、结论
经过分析与实验验证，本装置符合 JJG 166—1993《直流电阻器》和 JJF 1033—2016《计量标准考核规范》的要求，可以开展二等及以下直流标准电阻器的检定工作。
十二、附加说明

示例 3.2　数字多用表校准装置

计量标准考核（复查）申请书

［　　］量标　　证字第　　号

计量标准名称＿＿**数字多用表校准装置**＿＿

计量标准代码＿＿**15115500**＿＿

建标单位名称＿＿＿＿＿＿＿＿

组织机构代码＿＿＿＿＿＿＿＿

单 位 地 址＿＿＿＿＿＿＿＿

邮 政 编 码＿＿＿＿＿＿＿＿

计量标准负责人及电话＿＿＿＿＿＿

计量标准管理部门联系人及电话＿＿＿＿

年　　月　　日

说　　明

1. 申请新建计量标准考核，建标单位应当提供以下资料：

1）《计量标准考核（复查）申请书》原件一式两份和电子版一份；

2）《计量标准技术报告》原件一份；

3）计量标准器及主要配套设备有效的检定或校准证书复印件一套；

4）开展检定或校准项目的原始记录及相应的模拟检定或校准证书复印件两套；

5）检定或校准人员能力证明复印件一套；

6）可以证明计量标准具有相应测量能力的其他技术资料（如果适用）复印件一套。

2. 申请计量标准复查考核，建标单位应当提供以下资料：

1）《计量标准考核（复查）申请书》原件一式两份和电子版一份；

2）《计量标准考核证书》原件一份；

3）《计量标准技术报告》原件一份；

4）《计量标准考核证书》有效期内计量标准器及主要配套设备连续、有效的检定或校准证书复印件一套；

5）随机抽取该计量标准近期开展检定或校准工作的原始记录及相应的检定或校准证书复印件两套；

6）《计量标准考核证书》有效期内连续的《检定或校准结果的重复性试验记录》复印件一套；

7）《计量标准考核证书》有效期内连续的《计量标准的稳定性考核记录》复印件一套；

8）检定或校准人员能力证明复印件一套；

9）计量标准更换申报表（如果适用）复印件一份；

10）计量标准封存（或撤销）申报表（如果适用）复印件一份；

11）可以证明计量标准具有相应测量能力的其他技术资料（如果适用）复印件一套。

3.《计量标准考核（复查）申请书》采用计算机打印，并使用A4纸。

注：新建计量标准申请考核时不必填写“计量标准考核证书号”。

<table>
<tr><td colspan="2">计量标准
名　　称</td><td colspan="3">数字多用表校准装置</td><td colspan="2">计量标准
考核证书号</td><td colspan="2"></td></tr>
<tr><td colspan="2">保存地点</td><td colspan="3"></td><td colspan="2">计量标准
原值（万元）</td><td colspan="2"></td></tr>
<tr><td colspan="2">计量标准
类　　别</td><td colspan="2">☑　社会公用
☑　计量授权</td><td colspan="2">☐　部门最高
☐　计量授权</td><td colspan="3">☐　企事业最高
☐　计量授权</td></tr>
<tr><td colspan="2">测量范围</td><td colspan="7">DCV: ±(10mV ~ 1000V); DCI: ±(10μA ~ 100A); DCR: 1Ω ~ 100MΩ;
ACV: 10mV ~ 1000V (10Hz ~ 1MHz); ACI: 0.1mA ~ 100A (10Hz ~ 5kHz)</td></tr>
<tr><td colspan="2">不确定度或
准确度等级或
最大允许误差</td><td colspan="7">DCV: $(4 \sim 8) \times 10^{-6}$; DCI: $(3.5 \sim 36) \times 10^{-5}$; DCR: $(1 \sim 10) \times 10^{-5}$
ACV: $(0.5 \sim 16) \times 10^{-4}$; ACI: $(1.2 \sim 10) \times 10^{-4}$
$(k=2)$</td></tr>
<tr><td rowspan="3">计
量
标
准
器</td><td>名　称</td><td>型　号</td><td>测量范围</td><td>不确定度
或准确度等级
或最大允许误差</td><td>制造厂及
出厂编号</td><td>检定周
期或复
校间隔</td><td>末次检
定或校
准日期</td><td>检定或校
准机构及
证书号</td></tr>
<tr><td>多功能
标准源
/放大器</td><td></td><td>DCV:
±(10mV ~
1000V)

DCI:
±(10μA ~
10A)

DCR:
1Ω ~ 100MΩ

ACV:
10mV ~ 1000V
(10Hz ~ 1MHz)

ACI:
0.1mA ~ 10A
(10Hz ~ 5kHz)</td><td>DCV:
$U_{rel} = 4 \times 10^{-6} \sim 8 \times 10^{-6} (k=2)$

DCI:
$U_{rel} = 3.5 \times 10^{-5} \sim 36 \times 10^{-5} (k=2)$

DCR:
$U_{rel} = 1 \times 10^{-5} \sim 10 \times 10^{-5} (k=2)$

ACV:
$U_{rel} = 0.5 \times 10^{-4} \sim 16 \times 10^{-4} (k=2)$

ACI: $U_{rel} = 1.2 \times 10^{-4} \sim 10 \times 10^{-4}$
$(k=2)$</td><td></td><td>1年</td><td></td><td></td></tr>
<tr><td>跨导放大器</td><td></td><td>DCI: (10 ~ 100) A
ACI: (10 ~ 100) A
(10Hz ~ 5kHz)</td><td>DCI: $\pm 1 \times 10^{-4}$
ACI: $\pm 1.5 \times 10^{-4}$</td><td></td><td>1年</td><td></td><td></td></tr>
<tr><td>主
要
配
套
设
备</td><td></td><td></td><td></td><td></td><td></td><td></td><td></td><td></td></tr>
</table>

环境条件及设施	序号	项　目	要　求	实际情况	结论
	1	温　度	(20±2)℃	(20±1)℃	合格
	2	湿　度	≤75% RH	60% RH±15% RH	合格
	3	电源电压	(220±22) V	(220±11) V	合格
	4	其他	无影响正常工作的振动和强电场、磁场	无影响正常工作的振动和强电场、磁场	合格
	5				

检定或校准人员	姓　名	性别	年龄	从事本项目年限	学　历	能力证明名称及编号	核准的检定或校准项目

	序号	名 称	是否具备	备 注
文件集登记	1	计量标准考核证书（如果适用）	否	新建
	2	社会公用计量标准证书（如果适用）	否	新建
	3	计量标准考核（复查）申请书	是	
	4	计量标准技术报告	是	
	5	检定或校准结果的重复性试验记录	是	
	6	计量标准的稳定性考核记录	是	
	7	计量标准更换申请表（如果适用）	否	新建
	8	计量标准封存（或撤销）申报表（如果适用）	否	新建
	9	计量标准履历书	是	
	10	国家计量检定系统表（如果适用）	是	
	11	计量检定规程或计量技术规范	是	
	12	计量标准操作程序	是	
	13	计量标准器及主要配套设备使用说明书（如果适用）	是	
	14	计量标准器及主要配套设备的检定或校准证书	是	
	15	检定或校准人员能力证明	是	
	16	实验室的相关管理制度		
	16.1	实验室岗位管理制度	是	
	16.2	计量标准使用维护管理制度	是	
	16.3	量值溯源管理制度	是	
	16.4	环境条件及设施管理制度	是	
	16.5	计量检定规程或计量技术规范管理制度	是	
	16.6	原始记录及证书管理制度	是	
	16.7	事故报告管理制度	是	
	16.8	计量标准文件集管理制度	是	
	17	开展检定或校准工作的原始记录及相应的检定或校准证书副本	是	
	18	可以证明计量标准具有相应测量能力的其他技术资料（如果适用）		
	18.1	检定或校准结果的不确定度评定报告	是	
	18.2	计量比对报告	否	新建
	18.3	研制或改造计量标准的技术鉴定或验收资料	否	非自制

<table>
<tr><td rowspan="2">开展的检定或校准项目</td><td>名　称</td><td>测量范围</td><td>不确定度或准确度等级或最大允许误差</td><td>所依据的计量检定规程或计量技术规范的编号及名称</td></tr>
<tr><td>数字多用表</td><td>DCV：±（10mV ~ 1000V）
DCI：±（10μA ~ 100A）
DCR：1Ω ~ 100MΩ
ACV：10mV ~ 1000V（10Hz ~ 1MHz）
ACI：0.1mA ~ 100A（10Hz ~ 5kHz）</td><td>MPEV≥（1.2 ~ 2.4）× 10^{-5}
MPEV≥（1.1 ~ 11）× 10^{-4}
MPEV≥（3 ~ 30）× 10^{-5}
MPEV≥（1.5 ~ 48）× 10^{-4}
MPEV≥（3.6 ~ 30）× 10^{-4}</td><td>JJF 1587—2016
《数字多用表校准规范》</td></tr>
<tr><td colspan="2">建标单位意见</td><td colspan="3">负责人签字：　　　　（公章）
年　　月　　日</td></tr>
<tr><td colspan="2">建标单位
主管部门意见</td><td colspan="3">（公章）
年　　月　　日</td></tr>
<tr><td colspan="2">主持考核的
人民政府计量
行政部门意见</td><td colspan="3">（公章）
年　　月　　日</td></tr>
<tr><td colspan="2">组织考核的
人民政府计量
行政部门意见</td><td colspan="3">（公章）
年　　月　　日</td></tr>
</table>

计量标准技术报告

计量标准名称＿＿数字多用表校准装置＿＿

计量标准负责人＿＿＿＿＿＿＿＿

建标单位名称＿＿＿＿＿＿＿＿

填写日期＿＿＿＿＿＿＿＿

目 录

一、建立计量标准的目的

依照《中华人民共和国计量法》，申请建立本实验室的最高计量校准标准装置，以便将本地区数字多用表的计量工作纳入法制的轨道，并将通过这一过程，使本实验室的计量校准技术服务能力进一步提高。

二、计量标准的工作原理及其组成

按测量功能，数字多用表主要由直流电压、直流电流、交流电压、交流电流和直流电阻5部分组成，是一种综合性仪器设备，因此选定5720A（5725A）多功能校准源作为校准数字多用表的标准装置，对数字多用表的直流电压、直流电流、直流电阻、交流电压和交流电流参数采用直接测量的方法进行校准，采用MET/CAL软件实现校准系统的自动校准。系统构成框图如图1所示。

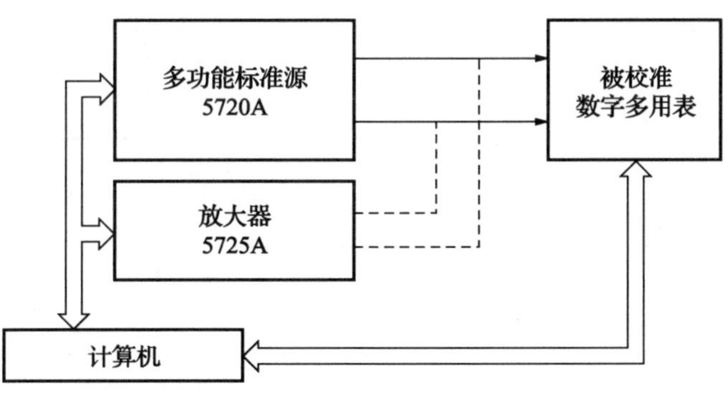

图1　数字多用表校准装置

三、计量标准器及主要配套设备

	名　称	型　号	测量范围	不确定度 或准确度等级 或最大允许误差	制造厂及 出厂编号	检定周 期或复 校间隔	检定或 校准机构
计量标准器	多功能标准源/放大器		DCV： ±(10mV～1000V) DCI： ±(10μA～10A) DCR： 1Ω～100MΩ ACV： 10mV～1000V (10Hz～1MHz) ACI： 0.1mA～10A (10Hz～5kHz)	DCV： $U_{rel}=4\times10^{-6}$～$8\times10^{-6}(k=2)$ DCI： $U_{rel}=3.5\times10^{-5}$～$36\times10^{-5}(k=2)$ DCR： $U_{rel}=1\times10^{-5}$～$10\times10^{-5}(k=2)$ ACV： $U_{rel}=0.5\times10^{-4}$～$16\times10^{-4}(k=2)$ ACI： $U_{rel}=1.2\times10^{-4}$～$10\times10^{-4}(k=2)$		1 年	
	跨导放大器		DCI：(10～100)A ACI：(10～100)A (10Hz～5kHz)	DCI：$\pm1\times10^{-4}$ ACI：$\pm1.5\times10^{-4}$		1 年	
主要配套设备							

四、计量标准的主要技术指标

测量范围：

DCV：±(10mV～1000V)

DCI：±(10μA～100A)

DCR：1Ω～100MΩ

ACV：10mV～1000V(10Hz～1MHz)

ACI：0.1mA～100A(10Hz～5kHz)

相对扩展不确定度($k=2$)：

DCV：$(4\sim8)\times10^{-6}$

DCI：$(3.5\sim36)\times10^{-5}$

DCR：$(1\sim10)\times10^{-5}$

ACV：$(0.5\sim16)\times10^{-4}$

ACI：$(1.2\sim10)\times10^{-4}$

五、环境条件

序号	项 目	要 求	实际情况	结 论
1	温 度	(20±2)℃	(20±1)℃	合格
2	湿 度	≤75% RH	60% RH±15% RH	合格
3	电源电压	(220±22) V	(220±11) V	合格
4	其他	无影响正常工作的振动和强电场、磁场	无影响正常工作的振动和强电场、磁场	合格
5				
6				

六、计量标准的量值溯源和传递框图

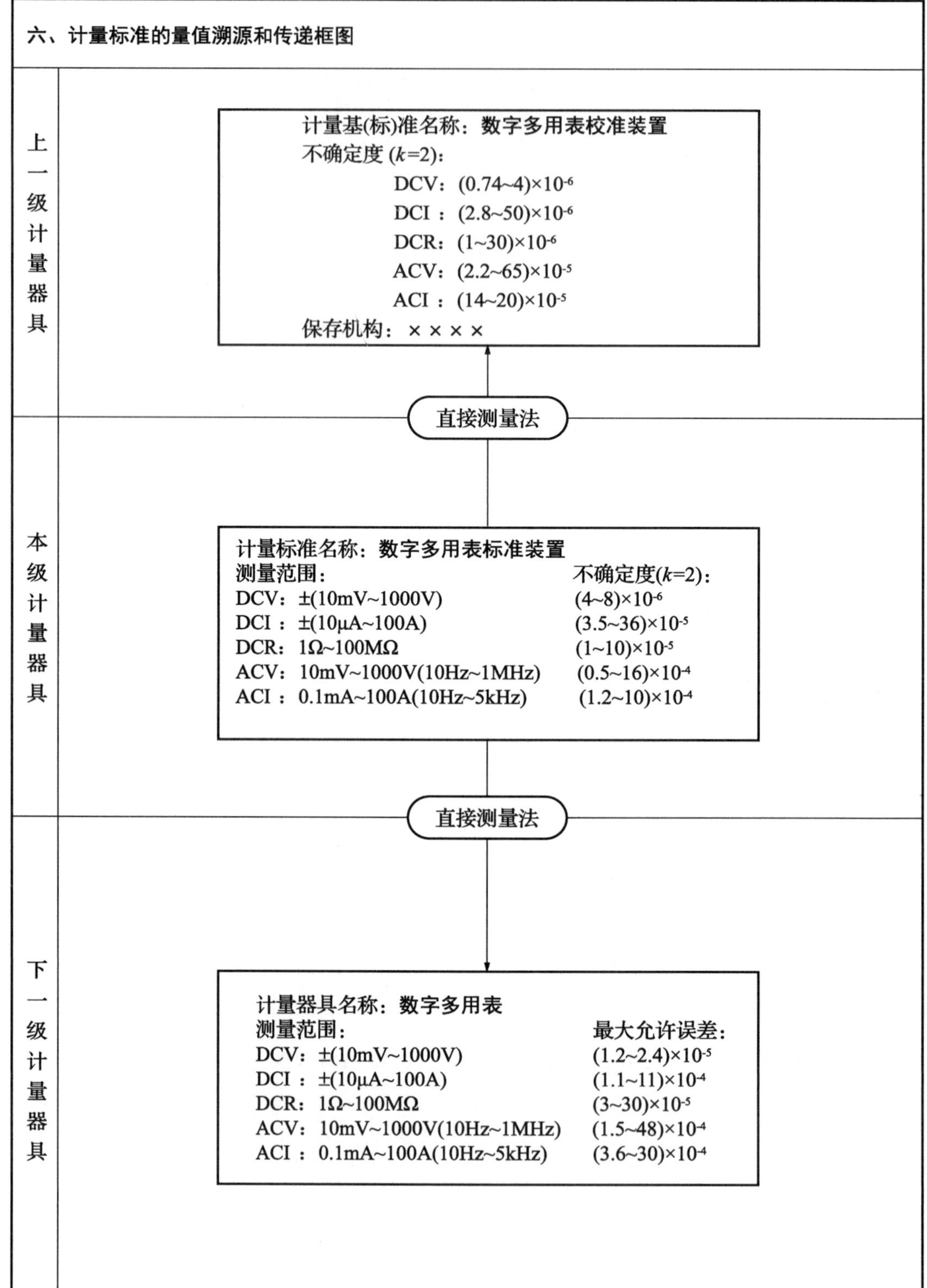

七、计量标准的稳定性考核

本装置采用高等级的计量标准进行稳定性考核。约一个月用高等级的计量标准测量示波器校准仪的直流电压输出值，测量结果之间的最大差值的绝对值作为其稳定性数据。测量结果如下。

1. 直流电压稳定性考核

考核时间	2017 年 1 月 15 日	2017 年 2 月 19 日	2017 年 3 月 21 日	2017 年 4 月 29 日
检查标准	名称：数字多用表　型号：8508A　编号：867448760			
测量条件	20.2℃；55% RH	20.3℃；54% RH	20.6℃；52% RH	20.5℃；53% RH
测量次数	测得值/V	测得值/V	测得值/V	测得值/V
1	0.9999967	0.9999969	0.9999987	0.9999980
2	0.9999968	0.9999968	0.9999986	0.9999980
3	0.9999967	0.9999968	0.9999985	0.9999979
4	0.9999967	0.9999968	0.9999986	0.9999980
5	0.9999968	0.9999969	0.9999985	0.9999980
6	0.9999968	0.9999968	0.9999986	0.9999980
7	0.9999969	0.9999969	0.9999986	0.9999980
8	0.9999968	0.9999969	0.9999987	0.9999980
9	0.9999968	0.9999969	0.9999987	0.9999980
10	0.9999968	0.9999968	0.9999987	0.9999980
$\bar{y}_i$	0.99999678	0.99999685	0.99999862	0.99999799
最大变化量 $\bar{y}_{imax}-\bar{y}_{imin}$	1.8×10^{-6}V			
允许变化量	6.8×10^{-6}V			
结　论	符合要求			
考核人员	×××			

2. 直流电流稳定性考核

考核时间	2017 年 1 月 15 日	2017 年 2 月 19 日	2017 年 3 月 21 日	2017 年 4 月 29 日
检查标准	名称：数字多用表　型号：8508A　编号：867448760			
测量条件	20.2℃；55% RH	20.3℃；54% RH	20.6℃；52% RH	20.5℃；53% RH

测量次数	测得值/mA	测得值/mA	测得值/mA	测得值/mA
1	100.00199	100.00125	100.00146	100.00326
2	100.00199	100.00121	100.00153	100.00326
3	100.00200	100.00117	100.00158	100.00328
4	100.00196	100.00120	100.00155	100.00322
5	100.00196	100.00127	100.00157	100.00324
6	100.00198	100.00123	100.00155	100.00325
7	100.00196	100.00125	100.00158	100.00326
8	100.00199	100.00123	100.00152	100.00328
9	100.00198	100.00119	100.00157	100.00327
10	100.00193	100.00122	100.00157	100.00330
$\overline{y}_i$	100.001972	100.001228	100.001547	100.003265
最大变化量 $\overline{y}_{i\max}-\overline{y}_{i\min}$	2.0×10^{-3}mA			
允许变化量	5.8×10^{-3}mA			
结　论	符合要求			
考核人员	×××			

3. 交流电压稳定性考核

考核时间	2017年1月15日	2017年2月19日	2017年3月21日	2017年4月29日
核查标准	名称：数字多用表　型号：8508A　编号：867448760			
测量条件	20.2℃；55% RH	20.3℃；54% RH	20.6℃；52% RH	20.5℃；53% RH
测量次数	测得值/V	测得值/V	测得值/V	测得值/V
1	0.999999	1.000019	1.000023	1.000030
2	1.000013	1.000020	1.000024	1.000028
3	1.000018	1.000020	1.000022	1.000028
4	1.000018	1.000024	1.000022	1.000029
5	1.000019	1.000019	1.000023	1.000029
6	1.000018	1.000020	1.000026	1.000029
7	1.000020	1.000019	1.000025	1.000029
8	1.000019	1.000019	1.000024	1.000030

测量次数	测得值/V	测得值/V	测得值/V	测得值/V
9	1.000021	1.000016	1.000023	1.000028
10	1.000021	1.000018	1.000023	1.000028
$\bar{y}_i$	1.0000168	1.0000193	1.0000235	1.0000290
最大变化量 $\bar{y}_{imax}-\bar{y}_{imin}$	1.2×10^{-5}V			
允许变化量	6.2×10^{-5}V			
结　论	符合要求			
考核人员	×××			

4. 交流电流稳定性考核

考核时间	2017年1月15日	2017年2月19日	2017年3月21日	2017年4月29日
核查标准	名称：数字多用表　型号：8508A　编号：867448760			
测量条件	20.2℃；55% RH	20.3℃；54% RH	20.6℃；52% RH	20.5℃；53% RH
测量次数	测得值/mA	测得值/mA	测得值/mA	测得值/mA
1	100.0029	100.0034	100.0026	100.0032
2	100.0019	100.0034	100.0029	100.0022
3	100.0015	100.0020	100.0021	100.0021
4	100.0023	100.0033	100.0025	100.0025
5	100.0025	100.0015	100.0031	100.0029
6	100.0021	100.0026	100.0032	100.0032
7	100.0033	100.0022	100.0026	100.0022
8	100.0023	100.0026	100.0040	100.0024
9	100.0025	100.0029	100.0038	100.0025
10	100.0026	100.0017	100.0029	100.0025
$\bar{y}_i$	100.00245	100.00265	100.00297	100.00261
最大变化量 $\bar{y}_{imax}-\bar{y}_{imin}$	0.00052mA			
允许变化量	0.017mA			
结　论	符合要求			
考核人员	×××			

5. 直流电阻稳定性考核

考 核 时 间	2017 年 1 月 15 日	2017 年 2 月 19 日	2017 年 3 月 21 日	2017 年 4 月 29 日
核查标准	名称：数字多用表　型号：8508A　编号：867448760			
测量条件	20.2℃；55% RH	20.3℃；54% RH	20.6℃；52% RH	20.5℃；53% RH
测量次数	测得值/kΩ	测得值/kΩ	测得值/kΩ	测得值/kΩ
1	0.9999906	0.9999906	0.9999907	0.9999916
2	0.9999907	0.9999906	0.9999906	0.9999915
3	0.9999907	0.9999906	0.9999905	0.9999915
4	0.9999907	0.9999906	0.9999904	0.9999914
5	0.9999906	0.9999906	0.9999905	0.9999915
6	0.9999906	0.9999906	0.9999906	0.9999915
7	0.9999906	0.9999906	0.9999905	0.9999916
8	0.9999906	0.9999906	0.9999905	0.9999914
9	0.9999906	0.9999906	0.9999904	0.9999915
10	0.9999906	0.9999906	0.9999906	0.9999915
$\bar{y}_i$	0.9999906	0.9999906	0.9999905	0.9999915
最大变化量 $\bar{y}_{i\max}-\bar{y}_{i\min}$	1.0×10^{-6}kΩ			
允许变化量	1.0×10^{-5}kΩ			
结　论	符合要求			
考核人员	×××			

八、检定或校准结果的重复性试验

1. 直流电压重复性试验

以 8846A 数字多用表作为被测，用本计量标准对被测数字多用表示值误差进行 10 次重复测量，测试点为 100mV，数据如下。

示值/mV	标准值/mV	示值误差/μV
100.0002	100.0000	200
100.0002		200
100.0001		100
100.0002		200
100.0002		200
100.0002		200
100.0002		200
100.0001		100
100.0001		100
100.0002		200
示值误差的标准偏差 $s(\Delta)$		46

2. 直流电流重复性试验

以 8846A 数字多用表作为被测，用本计量标准对被测数字多用表示值误差进行 10 次重复测量，测试点为 10A，数据如下。

示值/A	标准值/A	示值误差/mA
10.0012	10.0000	1.2
10.0013		1.3
10.0011		1.1
10.0011		1.1
10.0012		1.2
10.0013		1.3
10.0012		1.2
10.0011		1.1
10.0012		1.2
10.0013		1.3
示值误差的标准偏差 $s(\Delta)$		0.08

3. 直流电阻重复性试验

以 8846A 数字多用表作为被测，用本计量标准对被测数字多用表示值误差进行 10 次重复测量，测试点为 100MΩ，数据如下。

示值/MΩ	标准值/MΩ	示值误差/kΩ
100.0063	100.0000	6.3
100.0055		5.5
100.0061		6.1
100.0066		6.6
100.0062		6.2

示值/MΩ	标准值/MΩ	示值误差/kΩ
100. 0060	100. 0000	6
100. 0067		6. 7
100. 0062		6. 2
100. 0056		5. 6
100. 0054		5. 4
示值误差的标准偏差 $s(\Delta)$		0. 44

4. 交流电压重复性试验

以 8846A 数字多用表作为被测，以 5720A/5725A 作为传递标准对被测数字多用表示值误差进行 10 次重复测量，测试点为 500V（100kHz），数据如下。

示值/V	标准值/V	示值误差/mV
500. 011	500. 000	11
500. 013		13
500. 012		12
500. 011		11
500. 012		12
500. 013		13
500. 013		13
500. 012		12
500. 012		12
500. 011		11
示值误差的标准偏差 $s(\Delta)$		0. 82

5. 交流电流重复性试验

以 8846A 数字多用表作为被测，以 5720A 作为标准对被测数字多用表示值误差进行 10 次重复测量，测试点为 10A（5kHz），数据如下。

示值/A	标准值/A	示值误差/mA
10. 0075	10. 0000	7. 5
10. 0075		7. 5
10. 0076		7. 6
10. 0078		7. 8
10. 0076		7. 6
10. 0075		7. 5
10. 0076		7. 6
10. 0076		7. 6
10. 0076		7. 6
10. 0075		7. 5
示值误差的标准偏差 $s(\Delta)$		0. 1

经考核，校准结果的重复性满足开展数字多用表校准项目的要求。

九、检定或校准结果的不确定度评定

1　直流电压校准结果的不确定度评定

1.1　概述

环境条件：温度 20.2℃，相对湿度 63%。

测量标准：多功能源。

被测对象：数字表。

测量方法：采用标准源法，选取多功能源不确定度最小点和最大点分别进行不确定度评定。根据技术说明书，多功能源输出直流电压 10V 点时，不确定度最小，记录被校数字表示值；多功能源输出直流电压 100mV 点时，不确定度最大，记录被校数字表示值。

1.2　测量模型

设 Z_N 为多功能源的输出标准值，Z_X 为被校数字表的的示值，由使用说明书可知，对于多功能源和数字表，在标准条件下，温度、湿度、输入电流、输入阻抗等带来的影响可忽略，由此得到：

$$\Delta = Z_X - Z_N \tag{1}$$

考虑到数字表的分辨力对测量结果的影响，测量模型为

$$\Delta = Z_X - Z_N + \delta \tag{2}$$

式中：Δ——被校数字表的直流电压示值误差；

Z_X——被校数字表的示值；

Z_N——多功能源的输出标准值；

δ——被校数字表的分辨力对测量结果的影响。

1.3　直流电压最小不确定度评定

1.3.1　各输入量的标准不确定度分量评定

1.3.1.1　数字表重复性引入的标准不确定度分量 $u(Z_X)$

多功能源输出直流电压 10V，选择被校数字表合适的量程，在相同环境条件下，重复测量 10 次，获得数据见表 1。

表 1　重复性测量数据

测量次数	x_i/V
1	10.00001
2	10.00000
3	10.00001
4	10.00002
5	10.00001
6	10.00002
7	10.00002
8	10.00001
9	10.00001
10	10.00002

测量结果的平均值为

$$\bar{x} = \frac{1}{10}\sum_{i=1}^{10} x_i = 10.000013\text{V}$$

单次测量值的实验标准偏差为

$$s = \sqrt{\frac{\sum_{i=1}^{10}(x_i - \bar{x})^2}{10-1}} \approx 6.8 \times 10^{-6}\text{V}$$

则

$$u(Z_X) = 6.8 \times 10^{-6}\text{V}$$

1.3.1.2　多功能源引入的标准不确定度分量 $u(Z_N)$

多功能源经上级计量机构量值传递合格，使用说明书中技术指标给出 10V 点最大允许误差为 $e = \pm(4.0 \times 10^{-6} \times 10\text{V}) = \pm 40 \times 10^{-6}\text{V}$，其半宽度 $a = 40 \times 10^{-6}\text{V}$，服从均匀分布，包含因子 $k = \sqrt{3}$，则

$$u(Z_N) = \frac{a}{k} = \frac{40 \times 10^{-6}}{\sqrt{3}} \approx 23.1 \times 10^{-6}\text{V}$$

1.3.1.3　数字表的分辨力引入的标准不确定度分量 $u(\delta)$

被测数字表在直流电压 10V 点的分辨力为 $1 \times 10^{-5}\text{V}$，其半宽度 $a = 5 \times 10^{-6}\text{V}$，服从均匀分布，包含因子 $k = \sqrt{3}$，则

$$u(\delta) = \frac{a}{k} = \frac{5 \times 10^{-6}}{\sqrt{3}} \approx 2.9 \times 10^{-6}\text{V}$$

1.3.2　各标准不确定度分量汇总（见表 2）

表 2　各标准不确定度分量汇总

符号	不确定度来源	标准不确定度值 $u(x_i)$/V	概率分布	灵敏系数 c_i	$\lvert c_i \rvert u(x_i)$/V
$u(Z_X)$	被测数字表的重复性	6.8×10^{-6}	正态	1	6.8×10^{-6}
$u(Z_N)$	多功能源的最大允许误差	23.1×10^{-6}	均匀	−1	23.1×10^{-6}
$u(\delta)$	被测数字表的分辨力	2.9×10^{-6}	均匀	1	2.9×10^{-6}

1.3.3　合成标准不确定度计算

考虑到被测数字表读数的重复性和分辨力存在重复，在合成标准不确定度时将二者中较小值 $u(\delta)$ 舍去，则

$$u_c = \sqrt{u^2(Z_X) + u^2(Z_N)} = \sqrt{6.8^2 + 23.1^2} \times 10^{-6} \approx 24.1 \times 10^{-6}\text{V}$$

1.3.4　扩展不确定度评定

取包含因子 $k=2$，由此得到直流电压 10V 校准结果的扩展不确定度为

$$U = k \cdot u_c = 2 \times 24.1 \times 10^{-6} = 48.2 \times 10^{-6} \approx 0.00005\text{V}$$

相对扩展不确定度为

$$U_{rel} = 5 \times 10^{-6} \quad (k=2)$$

1.4　直流电压最大不确定度评定

1.4.1　各输入量的标准不确定度分量评定

1.4.1.1　数字表重复性引入的标准不确定度分量 $u(Z_X)$

多功能源输出直流电压 100mV，选择被校数字表合适的量程，在相同环境条件下，重复测量 10 次，获得数据见表 3。

表 3　重复性测量数据

测量次数	x_i/mV
1	100.0002
2	100.0002
3	100.0001
4	100.0002
5	100.0002
6	100.0002
7	100.0002
8	100.0001
9	100.0001
10	100.0002

测量结果的平均值为

$$\bar{x}=\frac{1}{10}\sum_{i=1}^{10}x_i=100.00017\text{mV}$$

单次测量值的实验标准偏差为

$$s=\sqrt{\frac{\sum_{i=1}^{10}(x_i-\bar{x})^2}{10-1}}\approx 4.6\times10^{-5}\text{mV}$$

则

$$u(Z_X)=4.6\times10^{-5}\text{mV}$$

1.4.1.2　多功能源引入的标准不确定度分量 $u(Z_N)$

多功能源经上级计量机构量值传递合格，使用说明书中技术指标给出 100mV 点最大允许误差为 $e=\pm(8.0\times10^{-6}\times100\text{mV})=\pm800\times10^{-6}\text{mV}$，其半宽度 $a=800\times10^{-6}\text{mV}$，服从均匀分布，包含因子 $k=\sqrt{3}$，则

$$u(Z_N)=\frac{a}{k}=\frac{800\times10^{-6}}{\sqrt{3}}\approx46.2\times10^{-5}\text{mV}$$

1.4.1.3　数字表的分辨力引入的标准不确定度分量 $u(\delta)$

被测数字表在直流电压 100mV 点的分辨力为 $1\times10^{-4}\text{mV}$，其半宽度 $a=5\times10^{-5}\text{mV}$，服从均匀分布，包含因子 $k=\sqrt{3}$，则

$$u(\delta)=\frac{a}{k}=\frac{5\times10^{-5}}{\sqrt{3}}\approx2.9\times10^{-5}\text{mV}$$

1.4.2　各标准不确定度分量汇总（见表 4）

表 4　各标准不确定度分量汇总

符号	不确定度来源	标准不确定度值 $u(x_i)$/mV	概率分布	灵敏系数 c_i	$\lvert c_i\rvert u(x_i)$/mV
$u(Z_X)$	被测数字表的重复性	4.6×10^{-5}	正态	1	4.6×10^{-5}
$u(Z_N)$	多功能源的最大允许误差	46.2×10^{-5}	均匀	−1	46.2×10^{-5}
$u(\delta)$	被测数字表的分辨力	2.9×10^{-5}	均匀	1	2.9×10^{-5}

1.4.3　合成标准不确定度计算

考虑到被测数字表读数的重复性和分辨力存在重复，在合成标准不确定度时将二者中较小值 $u(\delta)$ 舍去，则

$$u_c = \sqrt{u^2(Z_X) + u^2(Z_N)} = \sqrt{4.6^2 + 46.2^2} \times 10^{-5} \approx 46.5 \times 10^{-5}\text{mV}$$

1.4.4　扩展不确定度评定

取包含因子 $k=2$，则直流电压 100mV 校准结果的扩展不确定度为

$$U = k \cdot u_c = 2 \times 46.5 \times 10^{-5} = 93.0 \times 10^{-5}\text{mV} \approx 0.00093\text{mV}$$

相对扩展不确定度为

$$U_{rel} = 9.3 \times 10^{-6} \quad (k=2)$$

1.5　其他校准点

直流电压其他校准点不确定度的分析方法和计算过程与此类似。

2　直流电流校准结果的不确定度评定

2.1　概述

环境条件：温度 20.2℃，相对湿度 63%。

测量标准：多功能源。

被测对象：数字表。

测量方法：采用标准源法，选取多功能源不确定度最小点和最大点分别进行不确定度评定。根据技术说明书，多功能源输出直流电流 10mA 点时，不确定度最小，记录被校数字表示值；多功能源输出直流电流 10A 点时，不确定度最大，记录被校数字表示值。

2.2　测量模型

设 Z_N 为多功能源的输出标准值，Z_X 为被校数字表的的示值，由使用说明书可知，对于多功能源和数字表，在标准条件下，温度、湿度、输入电流、输入阻抗等带来的影响可忽略，由此得到：

$$\Delta = Z_X - Z_N \tag{3}$$

考虑到数字表的分辨力对测量结果的影响，测量模型为

$$\Delta = Z_X - Z_N + \delta \tag{4}$$

式中：Δ——被校数字表的直流电流示值误差；

Z_X——被校数字表的示值；

Z_N——多功能源的输出标准值；

δ——被校数字表的分辨力对测量结果的影响。

2.3　直流电流最小不确定度评定

2.3.1　各输入量的标准不确定度分量评定

2.3.1.1　数字表重复性引入的标准不确定度分量 $u(Z_X)$

多功能源输出直流电流 10mA，选择被校数字表合适的量程，在相同环境条件下，重复测量 10 次，数据见表 5。

表 5　重复性测量数据

测量次数	x_i/mV
1	10.0023
2	10.0025
3	10.0021
4	10.0022
5	10.0021

测量次数	x_i/mV
6	10.0020
7	10.0022
8	10.0024
9	10.0023
10	10.0023

测量结果的平均值为

$$\bar{x} = \frac{1}{10}\sum_{i=1}^{10} x_i = 10.00224\text{mA}$$

单次测量值的实验标准偏差为

$$s = \sqrt{\frac{\sum_{i=1}^{10}(x_i - \bar{x})^2}{10-1}} \approx 18 \times 10^{-5}\text{mA}$$

则

$$u(Z_X) = 18 \times 10^{-5}\text{mA}$$

2.3.1.2　多功能源引入的标准不确定度分量 $u(Z_N)$

多功能源经上级计量机构量值传递合格，使用说明书中技术指标给出 10mA 点最大允许误差为 $e = \pm(3.5\times10^{-5}\times10\text{mA}) = \pm35\times10^{-5}\text{mA}$，其半宽度 $a = 35\times10^{-5}\text{mA}$，服从均匀分布，包含因子 $k=\sqrt{3}$，则

$$u(Z_N) = \frac{a}{k} = \frac{35\times10^{-6}}{\sqrt{3}} \approx 20.2\times10^{-5}\text{mA}$$

2.3.1.3　数字表的分辨力引入的标准不确定度分量 $u(\delta)$

被测数字表在直流电流 10mA 点的分辨力为 $1\times10^{-4}\text{mA}$，其半宽度 $a = 5\times10^{-5}\text{mA}$，服从均匀分布，包含因子 $k=\sqrt{3}$，则

$$u(\delta) = \frac{a}{k} = \frac{5\times10^{-5}}{\sqrt{3}} \approx 2.9\times10^{-5}\text{mA}$$

2.3.2　各标准不确定度分量汇总（见表6）

表6　各标准不确定度分量汇总

符号	不确定度来源	标准不确定度值 $u(x_i)$/mA	概率分布	灵敏系数 c_i	$\lvert c_i\rvert u(x_i)$/mA
$u(Z_X)$	被测数字表的重复性	18×10^{-5}	正态	1	18×10^{-5}
$u(Z_N)$	多功能源的最大允许误差	20.2×10^{-5}	均匀	−1	20.2×10^{-5}
δ	被测数字表的分辨力	2.9×10^{-5}	均匀	1	2.9×10^{-5}

2.3.3　合成标准不确定度计算

考虑到被测数字表读数的重复性和分辨力存在重复，在合成标准不确定度时将二者中较小值 $u(\delta)$ 舍去，则

$$u_c = \sqrt{u^2(Z_X) + u^2(Z_N)} = \sqrt{18^2 + 20.2^2} \times 10^{-5} \approx 27.1 \times 10^{-5}\text{mA}$$

2.3.4　扩展不确定度评定

取包含因子 $k=2$，由此得到直流电压 100mA 校准结果的扩展不确定度为

$$U = k \cdot u_c = 2 \times 27.1 \times 10^{-5} = 54.2 \times 10^{-5}\text{mA} \approx 0.00054\text{mA}$$

相对扩展不确定度为

$$U_{rel} = 5.4 \times 10^{-5} \quad (k=2)$$

2.4　直流电流最大不确定度评定

2.4.1　各输入量的标准不确定度分量评定

2.4.1.1　数字表重复性引入的标准不确定度分量 $u(Z_X)$

多功能源输出直流电流 10A，选择被校数字表合适的量程，在相同环境条件下，重复测量 10 次，数据见表 7。

表 7　重复性测量数据

测量次数	x_i/A
1	10.0012
2	10.0013
3	10.0011
4	10.0011
5	10.0012
6	10.0013
7	10.0012
8	10.0011
9	10.0012
10	10.0013

测量结果的平均值为

$$\bar{x} = \frac{1}{10}\sum_{i=1}^{10} x_i = 10.0012\text{A}$$

单次测量值的实验标准偏差为

$$s = \sqrt{\frac{\sum_{i=1}^{10}(x_i - \bar{x})^2}{10-1}} \approx 11 \times 10^{-5}\text{A}$$

则

$$u(Z_X) = 11 \times 10^{-5}\text{A}$$

2.4.1.2　多功能源引入的标准不确定度分量 $u(Z_N)$

多功能源经上级计量机构量值传递合格，使用说明书中技术指标给出 10A 点最大允许误差为 $e = \pm(36 \times 10^{-5} \times 10\text{A}) = \pm 360 \times 10^{-5}\text{A}$，其半宽度 $a = 360 \times 10^{-5}\text{A}$，服从均匀分布，包含因子 $k=\sqrt{3}$，则

$$u(Z_N) = \frac{a}{k} = \frac{360 \times 10^{-5}}{\sqrt{3}} \approx 208 \times 10^{-5}\text{A}$$

2.4.1.3　数字表的分辨力引入的标准不确定度分量 $u(\delta)$

被测数字表在直流电压10A点的分辨力为 1×10^{-4}A，其半宽度 $a=5\times10^{-5}$A，服从均匀分布，包含因子 $k=\sqrt{3}$，则

$$u(\delta)=\frac{a}{k}=\frac{5\times10^{-5}}{\sqrt{3}}\approx2.9\times10^{-5}\text{A}$$

2.4.2　各标准不确定度分量汇总（见表8）

表8　各标准不确定度分量汇总

符号	不确定度来源	标准不确定度值 $u(x_i)$/A	概率分布	灵敏系数 c_i	$\|c_i\|u(x_i)$/A
$u(Z_X)$	被测数字表的重复性	11×10^{-5}	正态	1	11×10^{-5}
$u(Z_N)$	多功能源的最大允许误差	208×10^{-5}	均匀	-1	208×10^{-5}
$u(\delta)$	被测数字表的分辨力	2.9×10^{-5}	均匀	1	2.9×10^{-5}

2.4.3　合成标准不确定度计算

考虑到被测数字表读数的重复性和分辨力存在重复，在合成标准不确定度时将二者中较小值 $u(\delta)$ 舍去，则

$$u_c=\sqrt{u^2(Z_X)+u^2(Z_N)}=\sqrt{11^2+208^2}\times10^{-5}\approx209\times10^{-5}\text{A}$$

2.4.4　扩展不确定度评定

取包含因子 $k=2$，由此得到直流电流10A校准结果的扩展不确定度为

$$U=k\cdot u_c=2\times209\times10^{-5}=418\times10^{-5}\text{A}\approx0.0042\text{A}$$

相对扩展不确定度为

$$U_{rel}=4.2\times10^{-4}\quad(k=2)$$

2.5　其他校准点

直流电流其他校准点不确定度的分析方法和计算过程与此类似。

3　直流电阻校准结果的不确定度评定

3.1　概述

环境条件：温度20.2℃，相对湿度63%。

测量标准：多功能源。

被测对象：数字表。

测量方法：采用标准源法，选取多功能源不确定度最小点和最大点分别进行不确定度评定。根据技术说明书，多功能源输出直流电阻1kΩ点时，不确定度最小，记录被校数字表示值；多功能源输出直流电阻100MΩ点时，不确定度最大，记录被校数字表示值。

3.2　测量模型

设 Z_N 为多功能源的输出标准值，Z_X 为被校数字表的的示值，由使用说明书可知，对于多功能源和数字表，在标准条件下，温度、湿度、输入电流、输入阻抗等带来的影响可忽略，由此得到：

$$\Delta=Z_X-Z_N\tag{5}$$

考虑到数字表的分辨力对测量结果的影响，测量模型为

$$\Delta=Z_X-Z_N+\delta\tag{6}$$

式中：Δ——被校数字表的直流电阻示值误差；

Z_X——被校数字表的示值；

Z_N——多功能源的输出标准值；

δ——被校数字表的分辨力对测量结果的影响。

3.3　直流电阻最小不确定度评定

3.3.1　各输入量的标准不确定度分量评定

3.3.1.1　数字表重复性引入的标准不确定度分量 $u(Z_X)$

多功能源输出直流电阻 1kΩ，选择被校数字表合适的量程，在相同环境条件下，重复测量 10 次，数据见表 9。

表 9　重复性测量数据

测量次数	x_i/kΩ
1	0.999977
2	0.999975
3	0.999975
4	0.999976
5	0.999977
6	0.999975
7	0.999975
8	0.999976
9	0.999976
10	0.999978

测量结果的平均值为

$$\bar{x} = \frac{1}{10}\sum_{i=1}^{10} x_i = 0.9999760\text{k}\Omega$$

单次测量值的实验标准偏差为

$$s = \sqrt{\frac{\sum_{i=1}^{10}(x_i - \bar{x})^2}{10 - 1}} \approx 1.6 \times 10^{-6}\text{k}\Omega$$

则

$$u(Z_X) = 1.6 \times 10^{-6}\text{k}\Omega$$

3.3.1.2　多功能源引入的标准不确定度分量 $u(Z_N)$

多功能源经上级计量机构量值传递合格，使用说明书中技术指标给出 1kΩ 点最大允许误差为 $e = \pm(10 \times 10^{-6} \times 1\text{k}\Omega) = \pm 1 \times 10^{-6}\text{k}\Omega$，其半宽度 $a = 1 \times 10^{-6}\text{k}\Omega$，服从均匀分布，包含因子 $k = \sqrt{3}$，则

$$u(Z_N) = \frac{a}{k} = \frac{10 \times 10^{-6}}{\sqrt{3}} \approx 5.8 \times 10^{-6}\text{k}\Omega$$

3.3.1.3　数字表的分辨力引入的标准不确定度分量 $u(\delta)$

被测数字表在直流电阻 1kΩ 点的分辨力为 $1 \times 10^{-6}\text{k}\Omega$，其半宽度 $a = 0.5 \times 10^{-6}\text{k}\Omega$，服从均匀分布，包含因子 $k = \sqrt{3}$，则

$$u(\delta) = \frac{a}{k} = \frac{0.5 \times 10^{-6}}{\sqrt{3}} \approx 0.29 \times 10^{-6}\text{k}\Omega$$

3.3.2　各标准不确定度分量汇总（见表 10）

表 10　各标准不确定度分量汇总

符号	不确定度来源	标准不确定度值 $u(x_i)/\text{k}\Omega$	概率分布	灵敏系数 c_i	$\|c_i\|u(x_i)/\text{k}\Omega$
$u(Z_X)$	被测数字表的重复性	1.6×10^{-6}	正态	1	1.6×10^{-6}
$u(Z_N)$	多功能源的最大允许误差	5.8×10^{-6}	均匀	-1	5.8×10^{-6}
$u(\delta)$	被测数字表的分辨力	0.29×10^{-6}	均匀	1	0.29×10^{-6}

3.3.3　合成标准不确定度计算

考虑到被测数字表读数的重复性和分辨力存在重复，在合成标准不确定度时将二者中较小值 $u(\delta)$ 舍去，则

$$u_c=\sqrt{u^2(Z_X)+u^2(Z_N)}=\sqrt{1.6^2+5.8^2}\times10^{-6}\approx6.0\times10^{-6}\text{k}\Omega$$

3.3.4　扩展不确定度评定

取包含因子 $k=2$，由此得到直流电阻 1kΩ 校准结果的扩展不确定度为

$$U=k\cdot u_c=2\times6.0\times10^{-6}=12\times10^{-6}\text{k}\Omega\approx0.000012\text{k}\Omega$$

相对扩展不确定度为

$$U_{rel}=1.2\times10^{-5}\quad(k=2)$$

3.4　直流电阻最大不确定度评定

3.4.1　各输入量的标准不确定度分量评定

3.4.1.1　数字表重复性引入的标准不确定度分量 $u(Z_X)$

多功能源输出直流电阻 100MΩ，选择被校数字表合适的量程，在相同环境条件下，重复测量 10 次，数据见表 11。

表 11　重复性测量数据

测量次数	$x_i/\text{M}\Omega$
1	100.0063
2	100.0055
3	100.0061
4	100.0066
5	100.0062
6	100.0060
7	100.0067
8	100.0062
9	100.0056
10	100.0054

测量结果的平均值为

$$\bar{x}=\frac{1}{10}\sum_{i=1}^{10}x_i=100.00606\text{M}\Omega$$

单次测量值的实验标准偏差为

$$s = \sqrt{\frac{\sum_{i=1}^{10}(x_i - \bar{x})^2}{10 - 1}} \approx 5.5 \times 10^{-4}\text{M}\Omega$$

则

$$u(Z_X) = 5.5 \times 10^{-4}\text{M}\Omega$$

3.4.1.2　多功能源引入的标准不确定度分量 $u(Z_N)$

多功能源经上级计量机构量值传递合格，使用说明书中技术指标给出 100MΩ 点最大允许误差为 $e = \pm(10 \times 10^{-5} \times 100\text{M}\Omega) = \pm 100 \times 10^{-4}\text{M}\Omega$，其半宽度 $a = 1 \times 10^{-6}\text{k}\Omega$，服从均匀分布，包含因子 $k = \sqrt{3}$，则

$$u(Z_N) = \frac{a}{k} = \frac{1000 \times 10^{-5}}{\sqrt{3}} \approx 57.74 \times 10^{-4}\text{M}\Omega$$

3.4.1.3　数字表的分辨力引入的标准不确定度分量 $u(\delta)$

被测数字表在直流电阻 100MΩ 点的分辨力为 $1 \times 10^{-4}\text{M}\Omega$，其半宽度 $a = 5 \times 10^{-5}\text{M}\Omega$，服从均匀分布，包含因子 $k = \sqrt{3}$，则

$$u(\delta) = \frac{a}{k} = \frac{5 \times 10^{-5}}{\sqrt{3}} \approx 2.9 \times 10^{-5}\text{M}\Omega$$

3.4.2　各标准不确定度分量汇总（见表 12）

表 12　各标准不确定度分量汇总

符号	不确定度来源	标准不确定度值 $u(x_i)$/MΩ	概率分布	灵敏系数 c_i	$\lvert c_i \rvert u(x_i)$/MΩ
$u(Z_X)$	被测数字表的重复性	5.5×10^{-4}	正态	1	5.5×10^{-4}
$u(Z_N)$	多功能源的最大允许误差	57.74×10^{-4}	均匀	−1	-57.74×10^{-4}
$u(\delta)$	被测数字表的分辨力	2.9×10^{-5}	均匀	1	2.9×10^{-5}

3.4.3　合成标准不确定度计算

考虑到被测数字表读数的重复性和分辨力存在重复，在合成标准不确定度时将二者中较小值 $u(\delta)$ 舍去，则

$$u_c = \sqrt{u^2(Z_X) + u^2(Z_N)} = \sqrt{5.5^2 + 57.74^2} \times 10^{-4} \approx 58 \times 10^{-4}\text{M}\Omega$$

3.4.4　扩展不确定度评定

取包含因子 $k = 2$，由此得到直流电阻 100MΩ 校准结果的扩展不确定度为

$$U = k \cdot u_c = 2 \times 58 \times 10^{-4} = 116 \times 10^{-4}\text{M}\Omega \approx 0.012\text{M}\Omega$$

相对扩展不确定度为

$$U_{rel} = 1.2 \times 10^{-4} \quad (k = 2)$$

3.5　其他校准点

直流电阻其他校准点不确定度的分析方法和计算过程与此类似。

4　交流电压校准结果不确定度评定

4.1　概述

环境条件：温度 20.2℃，相对湿度 63%。

测量标准：多功能源。

被测对象：数字表。

测量方法：采用标准源法，选取多功能源最小不确定度点和最大不确定度点分别进行不确定度评定。根据技术说明书，多功能源输出交流电压 1V（1kHz）点时，不确定度最小，记录被校数字表示值；多功能源输出交流电压 500V（100kHz）点时，不确定度最大，记录被校数字表示值。

4.2 测量模型

设 Z_N 为多功能源的输出标准值，Z_X 为被校数字表的的示值，由使用说明书可知，对于多功能源和数字表，在标准条件下，温度、湿度、输入电流、输入阻抗等带来的影响可忽略，由此得到：

$$\Delta = Z_X - Z_N \tag{7}$$

考虑到数字表的分辨力对测量结果的影响，测量模型为

$$\Delta = Z_X - Z_N + \delta \tag{8}$$

式中：Δ——被校数字表的交流电压示值误差；

Z_X——被校数字表的示值；

Z_N——多功能源的输出标准值；

δ——被校数字表的分辨力对测量结果的影响。

4.3 交流电压最小不确定度评定

4.3.1 各输入量的标准不确定度分量评定

4.3.1.1 数字表重复性引入的标准不确定度分量 $u(Z_X)$

多功能源输出交流电压 1V（1kHz），选择被校数字表合适的量程，在相同环境条件下，重复测量 10 次，数据见表 13。

表 13 重复性测量数据

测量次数	x_i/V
1	1.00016
2	1.00016
3	1.00015
4	1.00015
5	1.00016
6	1.00014
7	1.00015
8	1.00015
9	1.00015
10	1.00016

测量结果的平均值为

$$\bar{x} = \frac{1}{10}\sum_{i=1}^{10} x_i = 1.000153\text{V}$$

单次测量值的实验标准偏差为

$$s = \sqrt{\frac{\sum_{i=1}^{10}(x_i - \bar{x})^2}{10-1}} \approx 0.9 \times 10^{-5}\text{V}$$

则

$$u(Z_X)=0.9\times10^{-6}\text{V}$$

4.3.1.2　多功能源引入的标准不确定度分量 $u(Z_N)$

多功能源经上级计量机构量值传递合格，使用说明书中技术指标给出1V(1kHz) 点最大允许误差为 $e=\pm(0.5\times10^{-4}\times1\text{V})=\pm5\times10^{-5}\text{V}$，其半宽度 $a=5\times10^{-5}\text{V}$，服从均匀分布，包含因子 $k=\sqrt{3}$，则

$$u(Z_N)=\frac{a}{k}=\frac{5\times10^{-5}}{\sqrt{3}}\approx2.89\times10^{-5}\text{V}$$

4.3.1.3　数字表的分辨力引入的标准不确定度分量 $u(\delta)$

被测数字表在直流电压1V（1kHz）点的分辨力为 $1\times10^{-5}\text{V}$，其半宽度 $a=5\times10^{-6}\text{V}$，服从均匀分布，包含因子 $k=\sqrt{3}$，则

$$u(\delta)=\frac{a}{k}=\frac{5\times10^{-6}}{\sqrt{3}}\approx2.9\times10^{-6}\text{V}$$

4.3.2　各标准不确定度分量汇总（见表14）

表14　各标准不确定度分量汇总

符号	不确定度来源	标准不确定度值 $u(x_i)$/V	概率分布	灵敏系数 c_i	$\lvert c_i\rvert u(x_i)$/V
$u(Z_X)$	被测数字表的重复性	0.9×10^{-5}	正态	1	6.8×10^{-6}
$u(Z_N)$	多功能源的最大允许误差	2.89×10^{-5}	均匀	−1	23.1×10^{-6}
$u(\delta)$	被测数字表的分辨力	2.9×10^{-6}	均匀	1	2.9×10^{-6}

4.3.3　合成标准不确定度计算

考虑到被测数字表读数的重复性和分辨力存在重复，在合成标准不确定度时将二者中较小值 $u(\delta)$ 舍去，则

$$u_c=\sqrt{u^2(Z_X)+u^2(Z_N)}=\sqrt{0.9^2+2.89^2}\times10^{-5}\approx3.03\times10^{-5}\text{V}$$

4.3.4　扩展不确定度评定

取包含因子 $k=2$，由此得到直流电压1V(1kHz) 校准结果的扩展不确定度为

$$U=k\cdot u_c=2\times3.03\times10^{-5}=6.06\times10^{-5}\approx0.000061\text{V}$$

相对扩展不确定度为

$$U_{rel}=6.1\times10^{-5}\quad(k=2)$$

4.4　交流电压最大不确定度评定

4.4.1　各输入量的标准不确定度分量评定

4.4.1.1　数字表重复性引入的标准不确定度分量 $u(Z_X)$

多功能源输出交流电压500V(100kHz)，选择被校数字表合适的量程，在相同环境条件下，重复测量10次，数据见表15。

表15　重复性测量数据

测量次数	x_i/mV
1	500.011
2	500.013
3	500.012

测量次数	x_i/mV
4	500.012
5	500.011
6	500.012
7	500.013
8	500.013
9	500.012
10	500.011

测量结果的平均值为

$$\bar{x} = \frac{1}{10}\sum_{i=1}^{10} x_i = 500.0121\text{V}$$

单次测量值的实验标准偏差为

$$s = \sqrt{\frac{\sum_{i=1}^{10}(x_i - \bar{x})^2}{10-1}} \approx 1.1 \times 10^{-3}\text{V}$$

则

$$u(Z_X) = 1.1 \times 10^{-3}\text{V}$$

4.4.1.2　多功能源引入的标准不确定度分量 $u(Z_N)$

多功能源经上级计量机构量值传递合格，使用说明书中技术指标给 500V（100kHz）点最大允许误差为 $e = \pm(1.6\times10^{-3}\times500\text{V}) = \pm8\times10^{-1}\text{V}$，其半宽度 $a = 8\times10^{-1}\text{V}$，服从均匀分布，包含因子 $k=\sqrt{3}$，则

$$u(Z_N) = \frac{a}{k} = \frac{8\times10^{-1}}{\sqrt{3}} \approx 4.62\times10^{-1}\text{V}$$

4.4.1.3　数字表的分辨力引入的标准不确定度分量 $u(\delta)$

被测数字表在直流电压 500V（100kHz）点的分辨力为 $1\times10^{-3}\text{V}$，其半宽度 $a = 5\times10^{-4}\text{V}$，服从均匀分布，包含因子 $k=\sqrt{3}$，则

$$u(\delta) = \frac{a}{k} = \frac{5\times10^{-4}}{\sqrt{3}} \approx 2.9\times10^{-4}\text{V}$$

4.4.2　各标准不确定度分量汇总（见表 16）

表 16　各标准不确定度分量汇总

符号	不确定度来源	标准不确定度值 $u(x_i)$/V	概率分布	灵敏系数 c_i	$\lvert c_i\rvert u(x_i)$/V
$u(Z_X)$	被测数字表的重复性	1.1×10^{-3}	正态	1	1.1×10^{-3}
$u(Z_N)$	多功能源的最大允许误差	4.62×10^{-1}	均匀	−1	4.62×10^{-1}
$u(\delta)$	被测数字表的分辨力	2.9×10^{-4}	均匀	1	2.9×10^{-4}

4.4.3　合成标准不确定度计算

考虑到被测数字表读数的重复性和分辨力存在重复，在合成标准不确定度时将二者中较小值 $u(\delta)$ 舍去，则

$$u_c = \sqrt{u^2(Z_X) + u^2(Z_N)} = \sqrt{1.1^2 + 4.62^2} \times 10^{-3} \approx 463 \times 10^{-3}\mathrm{V}$$

4.4.4　扩展不确定度评定

取包含因子 $k=2$，由此得到直流电压 500V(100kHz) 校准结果的扩展不确定度为

$$U = k \cdot u_c = 2 \times 463 \times 10^{-3} = 926 \times 10^{-3}\mathrm{V} \approx 0.93\mathrm{V}$$

相对扩展不确定度为

$$U_{rel} = 1.96 \times 10^{-3} \quad (k=2)$$

4.5　其他校准点

交流电压其他校准点不确定度的分析方法和计算过程与此类似。

5　交流电流校准结果的不确定度评定

5.1　概述

环境条件：温度 20.2℃，相对湿度 63%。

测量标准：多功能源。

被测对象：数字表。

测量方法：采用标准源法，选取多功能源不确定度最小点和最大点分别进行不确定度评定。根据技术说明书，多功能源输出交流电流 100mA(1kHz) 点时，不确定度最小，记录被校数字表示值；多功能源输出交流电流 10A (5kHz) 点时，不确定度最大，记录被校数字表示值。

5.2　测量模型

设 Z_N 为多功能源的输出标准值，Z_X 为被校数字表的的示值，由使用说明书可知，对于多功能源和数字表，在标准条件下，温度、湿度、输入电流、输入阻抗等带来的影响可忽略，由此得到：

$$\Delta = Z_X - Z_N \tag{9}$$

考虑到数字表的分辨力对测量结果的影响，测量模型为

$$\Delta = Z_X - Z_N + \delta \tag{10}$$

式中：Δ——被校数字表的交流电流示值误差；

Z_X——被校数字表的示值；

Z_N——多功能源的输出标准值；

δ——被校数字表的分辨力对测量结果的影响。

5.3　交流电流最小不确定度评定

5.3.1　各输入量的标准不确定度分量评定

5.3.1.1　数字表重复性引入的标准不确定度分量 $u(Z_X)$

多功能源输出交流电流 100mA(1kHz)，选择被校数字表合适的量程，在相同环境条件下，重复测量 10 次，数据见表 17。

表 17　重复性测量数据

测量次数	x_i/mA
1	100.036
2	100.034
3	100.033
4	100.031
5	100.032
6	100.030
7	100.034
8	100.033
9	100.032
10	100.031

测量结果的平均值为

$$\bar{x} = \frac{1}{10}\sum_{i=1}^{10} x_i = 100.0326\text{mA}$$

单次测量值的实验标准偏差为

$$s = \sqrt{\frac{\sum_{i=1}^{10}(x_i - \bar{x})^2}{10-1}} \approx 2.4 \times 10^{-3}\text{mA}$$

则

$$u(Z_X) = 2.4 \times 10^{-3}\text{mA}$$

5.3.1.2　多功能源引入的标准不确定度分量 $u(Z_N)$

多功能源经上级计量机构量值传递合格，使用说明书中技术指标给出 100mA（1kHz）点最大允许误差为 $e = \pm(1.2\times10^{-4}\times100\text{mA}) = \pm120\times10^{-4}\text{mA}$，其半宽度 $a = 120\times10^{-4}\text{mA}$，服从均匀分布，包含因子 $k=\sqrt{3}$，则

$$u(Z_N) = \frac{a}{k} = \frac{120\times10^{-4}}{\sqrt{3}} \approx 69.3\times10^{-4}\text{mA}$$

5.3.1.3　数字表的分辨力引入的标准不确定度分量 $u(\delta)$

被测数字表在交流电流 100mA(1kHz) 点的分辨力为 $1\times10^{-3}\text{mA}$，其半宽度 $a=5\times10^{-4}\text{mA}$，服从均匀分布，包含因子 $k=\sqrt{3}$，则

$$u(\delta) = \frac{a}{k} = \frac{5\times10^{-4}}{\sqrt{3}} \approx 2.9\times10^{-4}\text{mA}$$

5.3.2　各标准不确定度分量汇总（见表 18）

表 18　各标准不确定度分量汇总

符号	不确定度来源	标准不确定度值 $u(x_i)$/mA	概率分布	灵敏系数 c_i	$\lvert c_i\rvert u(x_i)$/mA
$u(Z_X)$	被测数字表的重复性	2.4×10^{-3}	正态	1	2.4×10^{-3}
$u(Z_N)$	多功能源的最大允许误差	69.3×10^{-4}	均匀	−1	69.3×10^{-4}
$u(\delta)$	被测数字表的分辨力	2.9×10^{-4}	均匀	1	2.9×10^{-4}

5.3.3　合成标准不确定度计算

考虑到被测数字表读数的重复性和分辨力存在重复，在合成标准不确定度时将二者中较小值 $u(\delta)$ 舍去，则

$$u_c = \sqrt{u^2(Z_X)+u^2(Z_N)} = \sqrt{24^2+69.3^2}\times10^{-4} \approx 73.3\times10^{-4}\text{mA}$$

5.3.4　扩展不确定度评定

取包含因子 $k=2$，由此得到交流电压 100mA(1kHz) 校准结果的扩展不确定度为

$$U = k\cdot u_c = 2\times73.3\times10^{-4} = 146.6\times10^{-4}\text{mA} \approx 0.015\text{mA}$$

相对扩展不确定度为

$$U_{rel} = 1.5\times10^{-4}\quad(k=2)$$

5.4　交流电流最大不确定度评定

5.4.1　各输入量的标准不确定度分量评定

5.4.1.1　数字表重复性引入的标准不确定度分量 $u(Z_X)$

多功能源输出交流电流 10A(5kHz)，选择被校数字表合适的量程，在相同环境条件下，重复测量 10 次，数据见表 19。

表 19　重复性测量数据

测量次数	x_i/A
1	10.0076
2	10.0078
3	10.0074
4	10.0072
5	10.0078
6	10.0076
7	10.0071
8	10.0072
9	10.0076
10	10.0074

测量结果的平均值为

$$\bar{x} = \frac{1}{10}\sum_{i=1}^{10} x_i = 10.00747A$$

单次测量值的实验标准偏差为

$$s = \sqrt{\frac{\sum_{i=1}^{10}(x_i - \bar{x})^2}{10-1}} \approx 3.2 \times 10^{-4}\text{A}$$

则

$$u(Z_X) = 3.2 \times 10^{-4}\text{A}$$

5.4.1.2　多功能源引入的标准不确定度分量 $u(Z_N)$

多功能源经上级计量机构量值传递合格，使用说明书中技术指标给出 10A(5kHz) 点最大允许误差为 $e = \pm(10 \times 10^{-4} \times 10\text{A}) = \pm 100 \times 10^{-4}\text{A}$，其半宽度 $a = 100 \times 10^{-4}\text{A}$，服从均匀分布，包含因子 $k=\sqrt{3}$，则

$$u(Z_N) = \frac{a}{k} = \frac{100 \times 10^{-4}}{\sqrt{3}} \approx 57.8 \times 10^{-4}\text{A}$$

5.4.1.3　数字表的分辨力引入的标准不确定度分量 $u(\delta)$

被测数字表在交流电压 10A(5kHz) 点的分辨力为 $1 \times 10^{-4}\text{A}$，其半宽度 $a = 5 \times 10^{-5}\text{A}$，服从均匀分布，包含因子 $k=\sqrt{3}$，则

$$u(\delta) = \frac{a}{k} = \frac{5 \times 10^{-5}}{\sqrt{3}} \approx 2.9 \times 10^{-5}\text{A}$$

5.4.2　各标准不确定度分量汇总（见表 20）

表 20　各标准不确定度分量汇总

符号	不确定度来源	标准不确定度值 $u(x_i)$/A	概率分布	灵敏系数 c_i	$\lvert c_i \rvert u(x_i)$/A
$u(Z_X)$	被测数字表的重复性	3.2×10^{-4}	正态	1	3.2×10^{-4}
$u(Z_N)$	多功能源的最大允许误差	57.8×10^{-4}	均匀	−1	57.8×10^{-4}
$u(\delta)$	被测数字表的分辨力	2.9×10^{-5}	均匀	1	2.9×10^{-5}

5.4.3　合成标准不确定度计算

考虑到被测数字表读数的重复性和分辨力存在重复，在合成标准不确定度时将二者中较小值 $u(\delta)$ 舍去，则

$$u_c=\sqrt{u^2(Z_X)+u^2(Z_N)}=\sqrt{3.2^2+57.8^2}\times10^{-4}\approx57.9\times10^{-4}\text{A}$$

5.4.4　扩展不确定度评定

取包含因子 $k=2$，由此得到交流电流 10A(5kHz) 校准结果的扩展不确定度为

$$U=k\cdot u_c=2\times57.9\times10^{-4}=115.8\times10^{-4}\text{A}\approx0.012\text{A}$$

相对扩展不确定度为

$$U_{\text{rel}}=1.2\times10^{-3}\quad(k=2)$$

5.5　其他校准点

交流电流其他校准点不确定度的分析方法和计算过程与此类似。

十、检定或校准结果的验证

检定或校准结果的验证采用传递比较法。选用数字多用表（型号：2700）作为考核仪器设备，该数字多用表送至××测试技术研究测院校准。比较数据如下。

1. 直流电压

直流电压 V	本装置测量值 y_{lab} V	溯源测量值 y_{ref} V	$\lvert y_{lab}-y_{ref}\rvert$	$\sqrt{U_{lab}^2+U_{ref}^2}$
1	1.000007	0.999999	8.0×10^{-6}	1.04×10^{-5}

2. 直流电流

直流电流 mA	本装置测量值 y_{lab} mA	溯源测量值 y_{ref} mA	$\lvert y_{lab}-y_{ref}\rvert$	$\sqrt{U_{lab}^2+U_{ref}^2}$
100	99.985	99.982	3.0×10^{-3}	3.13×10^{-2}

3. 交流电压

交流电压 V (1kHz)	本装置测量值 y_{lab} V	溯源测量值 y_{ref} V	$\lvert y_{lab}-y_{ref}\rvert$	$\sqrt{U_{lab}^2+U_{ref}^2}$
1	1.00007	1.00009	2.0×10^{-5}	1.92×10^{-4}

4. 交流电流

交流电流 mA (1kHz)	本装置测量值 y_{lab} mA	溯源测量值 y_{ref} mA	$\lvert y_{lab}-y_{ref}\rvert$	$\sqrt{U_{lab}^2+U_{ref}^2}$
100	99.98	99.97	1.0×10^{-2}	1.51×10^{-1}

5. 直流电阻

直流电阻 kΩ	本装置测量值 y_{lab} kΩ	溯源测量值 y_{ref} kΩ	$\lvert y_{lab}-y_{ref}\rvert$	$\sqrt{U_{lab}^2+U_{ref}^2}$
1	0.999912	0.999905	7.0×10^{-6}	2.66×10^{-5}

测量结果均满足 $\lvert y_{lab}-y_{ref}\rvert\leqslant\sqrt{U_{lab}^2+U_{ref}^2}$，故本装置通过验证，符合要求。

十一、结论
经过分析与实验验证，本装置符合 JJF 1587—2016《数字多用表校准规范》和 JJF 1033—2016《计量标准考核规范》的要求，可以开展以下级别的数字多用表校准工作： DCV：±(10mV～1000V)　　MPEV≥(1.2～2.4)×10^{-5} DCI：±(10μA～100A)　　MPEV≥(1.1～11)×10^{-4} DCR：1Ω～100MΩ　　MPEV≥(3～30)×10^{-5} ACV：10mV～1000V(10Hz～1MHz)　　MPEV≥(1.5～48)×10^{-4} ACI：0.1mA～100A(10Hz～5kHz)　　MPEV≥(3.6～30)×10^{-4}
十二、附加说明

示例 3.3　数字多用表标准装置

计量标准考核（复查）申请书

［　　］量标　　　证字第　　　号

计量标准名称　　数字多用表标准装置

计量标准代码　　**15115100**

建标单位名称______________

组织机构代码______________

单 位 地 址______________

邮 政 编 码______________

计量标准负责人及电话______________

计量标准管理部门联系人及电话______________

年　　月　　日

说　明

1. 申请新建计量标准考核，建标单位应当提供以下资料：

1）《计量标准考核（复查）申请书》原件一式两份和电子版一份；

2）《计量标准技术报告》原件一份；

3）计量标准器及主要配套设备有效的检定或校准证书复印件一套；

4）开展检定或校准项目的原始记录及相应的模拟检定或校准证书复印件两套；

5）检定或校准人员能力证明复印件一套；

6）可以证明计量标准具有相应测量能力的其他技术资料（如果适用）复印件一套。

2. 申请计量标准复查考核，建标单位应当提供以下资料：

1）《计量标准考核（复查）申请书》原件一式两份和电子版一份；

2）《计量标准考核证书》原件一份；

3）《计量标准技术报告》原件一份；

4）《计量标准考核证书》有效期内计量标准器及主要配套设备连续、有效的检定或校准证书复印件一套；

5）随机抽取该计量标准近期开展检定或校准工作的原始记录及相应的检定或校准证书复印件两套；

6）《计量标准考核证书》有效期内连续的《检定或校准结果的重复性试验记录》复印件一套；

7）《计量标准考核证书》有效期内连续的《计量标准的稳定性考核记录》复印件一套；

8）检定或校准人员能力证明复印件一套；

9）计量标准更换申报表（如果适用）复印件一份；

10）计量标准封存（或撤销）申报表（如果适用）复印件一份；

11）可以证明计量标准具有相应测量能力的其他技术资料（如果适用）复印件一套。

3.《计量标准考核（复查）申请书》采用计算机打印，并使用 A4 纸。

注：新建计量标准申请考核时不必填写“计量标准考核证书号”。

<table>
<tr><td colspan="2">计量标准
名　　称</td><td colspan="3">数字多用表标准装置</td><td colspan="2">计量标准
考核证书号</td><td colspan="2"></td></tr>
<tr><td colspan="2">保存地点</td><td colspan="3"></td><td colspan="2">计量标准
原值（万元）</td><td colspan="2"></td></tr>
<tr><td colspan="2">计量标准
类　　别</td><td colspan="2">☑ 社会公用
☑ 计量授权</td><td colspan="2">☐ 部门最高
☐ 计量授权</td><td colspan="3">☐ 企事业最高
☐ 计量授权</td></tr>
<tr><td colspan="2">测量范围</td><td colspan="7">DCV：±（10mV～1000V）；DCI：±（10μA～100A）；DCR：1Ω～1GΩ
ACV：10mV～1000V（10Hz～1MHz）；ACI：0.1mA～100A（10Hz～5kHz）</td></tr>
<tr><td colspan="2">不确定度或
准确度等级或
最大允许误差</td><td colspan="7">DCV：$(2\sim10)\times10^{-6}$；DCI：$(2\sim4)\times10^{-5}$；DCR：$(5\sim120)\times10^{-6}$；
ACV：$(2.4\sim240)\times10^{-5}$；ACI：$(4\sim10)\times10^{-5}$　（$k=2$）</td></tr>
<tr><td rowspan="6">计量标准器</td><td>名　称</td><td>型　号</td><td>测量范围</td><td>不确定度
或准确度等级
或最大允许误差</td><td>制造厂及
出厂编号</td><td>检定周
期或复
校间隔</td><td>末次检
定或校
准日期</td><td>检定或校
准机构及
证书号</td></tr>
<tr><td>多功能标
准源/放大器</td><td></td><td>DCV：
±（10mV～1000V）
DCI：
±（1μA～11A）
DCR：
1Ω～100MΩ
ACV：
0.1V～1000V
ACI：
0.1mA～11A</td><td>DCV：
$(4\sim13)\times10^{-6}$
DCI：
$(5\sim40)\times10^{-5}$
DCR：
$(9\sim100)\times10^{-6}$
ACV：
$(6\sim10)\times10^{-5}$
ACI：
$(1\sim4)\times10^{-4}$
（$k=2$）</td><td></td><td>1年</td><td></td><td></td></tr>
<tr><td>参考数字
多用表</td><td></td><td>DCV：(0～1000)V
DCI：
(0～20)A
DCR：
1Ω～10GΩ
ACV：
10mV～1000V
ACI：
100μA～20A</td><td>DCV：$(3.5\sim5)\times10^{-6}$
DCI：
$(1.5\sim40)\times10^{-5}$
DCR：
$(8\sim1500)\times10^{-6}$
ACV：
$(7.5\sim1000)\times10^{-5}$
ACI：
$(4\sim25)\times10^{-4}$
（$k=2$）</td><td></td><td>1年</td><td></td><td></td></tr>
<tr><td>参考纳伏表</td><td></td><td>10mV～100V</td><td>5×10^{-7}（$k=2$）</td><td></td><td>1年</td><td></td><td></td></tr>
<tr><td>固态电压标准</td><td></td><td>1V/1.018V/10V</td><td>$\pm2\times10^{-6}$</td><td></td><td>1年</td><td></td><td></td></tr>
<tr><td>参考分压箱</td><td></td><td>10：1/100：1</td><td>$\pm2\times10^{-7}$/
$\pm5\times10^{-7}$</td><td></td><td>1年</td><td></td><td></td></tr>
<tr><td rowspan="6">主要配套设备</td><td>交流电压
测量标准</td><td></td><td>10mV～1000V
（10Hz～1MHz）</td><td>$(2.4\sim60)$
$\times10^{-5}$（$k=2$）</td><td></td><td>1年</td><td></td><td></td></tr>
<tr><td>标准电阻</td><td></td><td>1Ω/10kΩ</td><td>$\pm2\times10^{-6}$/
$\pm5\times10^{-6}$</td><td></td><td>1年</td><td></td><td></td></tr>
<tr><td>跨导放大器</td><td></td><td>DCI：(10～100)A
ACI：(10～100)A
（10Hz～5kHz）</td><td>DCI：$\pm1\times10^{-4}$
ACI：$\pm1.5\times10^{-4}$</td><td></td><td>1年</td><td></td><td></td></tr>
<tr><td>高阻标准</td><td></td><td>1MΩ～1TΩ</td><td>$5.0\times10^{-6}\sim$
1×10^{-3}（$k=2$）</td><td></td><td>1年</td><td></td><td></td></tr>
<tr><td>交流电压
测量标准</td><td></td><td>2.2mV～1000V</td><td>1×10^{-5}（$k=2$）</td><td></td><td>1年</td><td></td><td></td></tr>
<tr><td>交直流
分流器</td><td></td><td>1mA～100A</td><td>$(3\sim20)\times10^{-5}$
（$k=2$）</td><td></td><td>1年</td><td></td><td></td></tr>
</table>

环境条件及设施	序号	项　目	要　求	实际情况	结论
	1	温　度	(20 ±2)℃	(20 ±1)℃	合格
	2	湿　度	≤75% RH	50% RH ~ 70% RH	合格
	3	交流供电电源及电源频率	220V(1 ±10%) (50 ±0.5)Hz	220V(1 ±5%) (50 ±0.2)Hz	合格
	4				
	5				

检定或校准人员	姓　名	性别	年龄	从事本项目年限	学　历	能力证明名称及编号	核准的检定或校准项目

	序号	名　称	是否具备	备 注
文件集登记	1	计量标准考核证书（如果适用）	否	新建
	2	社会公用计量标准证书（如果适用）	否	新建
	3	计量标准考核（复查）申请书	是	
	4	计量标准技术报告	是	
	5	检定或校准结果的重复性试验记录	是	
	6	计量标准的稳定性考核记录	是	
	7	计量标准更换申请表（如果适用）	否	新建
	8	计量标准封存（或撤销）申报表（如果适用）	否	新建
	9	计量标准履历书	是	
	10	国家计量检定系统表（如果适用）	是	
	11	计量检定规程或计量技术规范	是	
	12	计量标准操作程序	是	
	13	计量标准器及主要配套设备使用说明书（如果适用）	是	
	14	计量标准器及主要配套设备的检定或校准证书	是	
	15	检定或校准人员能力证明	是	
	16	实验室的相关管理制度		
	16.1	实验室岗位管理制度	是	
	16.2	计量标准使用维护管理制度	是	
	16.3	量值溯源管理制度	是	
	16.4	环境条件及设施管理制度	是	
	16.5	计量检定规程或计量技术规范管理制度	是	
	16.6	原始记录及证书管理制度	是	
	16.7	事故报告管理制度	是	
	16.8	计量标准文件集管理制度	是	
	17	开展检定或校准工作的原始记录及相应的检定或校准证书副本	是	
	18	可以证明计量标准具有相应测量能力的其他技术资料（如果适用）		
	18.1	检定或校准结果的不确定度评定报告	是	
	18.2	计量比对报告	否	新建
	18.3	研制或改造计量标准的技术鉴定或验收资料	否	非自制

<table>
<tr><td rowspan="3">开展的检定或校准项目</td><td>名　称</td><td>测量范围</td><td>不确定度或准确度等级或最大允许误差</td><td>所依据的计量检定规程或计量技术规范的编号及名称</td></tr>
<tr><td>交直流电表校验仪</td><td>DCV：±（10mV～1000V）
DCI：±（10μA～100A）
DCR：1Ω～1GΩ
ACV：10mV～1000V（10Hz～1MHz）
ACI：0.1mA～100A（10Hz～5kHz）</td><td>直流 0.01 级及以下
交流 0.05 级及以下</td><td>JJF 1284—2011
《交直流电表校验仪校准规范》</td></tr>
<tr><td>多功能标准源</td><td>DCV：±（10mV～1000V）
DCI：±（10μA～100A）
DCR：1Ω～1GΩ
ACV：10mV～1000V（10Hz～1MHz）
ACI：0.1mA～100A（10Hz～5kHz）</td><td>直流优于 0.01 级
交流优于 0.05 级</td><td>JJF 1638—2017
《多功能标准源校准规范》</td></tr>
<tr><td colspan="2">建标单位意见</td><td colspan="3">负责人签字：　　（公章）
年　月　日</td></tr>
<tr><td colspan="2">建标单位
主管部门意见</td><td colspan="3">（公章）
年　月　日</td></tr>
<tr><td colspan="2">主持考核的
人民政府计量
行政部门意见</td><td colspan="3">（公章）
年　月　日</td></tr>
<tr><td colspan="2">组织考核的
人民政府计量
行政部门意见</td><td colspan="3">（公章）
年　月　日</td></tr>
</table>

计量标准技术报告

计量标准名称　**数字多用表标准装置**

计量标准负责人＿＿＿＿＿＿＿＿

建标单位名称＿＿＿＿＿＿＿＿

填写日期＿＿＿＿＿＿＿＿

目　录

一、建立计量标准的目的

随着现代科学技术的发展，数字多功能源（根据精度分为：交直流电表校验仪和多功能标准源）已经被广泛应用于各个技术领域和国家科技建设。而这些仪器所涉及的参数为直流电压、交流电压、直流电流、交流电流、直流电阻等。计量性能的准确可靠直接影响国家科技的建设和人民群众的安全。为保证这些数字多功能源量值的准确可靠，完善其溯源体系，建立本数字多用表标准装置。

二、计量标准的工作原理及其组成

以数字多功能标准源5720A、参考数字多用表8508A、参考纳伏表34420A、直流电压参考标准732B、标准电阻742A、交直流转换标准792A和5790A、跨导放大器52120A、直流参考分压箱752A、交直流分流器A40B等组成数字多用表标准装置。

用数字多功能标准源5720A对参考数字多用表8508A或参考纳伏表34420A进行校准以后，配以交直流转换设备、标准电阻、分压器、分流器等，按照校准规范、检定规程的标准表法、替代测量法、电压比率测量法等方法对被测数字多功能源的直流电压、直流电流、交流电压、交流电流、电阻等功能进行检定/校准。具体方法如下：

一、直流电压检定/校准方法

1. 标准表法

标准表法校准直流电压示意图见图1。

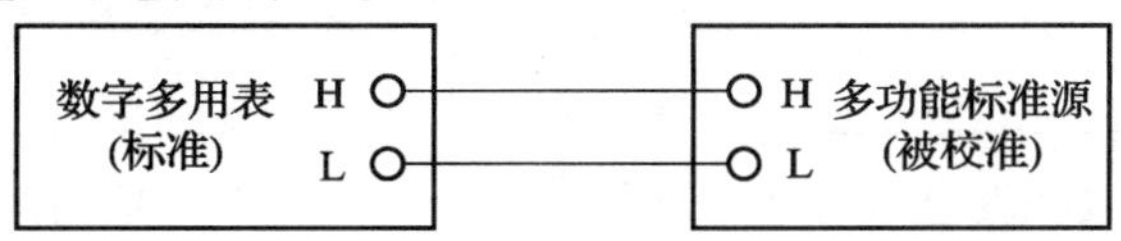

图1　标准表法校准直流电压示意图

2. 标准源法

标准源法校准直流电压示意图见图2。

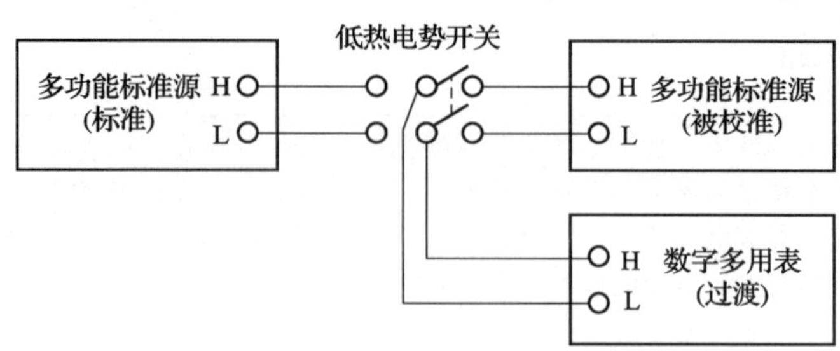

图 2　标准源法接校准直流电压示意图

3. 电阻分压箱法

电阻分压箱法校准直流电压示意图见图 3。

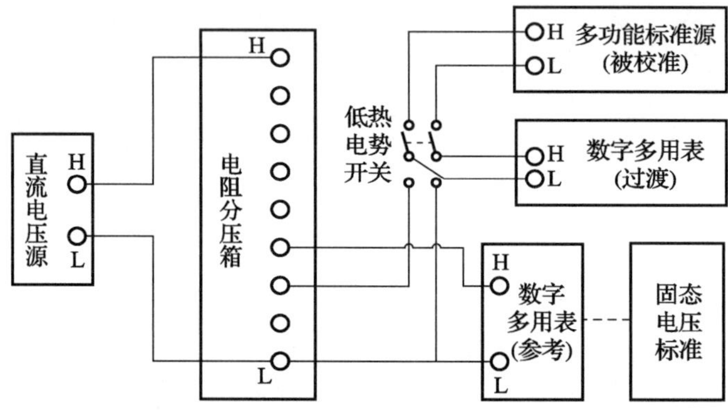

图 3　电阻分压箱法校准直流电压示意图

二、直流电流检定/校准方法

1. 标准表法

标准表法校准直流电流示意图见图 4。

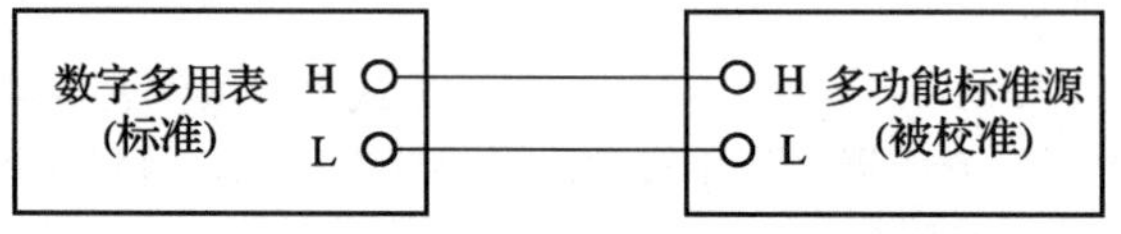

图 4　标准表法校准直流电流示意图

2. 电流电压转换法

电流电压转换法连线如图 5 所示，需要注意电流电压转换器的阻值选择，减小被校多功能标准源的负载效应。

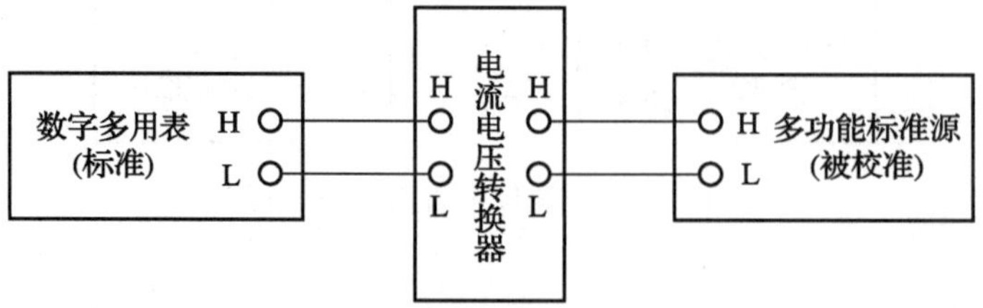

图 5　电流电压转换法校准直流电流示意图

三、直流电阻检定/校准方法

1. 标准表法

标准表法校准直流电阻示意图见图 6 和图 7。

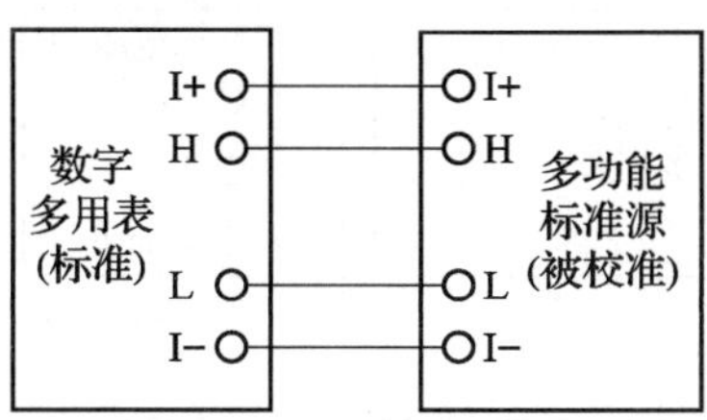

图6　标准表法校准直流电阻示意图（四线制）

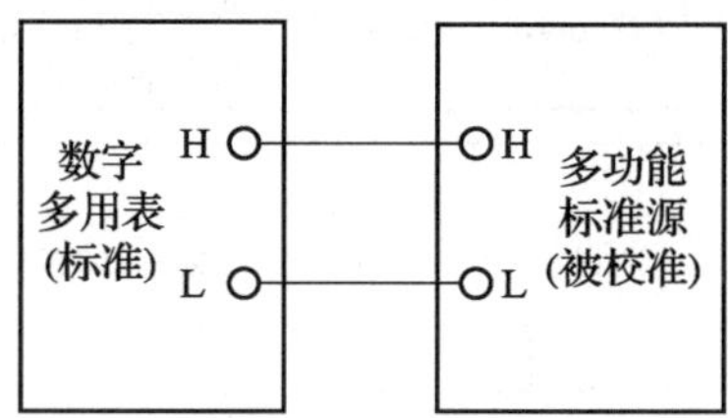

图7　标准表法校准直流电阻示意图（二线制）

2. 标准电阻器法

标准电阻器法校准直流电阻示意图见图8和图9。

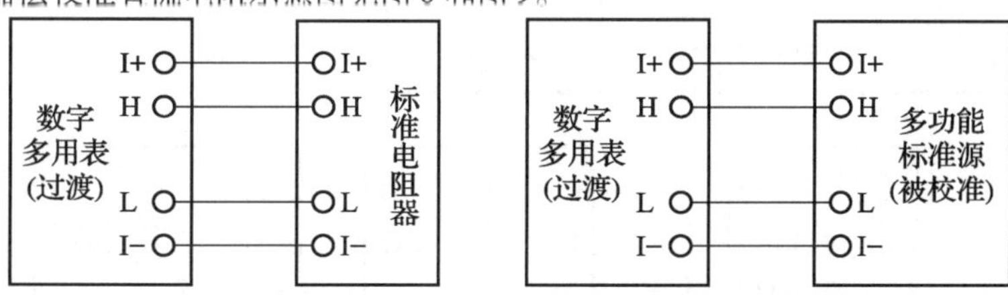

图8　标准电阻器法校准直流电阻示意图（四线制）

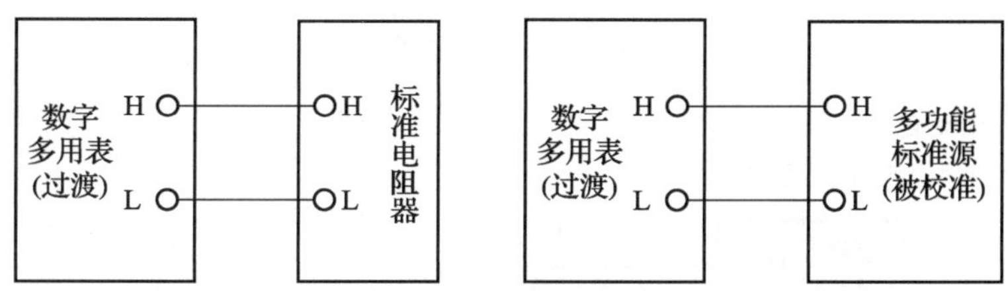

图9　标准电阻器法校准直流电阻示意图（二线制）

四、交流电压检定/校准方法

校准交流电压时需要注意由于标准装置输入阻抗不够高带来的影响，在较高频率时应使用较短的同轴线作为测试导线。

1. 标准表法

标准表法校准交流电压示意图见图10。

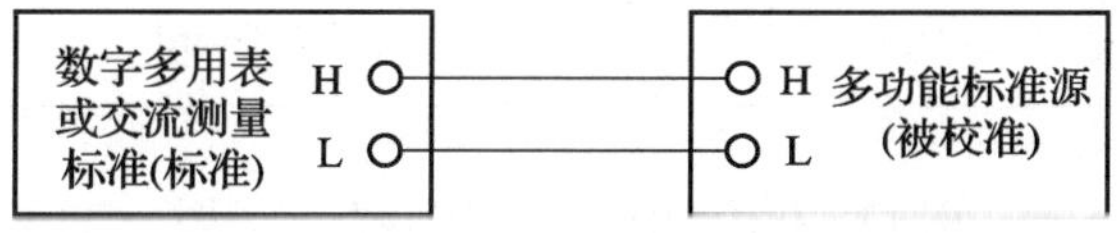

图10　标准表法校准交流电压示意图

2. 交直流转换法

交直流转换法校准交流电压示意图见图11。

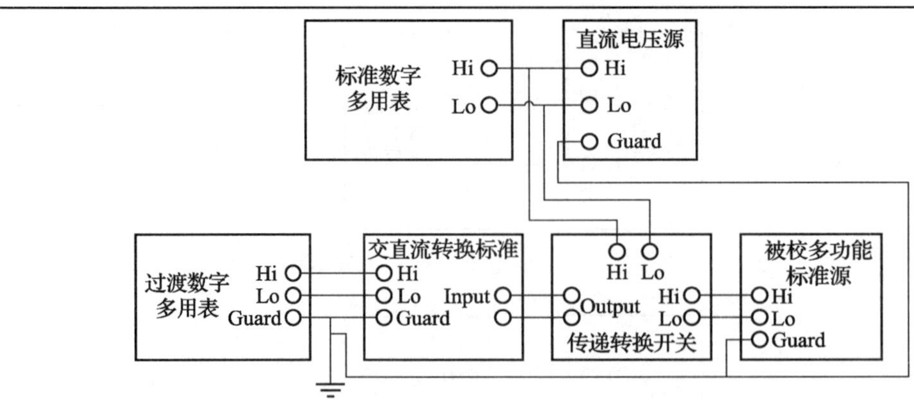

图 11　交直流转换法校准交流电压示意图

3. 交流分压器法（双源法）校准低值交流电压

交流分压器法（双源法）校准低值交流电压示意图见图 12。

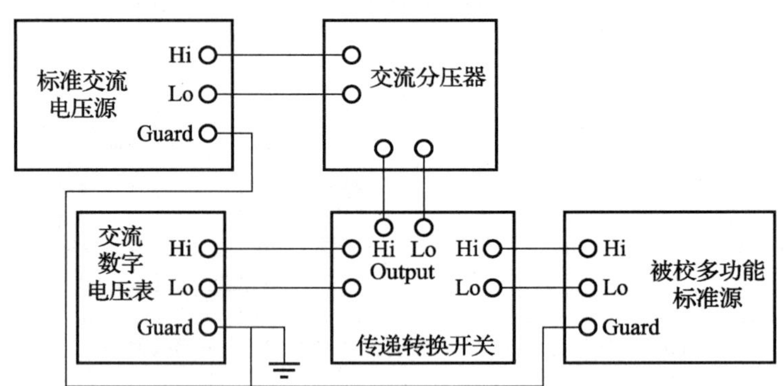

图 12　交流分压器法校准低值交流电压示意图

4. 标准源法校准交流电压

标准源法校准交流电压示意图见图 13。

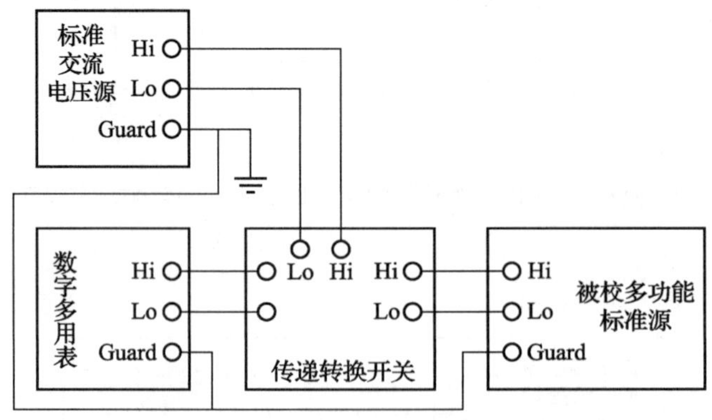

图 13　标准源法校准交流电压示意图

五、交流电流检定/校准方法

校准交流电流时需要注意由于标准装置输入阻抗带来的影响，在较高频率时应使用较短的同轴线作为测试导线。

1. 标准表法

标准表法校准交流电流示意图见图 14。

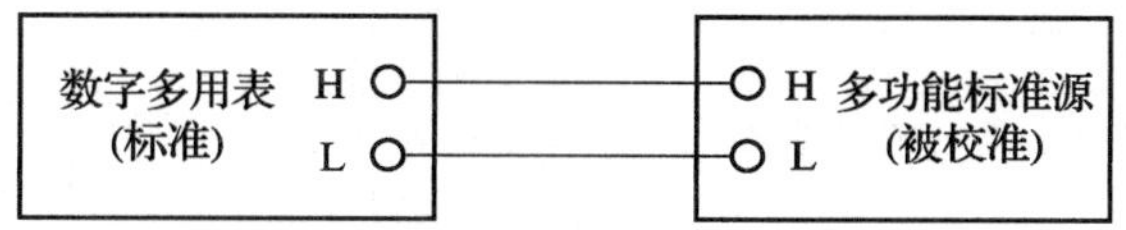

图 14　标准表法校准交流电流示意图

2. 电流电压转换法

电流电压转换法校准交流电流示意图见图 15。需要注意电流电压转换器的阻值选择，减小被校多功能标准源的负载效应。

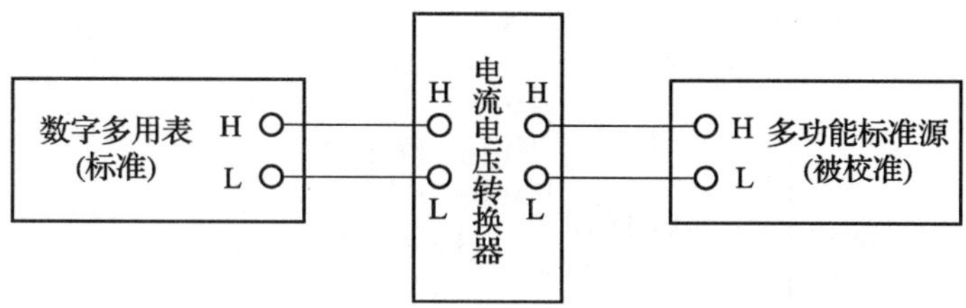

图 15　电流电压转换法校准交流电流示意图

三、计量标准器及主要配套设备

	名　称	型　号	测量范围	不确定度或准确度等级或最大允许误差	制造厂及出厂编号	检定周期或复校间隔	检定或校准机构
计量标准器	多功能标准源/放大器		DCV：±(10mV～1000V) DCI：±(1μA～11A) DCR：1Ω～100MΩ ACV：0.1V～1000V ACI：0.1mA～11A	DCV：$(4\sim13)\times10^{-6}$ DCI：$(5\sim40)\times10^{-5}$ DCR：$(9\sim100)\times10^{-6}$ ACV：$(6\sim10)\times10^{-5}$ ACI：$(1\sim4)\times10^{-4}$ $(k=2)$		1年	
	参考数字多用表		DCV：(0～1000)V DCI：(0～20)A DCR：1Ω～10GΩ ACV：10mV～1000V ACI：100μA～20A	DCV：$(3.5\sim5)\times10^{-6}$ DCI：$(1.5\sim40)\times10^{-5}$ DCR：$(8\sim1500)\times10^{-6}$ ACV：$(7.5\sim1000)\times10^{-5}$ ACI：$(4\sim25)\times10^{-4}$ $(k=2)$		1年	
	参考纳伏表		10mV～100V	$5\times10^{-7}(k=2)$		1年	
	固态电压标准		1V/1.018V/10V	$\pm2\times10^{-6}$		1年	
	参考分压箱		10：1/100：1	$\pm2\times10^{-7}$/ $\pm5\times10^{-7}$		1年	
主要配套设备	交流电压测量标准		10mV～1000V (10Hz～1MHz)	$(2.4\sim60)\times10^{-5}$ $(k=2)$		1年	
	标准电阻		1Ω/10kΩ	$\pm2\times10^{-6}$/ $\pm5\times10^{-6}$		1年	
	跨导放大器		DCI：(10～100)A ACI：(10～100)A (10Hz～5kHz)	DCI：$\pm1\times10^{-4}$ ACI：$\pm1.5\times10^{-4}$		1年	
	高阻标准		1MΩ～1TΩ	$5.0\times10^{-6}\sim$ 1×10^{-3} $(k=2)$		1年	
	交流电压测量标准		2.2mV～1000V	1×10^{-5} $(k=2)$		1年	
	交直流分流器		1mA～100A	$(3\sim20)\times10^{-5}$ $(k=2)$		1年	

四、计量标准的主要技术指标

测量范围：

DCV：±（10mV ~ 1000V）

DCI：±（10μA ~ 100A）

DCR：1Ω ~ 1GΩ

ACV：10mV ~ 1000V（10Hz ~ 1MHz）

ACI：0.1mA ~ 100A（10Hz ~ 5kHz）

相对扩展不确定度（$k=2$）：

DCV：$(2 \sim 10) \times 10^{-6}$

DCI：$(2 \sim 4) \times 10^{-5}$

DCR：$(5 \sim 120) \times 10^{-6}$

ACV：$(2.4 \sim 240) \times 10^{-5}$

ACI：$(4 \sim 10) \times 10^{-5}$

五、环境条件

序号	项　目	要　　求	实际情况	结　　论
1	温　度	(20±2)℃	(20±1)℃	合格
2	湿　度	≤75% RH	50% RH ~ 70% RH	合格
3	交流供电电源及电源频率	220V（1±10%） (50±0.5)Hz	220V（1±5%） (50±0.2)Hz	合格
4				
5				
6				

六、计量标准的量值溯源和传递框图

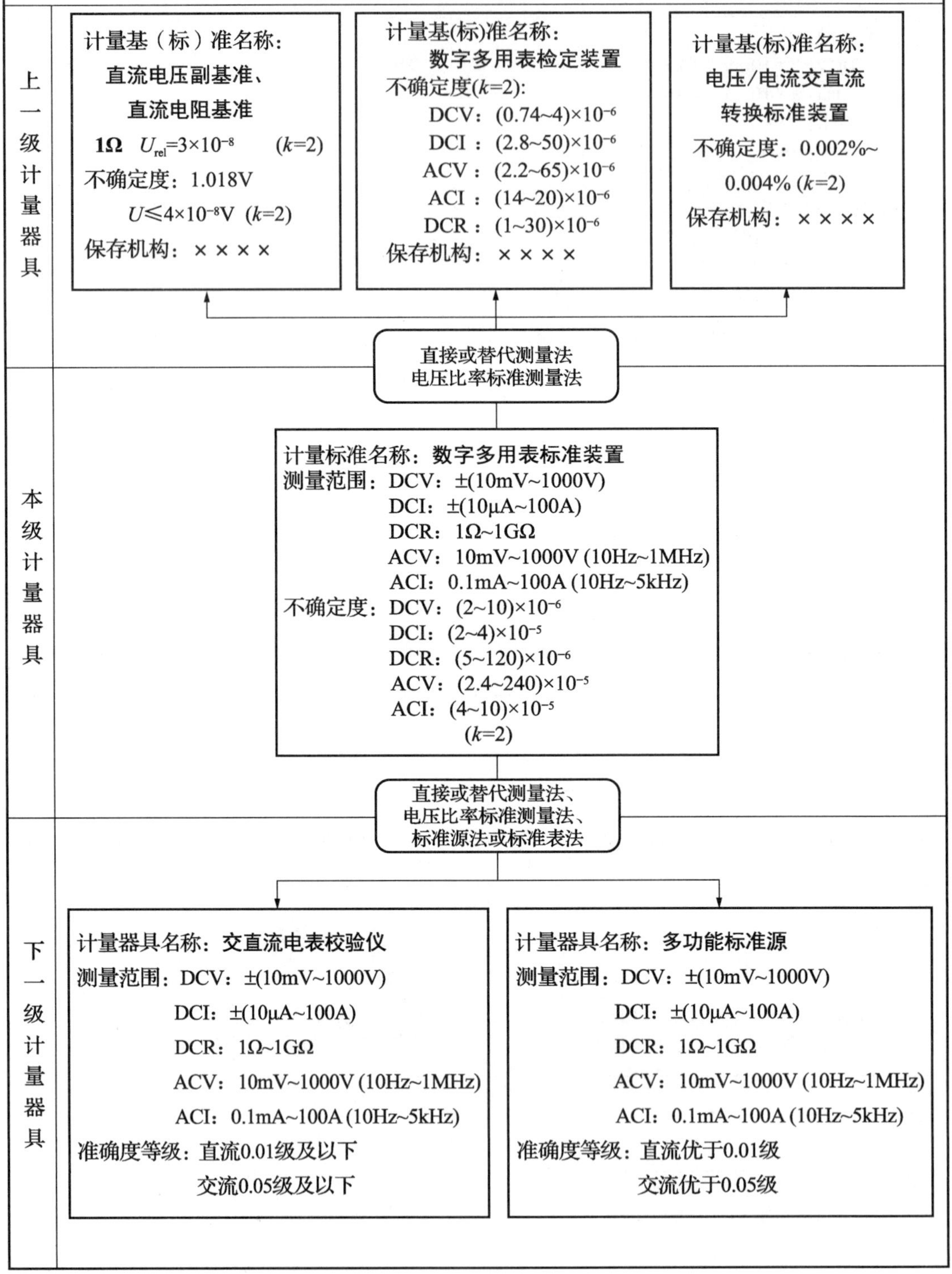

上一级计量器具

计量基（标）准名称：
直流电压副基准、
直流电阻基准
1Ω $U_{rel}=3\times10^{-8}$ (k=2)
不确定度：1.018V
$U\leqslant4\times10^{-8}$V (k=2)
保存机构：××××

计量基(标)准名称：
数字多用表检定装置
不确定度(k=2):
DCV：$(0.74\sim4)\times10^{-6}$
DCI：$(2.8\sim50)\times10^{-6}$
ACV：$(2.2\sim65)\times10^{-6}$
ACI：$(14\sim20)\times10^{-6}$
DCR：$(1\sim30)\times10^{-6}$
保存机构：××××

计量基(标)准名称：
电压/电流交直流
转换标准装置
不确定度：0.002%~0.004% (k=2)
保存机构：××××

↑

直接或替代测量法
电压比率标准测量法

本级计量器具

计量标准名称：**数字多用表标准装置**
测量范围：DCV：±(10mV~1000V)
DCI：±(10μA~100A)
DCR：1Ω~1GΩ
ACV：10mV~1000V (10Hz~1MHz)
ACI：0.1mA~100A (10Hz~5kHz)
不确定度：DCV：$(2\sim10)\times10^{-6}$
DCI：$(2\sim4)\times10^{-5}$
DCR：$(5\sim120)\times10^{-6}$
ACV：$(2.4\sim240)\times10^{-5}$
ACI：$(4\sim10)\times10^{-5}$
(k=2)

直接或替代测量法、
电压比率标准测量法、
标准源法或标准表法

↓

下一级计量器具

计量器具名称：**交直流电表校验仪**
测量范围：DCV：±(10mV~1000V)
DCI：±(10μA~100A)
DCR：1Ω~1GΩ
ACV：10mV~1000V (10Hz~1MHz)
ACI：0.1mA~100A (10Hz~5kHz)
准确度等级：直流0.01级及以下
交流0.05级及以下

计量器具名称：**多功能标准源**
测量范围：DCV：±(10mV~1000V)
DCI：±(10μA~100A)
DCR：1Ω~1GΩ
ACV：10mV~1000V (10Hz~1MHz)
ACI：0.1mA~100A (10Hz~5kHz)
准确度等级：直流优于0.01级
交流优于0.05级

七、计量标准的稳定性考核

本装置采用高等级的计量标准进行稳定性考核。约一个月用高等级的计量标准测量固态电压标准（标称值 10V）的直流电压输出值，测量结果之间的最大差值的绝对值作为其稳定性数据。数据如下。

数字多用表标准装置的稳定性考核记录

考核时间	2017 年 3 月 18 日	2017 年 4 月 20 日	2017 年 5 月 15 日	2017 年 6 月 15 日
核查标准	名称：直流参考标准 型号：732A 编号：3615005 等 3 只			
测量条件	20.2℃；55% RH	20.2℃；51% RH	20.1℃；54% RH	20.3℃；54% RH
测量次数	测得值/V	测得值/V	测得值/V	测得值/V
1	10.000169	10.000162	10.000162	10.000167
2	10.000169	10.000162	10.000162	10.000167
3	10.000169	10.000162	10.000162	10.000168
4	10.000169	10.000162	10.000161	10.000167
5	10.000169	10.000162	10.000162	10.000167
6	10.000169	10.000162	10.000162	10.000168
7	10.000169	10.000163	10.000161	10.000167
8	10.000169	10.000163	10.000162	10.000167
9	10.000170	10.000163	10.000162	10.000167
10	10.000170	10.000162	10.000162	10.000167
$\bar{y}_i$	10.0001692	10.0001623	10.0001612	10.0001678
变化量 $\lvert \bar{y}_i - \bar{y}_{i-1} \rvert$	—	6.9×10^{-7}	1.1×10^{-7}	6.6×10^{-7}
允许变化量	2×10^{-6}			
结　论	符合要求			
考核人员	×××			

八、检定或校准结果的重复性试验

1. 直流电压重复性试验

以5520A作为被测，用本计量标准对被测数字多功能源示值误差进行10次重复测量，测试点为1V，数据如下。

示值/V	标准值/V	示值误差/μV
0.9999970	0.9999950	2.0
0.9999972		2.2
0.9999972		2.2
0.9999970		2.0
0.9999970		2.0
0.9999970		2.0
0.9999971		2.1
0.9999970		2.0
0.9999972		2.2
0.9999972		2.2
示值误差的标准偏差 $s(\Delta)$		0.10

2. 直流电流重复性试验

以5520A作为被测，用本计量标准对被测数字多功能源示值误差进行10次重复测量，测试点为100mA，数据如下。

示值/mA	标准值/mA	示值误差/μA
100.00002	100.00002	0
100.00002		0
100.00002		0
100.00002		0
100.00002		0
100.00002		0
100.00002		0
100.00002		0
100.00002		0
100.00002		0
示值误差的标准偏差 $s(\Delta)$		0

3. 电阻重复性试验

以5520A作为被测，用本计量标准对被测数字多功能源示值误差进行10次重复测量，测试点为10kΩ，数据如下。

示值/kΩ	标准值/kΩ	示值误差/mΩ
10.00076	10.00076	0
10.00076		0
10.00077		10
10.00075		-10
10.00075		-10
10.00075		-10
10.00076		0
10.00076		0
10.00076		0
10.00076		0
示值误差的标准偏差 $s(\Delta)$		5.2

4. 交流电压重复性试验

以5520A作为被测，以5720A作为传递标准对被测数字多功能源示值误差进行10次重复测量，测试点为1A（1kHz），数据如下。

示值/V	标准值/V	示值误差/μV
0.99993	0.99992	10
0.99994	0.99994	0
0.99993	0.99993	0
0.99993	0.99993	0
0.99994	0.99994	0
0.99992	0.99992	0
0.99992	0.99992	0
0.99992	0.99991	10
0.99992	0.99992	0
0.99993	0.99993	0
示值误差的标准偏差 $s(\Delta)$		4.2

5. 交流电流重复性试验

以5520A作为被测，以5720A作为标准对被测数字多功能源示值误差进行10次重复测量，测试点为1A（1kHz），数据如下。

示值/A	标准值/A	示值误差/mA
1.00002	0.99998	0.04
1.00002		0.04
1.00002		0.04
1.00001		0.03
1.00003		0.05
1.00002		0.04
1.00003		0.05
1.00002		0.04
1.00002		0.04
1.00002		0.04
示值误差的标准偏差 $s(\Delta)$		5.7

经考核，校准结果的重复性满足开展数字多功能源校准项目的要求。

九、检定或校准结果的不确定度评定

1 测量方法

根据 JJF 1284—2011《交直流电表校验仪校准规范》、JJF 1638—2017《多功能标准源校准规范》。通过数字标准源传递后，用参考数字多用表直接测量数字多功能源，以测量数字多功能源的显示值误差，示意图见图 1。

图 1 数字多功能源校准方法示意图

2 被测样品

2.1 被测样品数字多功能源基本信息：5520A 数字多功能源（编号 5060004）。

2.2 被测样品数字多功能源测试点的选取：

DCV：3.3V 量程——校准 1V

33V 量程——校准 10V

DCI：330mA 量程——校准 100mA

DCR：33kΩ 量程——校准 10kΩ

ACV：3.3V 量程——校准 1V（$f=1$kHz）

33V 量程——校准 10V（$f=1$kHz）

ACI：2A 量程——校准 1A（$f=1$kHz）

3 测量所用的标准

计量标准名称：数字多用表标准装置

测量范围：

DCV：±(10mV ~ 1000V)

DCI：±(10μA ~ 100A)

DCR：1Ω ~ 1GΩ

ACV：10mV ~ 1000V(10Hz ~ 1MHz)

ACI：0.1mA ~ 100A(10Hz ~ 5kHz)

相对扩展不确定度（$k=2$）：

DCV：$2\times10^{-6}\sim10\times10^{-6}$

DCI：$2\times10^{-5}\sim4\times10^{-5}$

DCR：$5\times10^{-6}\sim120\times10^{-6}$

ACV：$2.4\times10^{-5}\sim240\times10^{-5}$

ACI：$4\times10^{-5}\sim10\times10^{-5}$

4 测量五个功能的数据结果

4.1 直流电压 DCV：1V

标准表 8508A 测量数字多功能源 5520A 输出 1V 直流电压，测量 10 次，数据见表 1。

表 1　直流电压 1V 点测量的重复性数据

测量次数	1	2	3	4	5	6	7	8	9	10
显示值/V	0.9999968	0.9999971	0.9999972	0.9999971	0.9999970	0.9999970	0.9999972	0.9999970	0.9999972	0.9999971

平均值：$\bar{x}=0.99999707\text{V}\approx0.9999971\text{V}$，则

$$s=\sqrt{\frac{\sum_{i=1}^{10}(x_i-\bar{x})^2}{n-1}}=0.125\times10^{-6}\text{V}$$

直流电压 DCV：10V

标准表 8508A 测量数字多功能源 5520A 输出 10V 直流电压，测量 10 次，数据见表 2。

表 2　直流电压 10V 点测量的重复性数据

测量次数	1	2	3	4	5	6	7	8	9	10
显示值/V	9.999981	9.999982	9.999983	9.999983	9.999982	9.999983	9.999981	9.999981	9.999981	9.999981

平均值：$\bar{x}=9.9999818\text{V}\approx9.999982\text{V}$，则

$$s=\sqrt{\frac{\sum_{i=1}^{10}(x_i-\bar{x})^2}{n-1}}=0.919\times10^{-6}\text{V}$$

4.2　交流电压 ACV：1V

标准表 8508A 测量数字多功能源 5520A 输出 1V（$f=1\text{kHz}$）交流电压，测量 10 次，数据见表 3。

表 3　交流电压 1V 点测量的重复性数据

测量次数	1	2	3	4	5	6	7	8	9	10
显示值/V	1.00001	1.00001	1.00001	1.00002	1.00001	1.00002	1.00001	1.00001	1.00002	1.00001

平均值：$\bar{x}=1.000013\text{V}\approx1.00001\text{V}$，则

$$s=\sqrt{\frac{\sum_{i=1}^{10}(x_i-\bar{x})^2}{n-1}}=4.83\times10^{-6}\text{V}$$

交流电压 ACV：10V

标准表 8508A 测量数字多功能源 5520A 输出 10V（$f=1\text{kHz}$）交流电压，测量 10 次，数据见表 4。

表 4　交流电压 10V 点测量的重复性数据

测量次数	1	2	3	4	5	6	7	8	9	10
显示值/V	10.0001	10.0000	10.0001	10.0001	10.0000	10.0000	10.0000	10.0000	10.0001	10.0001

平均值：$\bar{x}=10.000105\text{V}=10.0001\text{V}$，则

$$s=\sqrt{\frac{\sum_{i=1}^{10}(x_i-x)^2}{n-1}}=5.27\times10^{-5}\text{V}$$

4.3　直流电阻（4W）HOM：10kΩ

标准表 8508A 测量数字多功能源输出 10kΩ 直流电阻（4W），测量 10 次，数据见表 5。

表 5　直流电阻 10kΩ 点测量的重复性数据

测量次数	1	2	3	4	5	6	7	8	9	10
显示值/kΩ	9.99994	9.99993	9.99993	9.99994	9.99993	9.99994	9.99993	9.99994	9.99993	9.99994

平均值：$\bar{x}=9.999935\mathrm{k\Omega}\approx9.99994\mathrm{k\Omega}$，则

$$s=\sqrt{\frac{\sum_{i=1}^{10}(x_i-\bar{x})^2}{n-1}}=5.27\times10^{-6}\mathrm{k\Omega}$$

4.4　直流电流 DCI：100mA

标准表 8508A 测量数字多功能源输出 100mA 直流电流，测量 10 次，数据见表 6。

表 6　直流电流 100mA 点测量的重复性数据

测量次数	1	2	3	4	5	6	7	8	9	10
显示值/mA	99.9982	99.9982	99.9982	99.9982	99.9982	99.9982	99.9982	99.9982	99.9982	99.9982

平均值：$\bar{x}=99.9982\mathrm{mA}$，则

$$s=\sqrt{\frac{\sum_{i=1}^{10}(x_i-\bar{x})^2}{n-1}}=0\mathrm{mA}$$

4.5　交流电流 ACI：1A

标准表 8508A 测量数字多功能源输出 1A（$f=1\mathrm{kHz}$）交流电流，测量 10 次，数据见表 7。

表 7　交流电流 1A 点测量的重复性数据

测量次数	1	2	3	4	5	6	7	8	9	10
显示值/A	0.99974	0.99975	0.99975	0.99975	0.99975	0.99973	0.99975	0.99975	0.99975	0.99975

平均值：$\bar{x}=0.999747\mathrm{A}\approx0.99975\mathrm{A}$，则

$$s=\sqrt{\frac{\sum_{i=1}^{10}(x_i-\bar{x})^2}{n-1}}=6.75\times10^{-6}\mathrm{A}$$

测量结果实际中均是测量一次后得到，故 $u_{\mathrm{A}}=s$。

5　各输入量的标准不确定度分量评定

5.1　测量模型

设数字多用表标准值为 B_{n}，被测数字多功能源显示值为 B_{x}，被测源的示值误差可以表示为

$$\Delta=B_{\mathrm{x}}-B_{\mathrm{n}}\tag{1}$$

式中：Δ——被测数字多功能源的示值误差；

B_{x}——被测数字多功能源显示值；

B_{n}——标准表显示的值（由多功能标准源的值修正）。

5.2　A 类标准不确定度 u_{A} 评定

被检源 5520A 校准不同功能值时，其 A 类标准不确定度 u_{A} 的数值见表 8。

表8　A类标准不确定度 u_A

数字多功能源5520A	u_A
直流电压1V	1.25×10^{-7}V
直流电压10V	9.19×10^{-7}V
交流电压1V	4.83×10^{-6}V
交流电压10V	5.27×10^{-5}V
直流电阻10kΩ	5.27×10^{-6}kΩ
直流电流100mA	0mA
交流电流1A	6.75×10^{-6}A

5.3　B类标准不确定度评定

标准表的分辨力远远小于标准表的允差，并且标准表的分辨力在A类标准不确定度中也包含了，故可以忽略不计。其被测数字多功能源输出为标称名义值无分辨力引入的不确定度。

5.3.1　高精度数字多用表准确度在不同测量点上引入的标准不确定度分量 u_{B1}

数字多用表8508A标准直流电压1V时的最大允许误差为(2V量程,90天)±(0.00014%读数+0.00002%量程)，在测量1V时为±(0.00014%×1V+0.00002%×2V)=±2.8μV，按均匀分布，则

$$u_{B1}=2.8/\sqrt{3}=1.62\times10^{-6}\text{V}$$

数字多用表8508A标准直流电压10V时的最大允许误差为(22V量程,90天)±(0.00014%读数+0.00002%量程)，在测量10V时为±(0.00014%×10V+0.00002%×22V)=±2.8×10^{-5}V，按均匀分布，则

$$u_{B1}=2.8\times10^{-5}/\sqrt{3}=1.62\times10^{-5}\text{V}$$

数字多用表8508A标准交流电压1V(f=1kHz)时的最大允许误差为(2V量程,90天)±(0.0070%读数+0.001%量程),在测量1V时为±(0.0070%×1V+0.001%×2V)=±9.0×10^{-5}V，按均匀分布，则

$$u_{B1}=9.0\times10^{-5}/\sqrt{3}=5.20\times10^{-5}\text{V}$$

数字多用表8508A标准交流电压10V(f=1kHz)时的最大允许误差为(20V量程,90天)±(0.0070%读数+0.001%量程),在测量10V时为±(0.0070%×10V+0.001%×20V)=±9.0×10^{-4}V，按均匀分布，则

$$u_{B1}=9.0\times10^{-4}/\sqrt{3}=5.20\times10^{-4}\text{V}$$

数字多用表8508A标准直流电阻10kΩ时的最大允许误差为(22kΩ量程,90天)±(0.00035%读数+0.000025%量程),在测量10kΩ时为±(0.00035%×10kΩ+0.000025%×20kΩ)=±4.0×10^{-5}kΩ，按均匀分布，则

$$u_{B1}=4.0\times10^{-5}/\sqrt{3}=2.31\times10^{-5}\text{k}\Omega$$

数字多用表8508A标准直流电流100mA时的最大允许误差为(200mA量程,90天)±(0.0030%读数+0.0004%量程),在测量100mA时为±(0.0030%×100mA+0.0004%×220mA)=±3.6×10^{-3}mA，按均匀分布，则

$$u_{B1}=3.6\times10^{-3}/\sqrt{3}=2.08\times10^{-3}\text{mA}$$

数字多用表8508A标准交流电流1A(f=1kHz)时的最大允许误差为(2.2A量程,90天)±(0.060%读数+0.010%量程),在测量1A时为±(0.060%×1A+0.010%×2.0A)=±8.0×10^{-4}A，按均匀分布，则

$$u_{B1}=8.0\times10^{-4}/\sqrt{3}=4.62\times10^{-4}A$$

5.3.2　数字多功能标准源年稳定性引入的标准不确定度分量 u_{B2}

DCV 测量值为 1V 时，数字多功能标准源年稳定性引入的不确定度为：$U=0.0011\%\times1V+2\mu V=13\mu V(k=2)$，则

$$u_{B2}=13/2=6.5\mu V$$

DCV 测量值为 10V 时，数字多功能标准源年稳定性引入的不确定度为：$U=0.0012\%\times10V+15\mu V=135\mu V$（$k=2$），则

$$u_{B2}=135/2=67.5\mu V$$

ACV 测量值为 1V 时，数字多功能标准源年稳定性引入的不确定度为：$U=0.012\%\times1V+25\mu V=145\mu V$（$k=2$），则

$$u_{B2}=145/2=72.5\mu V$$

ACV 测量值为 10V 时，数字多功能标准源年稳定性引入的不确定度为：$U=0.012\%\times10V+25\mu V=1225\mu V$（$k=2$），则

$$u_{B2}=1225/2=612.5\mu V$$

DCR 测量值为 10kΩ 时，数字多功能标准源年稳定性引入的不确定度为：$U=0.0028\%\times10k\Omega=280m\Omega$（$k=2$），则

$$u_{B2}=280/2=140m\Omega$$

DCI 测量值为 100mA 时，数字多功能标准源年稳定性引入的不确定度为：$U=0.010\%\times100mA+2\mu A=12\mu A$（$k=2$），则

$$u_{B2}=12/2=12\mu A$$

ACI 测量值为 1A 时，数字多功能标准源年稳定性引入的不确定度为：$U=0.1\%\times1A+200\mu A=1.2mA$（$k=2$），则

$$u_{B2}=1.2/2=0.6mA$$

6　合成标准不确定度计算

按 $u_c=\sqrt{u_A^2+u_{B1}^2+u_{B2}^2}$ 计算合成标准不确定度，结果见表 9。

表 9　合成标准不确定度

不确定度类型		测试点						
		DC 1V	DC 10V	ACV 1V 1kHz	ACV 10V 1kHz	DC 10kΩ	DC 100mA	AC 1A 1kHz
标准不确定度分量	A 类标准不确定度 u_A	1.25×10^{-7}V	9.19×10^{-7}V	4.83×10^{-6}V	5.27×10^{-5}V	5.27×10^{-6}kΩ	0mA	6.75×10^{-6}A
	标准源准确度引入的标准不确定分量 u_{B1}	1.62×10^{-6}V	1.62×10^{-5}V	5.20×10^{-5}V	5.20×10^{-4}V	2.31×10^{-5}kΩ	2.06×10^{-3}mA	4.62×10^{-4}A
	标准源年稳定性引入的标准不确定度分量 u_{B2}	6.5×10^{-6}V	6.75×10^{-5}V	7.25×10^{-5}V	6.125×10^{-4}V	1.4×10^{-4}kΩ	6.00×10^{-6}mA	6.00×10^{-4}A
合成标准不确定度 u_c		6.70×10^{-6}V	6.94×10^{-5}V	8.94×10^{-5}V	8.05×10^{-4}V	1.42×10^{-4}kΩ	2.06×10^{-3}mA	7.57×10^{-4}A

7 扩展不确定度评定

用数字多用表标准装置校准5520A数字多功能源，其扩展不确定度见表10。

表10 扩展不确定度

不确定度类型	测试点						
	DC 1V	DC 10V	ACV 1V 1kHz	ACV 10V 1kHz	DC 10kΩ	DC 100mA	AC 1A 1kHz
扩展不确定度 U ($k=2$)	1.4×10^{-5}V	1.4×10^{-4}V	1.8×10^{-4}V	1.6×10^{-3}V	2.8×10^{-4}kΩ	4.1×10^{-3}mA	1.5×10^{-3}A
相对扩展不确定度 U_{rel} ($k=2$)	1.4×10^{-5}	1.4×10^{-5}	1.8×10^{-4}	1.6×10^{-4}	2.8×10^{-5}	4.1×10^{-5}	1.5×10^{-3}

十、检定或校准结果的验证

检定或校准结果的验证采用传递比较法。

在上级计量单位对同一台 5520A 数字多功能源的检测数据中选择 7 点进行验证，和本单位测量数据比较，两者之差不应超过标准装置的扩展不确定度。数据见下表（忽略上级标准的测量不确定度）。

测量结果	测试点						
	DC 1V	DC 10V	ACV 1V 1kHz	ACV 10V 1kHz	DC 10kΩ	DC 100mA	AC 1A 1kHz
本装置检定或校准结果 y_{lab}	1.000002V	10.00002V	1.00004V	10.0003V	10.00005kΩ	100.0012mA	1.00002A
上级计量部门检定或校准结果 y_{ref}	1.000006V	10.00000V	1.00012V	10.0004V	10.00017kΩ	100.0002mA	1.00014A
$\|y_{lab}-y_{ref}\|$	4×10^{-6}V	2×10^{-5}V	8×10^{-5}V	1×10^{-4}V	1.2×10^{-4}kΩ	1×10^{-3}mA	1.2×10^{-4}A
扩展不确定度 U ($k=2$)	1.4×10^{-5}V	1.4×10^{-4}V	1.8×10^{-4}V	1.6×10^{-3}V	2.8×10^{-4}kΩ	4.1×10^{-3}mA	1.5×10^{-3}A

测量结果满足 $|y_{lab}-y_{ref}|\leqslant U$（忽略上级标准的测量不确定度），故本装置通过验证，符合要求。

十一、结论
经过分析与实验验证，本装置符合 JJF 1284—2011《交直流电表校验仪校准规范》、JJF 1638—2017《多功能标准源校准规范》和 JJF 1033—2016《计量标准考核规范》的要求，可开展测量范围为：DCV：±(10mV ~ 1000V)、DCI：±(10μA ~ 100A)、DCR：1Ω ~ 1GΩ、ACV：10mV ~ 1000V(10Hz ~ 1MHz)、ACI：0.1mA ~ 100A(10Hz ~ 5kHz) 的交直流电表校验仪和多功能标准源的检定或校准工作。

十二、附加说明

示例 3.4　数字式交流电参数测量仪校准装置

计量标准考核（复查）申请书

［　　］　量标　　　证字第　　　号

计量标准名称　数字式交流电参数测量仪校准装置

计量标准代码　**13319000**

建标单位名称＿＿＿＿＿＿＿＿

组织机构代码＿＿＿＿＿＿＿＿

单　位　地　址＿＿＿＿＿＿＿＿

邮　政　编　码＿＿＿＿＿＿＿＿

计量标准负责人及电话＿＿＿＿＿＿＿＿

计量标准管理部门联系人及电话＿＿＿＿＿＿＿＿

年　　月　　日

说　　明

1. 申请新建计量标准考核，建标单位应当提供以下资料：

1）《计量标准考核（复查）申请书》原件一式两份和电子版一份；

2）《计量标准技术报告》原件一份；

3）计量标准器及主要配套设备有效的检定或校准证书复印件一套；

4）开展检定或校准项目的原始记录及相应的模拟检定或校准证书复印件两套；

5）检定或校准人员能力证明复印件一套；

6）可以证明计量标准具有相应测量能力的其他技术资料（如果适用）复印件一套。

2. 申请计量标准复查考核，建标单位应当提供以下资料：

1）《计量标准考核（复查）申请书》原件一式两份和电子版一份；

2）《计量标准考核证书》原件一份；

3）《计量标准技术报告》原件一份；

4）《计量标准考核证书》有效期内计量标准器及主要配套设备连续、有效的检定或校准证书复印件一套；

5）随机抽取该计量标准近期开展检定或校准工作的原始记录及相应的检定或校准证书复印件两套；

6）《计量标准考核证书》有效期内连续的《检定或校准结果的重复性试验记录》复印件一套；

7）《计量标准考核证书》有效期内连续的《计量标准的稳定性考核记录》复印件一套；

8）检定或校准人员能力证明复印件一套；

9）计量标准更换申报表（如果适用）复印件一份；

10）计量标准封存（或撤销）申报表（如果适用）复印件一份；

11）可以证明计量标准具有相应测量能力的其他技术资料（如果适用）复印件一套。

3.《计量标准考核（复查）申请书》采用计算机打印，并使用 A4 纸。

注：新建计量标准申请考核时不必填写“计量标准考核证书号”。

<table>
<tr><td colspan="2">计量标准
名　　称</td><td colspan="3">数字式交流电参数测量仪校准装置</td><td colspan="2">计量标准
考核证书号</td><td colspan="2"></td></tr>
<tr><td colspan="2">保存地点</td><td colspan="3"></td><td colspan="2">计量标准
原值（万元）</td><td colspan="2"></td></tr>
<tr><td colspan="2">计量标准
类　　别</td><td colspan="2">☑　社会公用
☑　计量授权</td><td colspan="2">☐　部门最高
☐　计量授权</td><td colspan="3">☐　企事业最高
☐　计量授权</td></tr>
<tr><td colspan="2">测量范围</td><td colspan="7">ACV：3×(1～600)V
ACI：(0.01～90)A 或 3×(0.01～30)A
ACP：(0.01～54)kW 或 3×(0.01～18)kW
f:40Hz～1kHz
φ:0°～360°</td></tr>
<tr><td colspan="2">不确定度或
准确度等级或
最大允许误差</td><td colspan="7">ACV：±0.022%
ACI：±0.028%
ACP：±0.05%
f：±0.005%
φ：±0.01°</td></tr>
<tr><td rowspan="2">计
量
标
准
器</td><td>名　称</td><td>型　号</td><td>测量范围</td><td>不确定度
或准确度等级
或最大允许误差</td><td>制造厂及
出厂编号</td><td>检定周
期或复
校间隔</td><td>末次检
定或校
准日期</td><td>检定或校
准机构及
证书号</td></tr>
<tr><td>三相电能功
率校准器</td><td></td><td>ACV：
3×(1～600)V
ACI：
(0.01～90)A
或 3×(0.01～
30)A
ACP：
(0.01～54)kW
或 3×(0.01～
18)kW
f:40Hz～1kHz
φ:0°～360°</td><td>ACV：
±0.022%
ACI：±0.028%
ACP：±0.05%
f：±0.005%
φ：±0.01°</td><td></td><td>1 年</td><td></td><td></td></tr>
<tr><td>主
要
配
套
设
备</td><td></td><td></td><td></td><td></td><td></td><td></td><td></td><td></td></tr>
</table>

环境条件及设施	序号	项　目	要　　求	实 际 情 况	结论
	1	温　度	(20 ±5)℃	(20 ±2)℃	合格
	2	湿　度	55% RH ±20% RH	55% RH ±10% RH	合格
	3				
	4				
	5				
	6				
	7				
	8				

检定或校准人员	姓　名	性别	年龄	从事本项目年限	学　历	能力证明名称及编号	核准的检定或校准项目

	序号	名称	是否具备	备注
文件集登记	1	计量标准考核证书（如果适用）	否	新建
	2	社会公用计量标准证书（如果适用）	否	新建
	3	计量标准考核（复查）申请书	是	
	4	计量标准技术报告	是	
	5	检定或校准结果的重复性试验记录	是	
	6	计量标准的稳定性考核记录	是	
	7	计量标准更换申请表（如果适用）	否	新建
	8	计量标准封存（或撤销）申报表（如果适用）	否	新建
	9	计量标准履历书	是	
	10	国家计量检定系统表（如果适用）	否	
	11	计量检定规程或计量技术规范	是	
	12	计量标准操作程序	是	
	13	计量标准器及主要配套设备使用说明书（如果适用）	是	
	14	计量标准器及主要配套设备的检定或校准证书	是	
	15	检定或校准人员能力证明	是	
	16	实验室的相关管理制度		
	16.1	实验室岗位管理制度	是	
	16.2	计量标准使用维护管理制度	是	
	16.3	量值溯源管理制度	是	
	16.4	环境条件及设施管理制度	是	
	16.5	计量检定规程或计量技术规范管理制度	是	
	16.6	原始记录及证书管理制度	是	
	16.7	事故报告管理制度	是	
	16.8	计量标准文件集管理制度	是	
	17	开展检定或校准工作的原始记录及相应的检定或校准证书副本	是	
	18	可以证明计量标准具有相应测量能力的其他技术资料（如果适用）		
	18.1	检定或校准结果的不确定度评定报告	是	
	18.2	计量比对报告	否	新建
	18.3	研制或改造计量标准的技术鉴定或验收资料	否	非自制

<table>
<tr><td rowspan="2">开展的检定或校准项目</td><td>名　称</td><td>测量范围</td><td>不确定度或准确度等级或最大允许误差</td><td>所依据的计量检定规程或计量技术规范的编号及名称</td></tr>
<tr><td>数字式交流电参数测量仪（含单相或三相三线、三相四线）</td><td>ACV：
3×(1～600)V
ACI：
(0.01～90)A 或
3×(0.01～30)A
ACP：
(0.01～54)kW
或
3×(0.01～18)kW
f:40Hz～1kHz
φ:0°～360°</td><td>ACV：±0.08%
ACI：±0.12%
ACP：±0.2%
f：±0.05%
φ：±0.03°</td><td>JJF 1491—2014《数字式交流电参数测量仪校准规范》</td></tr>
<tr><td colspan="2">建标单位意见</td><td colspan="3">负责人签字：　（公章）
年　月　日</td></tr>
<tr><td colspan="2">建标单位主管部门意见</td><td colspan="3">（公章）
年　月　日</td></tr>
<tr><td colspan="2">主持考核的人民政府计量行政部门意见</td><td colspan="3">（公章）
年　月　日</td></tr>
<tr><td colspan="2">组织考核的人民政府计量行政部门意见</td><td colspan="3">（公章）
年　月　日</td></tr>
</table>

计量标准技术报告

计量标准名称　数字式交流电参数测量仪校准装置

计量标准负责人＿＿＿＿＿＿＿＿

建标单位名称＿＿＿＿＿＿＿＿

填　写　日　期＿＿＿＿＿＿＿＿

目　录

一、建立计量标准的目的

数字式交流电参数测量仪校准装置是校准交流电参量测量仪的装置。数字式交流电参量测量仪是用来测量电压、电流、相位（功率因数）、频率等电信号的仪器。广泛用于电器产品的质量控制、用电系统的在线监测、电参量指标的测量等。其量值的准确与否关系重大。为了保证量值传递准确可靠，更好地服务于社会，建立此项计量标准。

二、计量标准的工作原理及其组成

1. 交流电压校准原理

按照图1进行连线，使用标准源法。标准源输出标准电压值 U_n，被校测量仪电压显示值为 U_x，则被校测量仪电压的示值误差Δ为

$$\Delta = U_x - U_n$$

式中：Δ——被校测量仪交流电压示值误差，V；

U_x——被校测量仪交流电压显示值，V；

U_n——交流电压标准值，V。

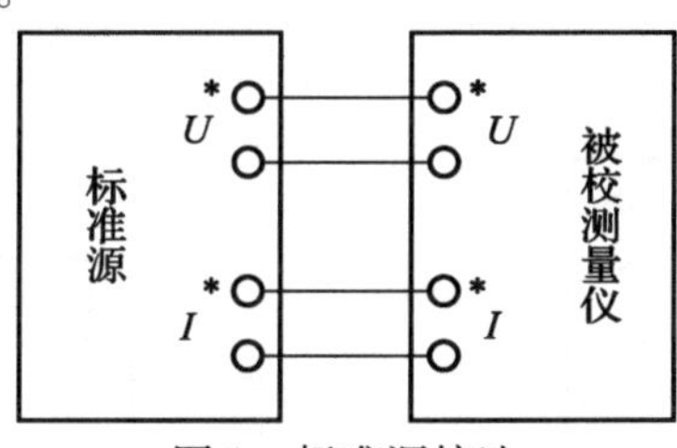

图1　标准源接法

2. 交流电流校准原理

按照图1进行连线，使用标准源法。标准源输出标准电流值 I_n，被校测量仪电流显示值为 I_x，则被校测量仪电流的示值误差Δ为

$$\Delta = I_x - I_n$$

式中：Δ——被校测量仪交流电压示值误差，A；

I_x——被校测量仪交流电压显示值，A；

I_n——交流电压标准值，A。

3. 频率校准原理

与交流电压/电流校准原理类似，分为电压频率和电流频率校准。

4. 交流功率校准原理

（1）单相功率：按照图1进行连线，使用标准源法。调节标准源的输出电压至额定值 U_n，设置功率因数 $\cos\varphi$，调节标准源的输出电流 I_n，使输出功率至校准点 P_n，被校测量仪的功率显示值为 P_x，则被校测量仪功率的示值误差Δ为

$$\Delta = P_x - P_n$$

式中：Δ——被校测量仪交流功率示值误差，W；

P_x——被校测量仪交流功率显示值，W；

P_n——交流功率标准值，W。

（2）三相功率：按照图2（三相四线功率）或图3（三相三线功率）进行连线，使用标准源法。调节标准源的输出电压至额定值 U_n，设置功率因数 $\cos\varphi$，调节标准源的输出电流 I_n，使输出功率至校准点 P_n，被校测量仪的功率显示值为 P_x，则被校测量仪功率的示值误差 Δ 为

$$\Delta = P_x - P_n$$

式中：Δ——被校测量仪交流功率示值误差，W；

P_x——被校测量仪交流功率显示值，W；

P_n——交流功率标准值，W。

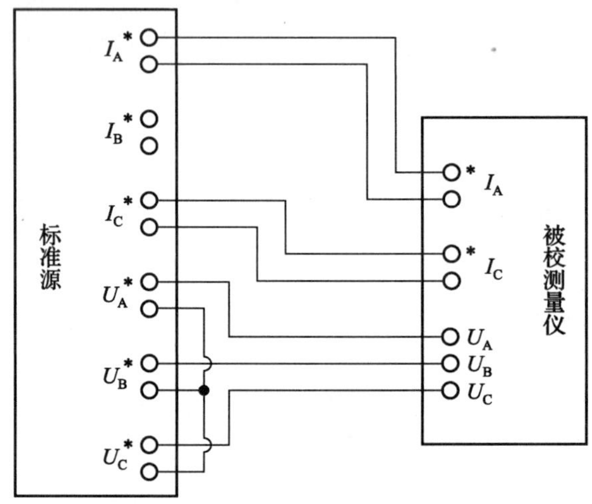

图2　三相四线功率标准源法连线图

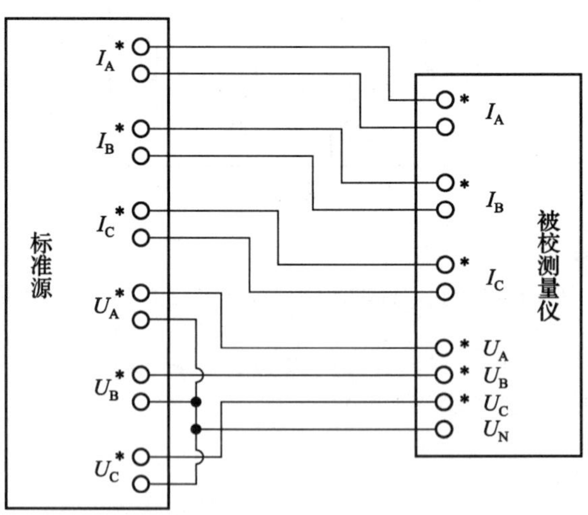

图3　三相三线功率标准源法接线图

5. 相位（或功率因数）校准原理

与交流功率校准原理类似，分为单相和三相相位（或功率因数）校准。

<table>
<tr><td colspan="8">三、计量标准器及主要配套设备</td></tr>
<tr><td></td><td>名　称</td><td>型　号</td><td>测量范围</td><td>不确定度
或准确度等级
或最大允许误差</td><td>制造厂及
出厂编号</td><td>检定周
期或复
校间隔</td><td>检定或
校准机构</td></tr>
<tr><td>计量标准器</td><td>三相电能功率校准器</td><td></td><td>ACV：
3×(1～600)V
ACI：
(0.01～90)A 或
3×(0.01～30)A
ACP：
(0.01～54)kW
或
3×(0.01～18)kW
f:40Hz～1kHz
φ:0°～360°</td><td>ACV：±0.022%
ACI：±0.028%
ACP：±0.05%
f：±0.005%
φ：±0.01°</td><td></td><td>1 年</td><td></td></tr>
<tr><td rowspan="7">主要配套设备</td><td></td><td></td><td></td><td></td><td></td><td></td><td></td></tr>
<tr><td></td><td></td><td></td><td></td><td></td><td></td><td></td></tr>
<tr><td></td><td></td><td></td><td></td><td></td><td></td><td></td></tr>
<tr><td></td><td></td><td></td><td></td><td></td><td></td><td></td></tr>
<tr><td></td><td></td><td></td><td></td><td></td><td></td><td></td></tr>
<tr><td></td><td></td><td></td><td></td><td></td><td></td><td></td></tr>
<tr><td></td><td></td><td></td><td></td><td></td><td></td><td></td></tr>
</table>

四、计量标准的主要技术指标

测量范围：

ACV：3×(1～600)V

ACI：(0.01～90)A 或 3×(0.01～30)A

ACP：(0.01～54)kW 或 3×(0.01～18)kW

f：40Hz～1kHz

φ：0°～360°

最大允许误差：

ACV：±0.022%

ACI：±0.028%

ACP：±0.05%

f：±0.005%

φ：±0.01°

五、环境条件

序号	项　目	要　　求	实际情况	结　　论
1	温　度	(20±5)℃	(20±2)℃	合格
2	湿　度	55% RH±20% RH	55% RH±10% RH	合格
3				
4				
5				
6				

六、计量标准的量值溯源和传递框图

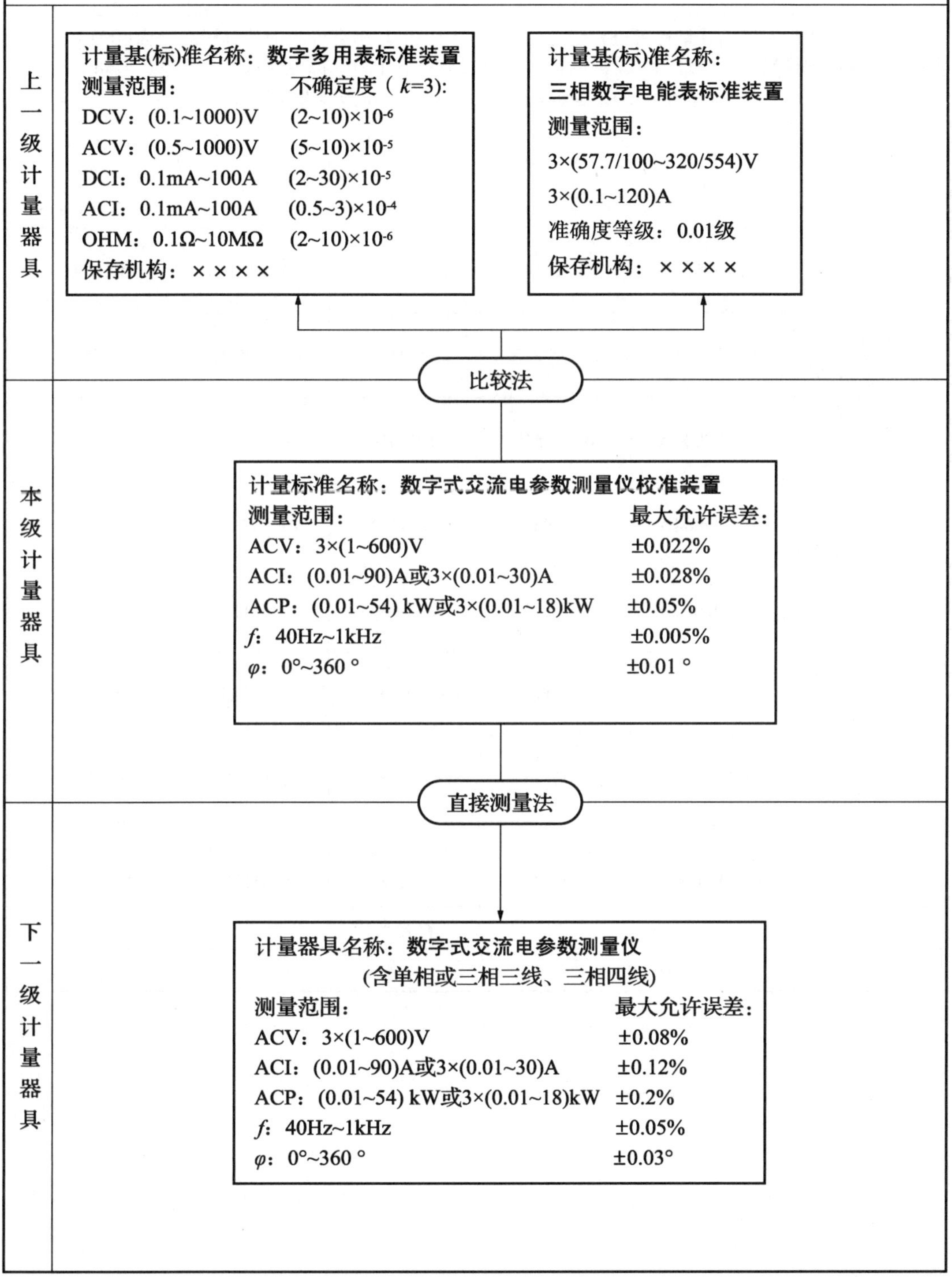

上一级计量器具

计量基(标)准名称：数字多用表标准装置
测量范围：　不确定度（k=3）：
DCV：(0.1~1000)V　$(2\sim10)\times10^{-6}$
ACV：(0.5~1000)V　$(5\sim10)\times10^{-5}$
DCI：0.1mA~100A　$(2\sim30)\times10^{-5}$
ACI：0.1mA~100A　$(0.5\sim3)\times10^{-4}$
OHM：0.1Ω~10MΩ　$(2\sim10)\times10^{-6}$
保存机构：××××

计量基(标)准名称：
三相数字电能表标准装置
测量范围：
3×(57.7/100~320/554)V
3×(0.1~120)A
准确度等级：0.01级
保存机构：××××

↑ 比较法

本级计量器具

计量标准名称：数字式交流电参数测量仪校准装置

测量范围：	最大允许误差：
ACV：3×(1~600)V	±0.022%
ACI：(0.01~90)A或3×(0.01~30)A	±0.028%
ACP：(0.01~54) kW或3×(0.01~18)kW	±0.05%
f：40Hz~1kHz	±0.005%
φ：0°~360°	±0.01°

↓ 直接测量法

下一级计量器具

计量器具名称：数字式交流电参数测量仪
(含单相或三相三线、三相四线)

测量范围：	最大允许误差：
ACV：3×(1~600)V	±0.08%
ACI：(0.01~90)A或3×(0.01~30)A	±0.12%
ACP：(0.01~54) kW或3×(0.01~18)kW	±0.2%
f：40Hz~1kHz	±0.05%
φ：0°~360°	±0.03°

七、计量标准的稳定性考核

本装置采用高等级的计量标准进行稳定性考核。约一个月用高等级的计量标准测量 6003A 三相电能功率校准器的输出值，测量结果之间的最大差值的绝对值作为其稳定性数据。考核数据如下。

数字式交流电参数测量仪校准装置的稳定性考核记录

测量结果	ACI 1A 50Hz	ACV 220V 50Hz	ACP 220V 3A 50Hz 功率因数 1.0	频率 f 50Hz	相位 φ 60°（功率因数 0.5L）
2017 年 4 月 测量 10 次平均值	0.999636A	219.9916V	659.948W	49.9953Hz	59.986°
2017 年 5 月 测量 10 次平均值	0.999643A	219.9922V	659.943W	49.9957Hz	59.992°
变化量 $\lvert \bar{y}_i - \bar{y}_{i-1} \rvert$	0.000007A	0.0006V	0.005W	0.0004Hz	0.006°
2017 年 6 月 测量 10 次平均值	0.999664A	219.9943V	659.973W	49.9959Hz	59.995°
变化量 $\lvert \bar{y}_i - \bar{y}_{i-1} \rvert$	0.000021A	0.0021V	0.030W	0.0002Hz	0.003°
2017 年 7 月 测量 10 次平均值	0.999639A	219.9932	659.985W	49.9958Hz	59.998°
变化量 $\lvert \bar{y}_i - \bar{y}_{i-1} \rvert$	0.000025A	0.0011V	0.012W	0.0001Hz	0.003°
允许变化量	0.028% 或 0.00028A	0.022% 或 0.0484V	0.05% 或 0.33W	0.005% 或 0.0025Hz	0.01°
结　论	符合要求				
考核人员	×××				

八、检定或校准结果的重复性试验

在重复性测量条件下，用6003A三相电能功率校准器作标准器。对数字式交流电参数测量仪分别进行交流电压、交流电流、交流功率、频率和功率因数的重复性试验。试验数据如下。

1. 交流电流测量重复性

试验时间	2017年7月12日		
被测对象	名　称	型　号	编　号
	数字式交流电参数测量仪	WT210	C2RA29032V
测量条件	20.5℃；51% RH		
测量次数	测得值/V		
1	219.990		
2	219.992		
3	219.991		
4	219.995		
5	219.990		
6	219.994		
7	219.988		
8	219.991		
9	219.992		
10	219.993		
$\bar{y}$	219.9916		
$s(y_i)=\sqrt{\frac{\sum_{i=1}^{n}(y_i-\bar{y})^2}{n-1}}$	0.0021		
结　论	符合要求		
试验人员	×××		

2. 交流电流测量重复性

试验时间	2017年7月12日		
被测对象	名　称	型　号	编　号
	数字式交流电参数测量仪	WT210	C2RA29032V
测量条件	20.5℃；51% RH		

测量次数	测得值/A
1	0.99974
2	0.99970
3	0.99977
4	0.99975
5	0.99966
6	0.99978
7	0.99965
8	0.99966
9	0.99967
10	0.99988
$\bar{y}$	0.999726
$s(y_i)=\sqrt{\frac{\sum_{i=1}^{n}(y_i-\bar{y})^2}{n-1}}$	0.00008
结　　论	符合要求
试验人员	×××

3. 交流功率测量重复性

试验时间	2017 年 7 月 12 日		
被测对象	名　　称	型　　号	编　　号
	数字式交流电参数测量仪	WT210	C2RA29032V
测量条件	20.5℃；51% RH		
测量次数	测得值/W		
1	659.934		
2	659.954		
3	659.958		
4	659.958		
5	659.952		
6	659.921		
7	659.962		
8	659.949		
9	659.951		
10	659.957		

$\bar{y}$	659.9496
$s(y_i)=\sqrt{\dfrac{\sum_{i=1}^{n}(y_i-\bar{y})^2}{n-1}}$	0.013
结　　论	符合要求
试验人员	×××

4. 频率测量重复性

试验时间	2017 年 7 月 12 日		
被测对象	名　　称	型　　号	编　　号
	数字式交流电参数测量仪	WT210	C2RA29032V
测量条件	20.5℃；51% RH		
测量次数	测得值/Hz		
1	49.996		
2	49.995		
3	49.996		
4	49.994		
5	49.996		
6	49.995		
7	49.996		
8	49.994		
9	49.996		
10	49.995		
$\bar{y}$	49.9953		
$s(y_i)=\sqrt{\dfrac{\sum_{i=1}^{n}(y_i-\bar{y})^2}{n-1}}$	0.00082		
结　　论	符合要求		
试验人员	×××		

5. 相位测量重复性

试 验 时 间	2017 年 7 月 12 日		
被 测 对 象	名　　称	型　　号	编　　号
	数字式交流电参数测量仪	WT210	C2RA29032V
测量条件	20.5℃；51% RH		
测量次数	测得值/（°）		
1	59.96		
2	59.96		
3	59.95		
4	59.96		
5	59.95		
6	59.96		
7	59.95		
8	59.96		
9	59.97		
10	59.96		
$\bar{y}$	59.958		
$s(y_i)=\sqrt{\frac{\sum_{i=1}^{n}(y_i-\bar{y})^2}{n-1}}$	0.0063		
结　　论	符合要求		
试验人员	×××		

九、检定或校准结果的不确定度评定

1　交流电压测量结果的不确定度评定

1.1　概述

1.1.1　测量方法：采用直接测量法，即将被校数字式交流电参数测量仪的检定装置连接在测试仪的输出端，由6003A三相电能功率校准器输出标准值。以确定被校数字式交流电参数测量仪的示值误差。

1.1.2　测量的环境条件：温度(20±2)℃；湿度55% RH±10% RH。

1.1.3　主要标准设备：6003A三相电能功率校准器。

1.2　测量模型

$$\Delta = U_x - U_n \tag{1}$$

式中：Δ——被校测量仪交流电压示值误差，V；

U_x——被校测量仪交流电压显示值，V；

U_n——交流电压标准值，V。

1.3　各输入量的标准不确定度分量评定

1.3.1　A类标准不确定度评定

在相同条件下，选取被校数字式交流电参数测量仪的测量点为220V（50IIz），每次测量开始都重新输出电压，重复测量10次，数据见表1。

表1　交流电压重复测量10次的数据

测量次数	1	2	3	4	5	6	7	8	9	10
x_i/V	220.044	220.042	220.044	220.040	220.037	220.042	220.043	220.044	220.037	220.045

平均值为

$$\bar{x} = \frac{\sum_{i=1}^{n} x_i}{n} = 220.0418\text{V}$$

则

$$s = \sqrt{\frac{\sum_{i=1}^{n}(x_i - \bar{x})^2}{n-1}} = 0.0029\text{V}$$

由于实际校准中只需要测量1次，故

$$u_A = s = 0.0029\text{V}$$

1.3.2　B类标准不确定度评定

（1）三相电能功率校准器不确定度引入的标准不确定度分量u_{B1}

根据6003A的说明书中的技术指标，6003A在220V（50Hz）输出的准确度指标为0.0544V，包含因子$k=2.58$，则

$$u_{B1} = 0.0544/2.58 = 0.021\text{V}$$

（2）被校数字式交流电参数测量仪量程分辨力引入的标准不确定度分量u_{B2}

被校数字式交流电参数测量仪分辨力为0.001V，按均匀分布，包含因子$k=\sqrt{3}$，则

$$u_{B2} = 0.001/2\sqrt{3} = 0.00029\text{V}$$

由于A类由重复性引入的不确定度已经体现了由分辨力带来的影响，且A类由重复性引入的不确定度远远大于由分辨力引入的不确定度分量，所以由分辨力产生的不确定度估算u_{B2}可以忽略不计。

1.4　各标准不确定度分量汇总（见表 2）

表 2　各标准不确定度分量汇总

符号	不确定度来源	类型	标准不确定度值/V	灵敏系数 c_i
u_A	测量重复性	A	0.0029	—
u_{B1}	检定装置误差	B	0.021	-1
u_{B2}	检定装置分辨力误差（忽略不计）	B	0.00029	-1

1.5　合成标准不确定度计算

各影响量彼此独立不相关，则合成标准不确定度为

$$u_c = \sqrt{\sum_{i=1}^{2} c_i^2 u_i^2} = 0.022\text{V}$$

1.6　扩展不确定度评定

取包含因子 $k=2$，则扩展不确定度为

$$U = k \cdot u_c = 2 \times 0.022 = 0.044\text{V}$$

相对扩展不确定度为

$$U_{rel} = 0.02\% \quad (k=2)$$

2　交流电流测量结果的不确定度评定

2.1　概述

2.1.1　测量方法：采用直接测量法，即将被校数字式交流电参数测量仪的检定装置连接在测试仪的输出端，由 6003A 三相电能功率校准器输出标准值。以确定被校数字式交流电参数测量仪的示值误差。

2.1.2　测量的环境条件：温度(20±2)℃；湿度 55% RH±10% RH。

2.1.3　主要标准设备：6003A 三相电能功率校准器。

2.2　测量模型

$$\Delta = I_x - I_n \tag{2}$$

式中：Δ——被校测量仪交流电流示值误差，A；

I_x——被校测量仪交流电流显示值，A；

I_n——交流电流标准值，A。

2.3　各输入量的标准不确定度分量评定

2.3.1　A 类标准不确定度评定

在相同条件下，选取被校数字式交流电参数测量仪的测量点为 1A(50Hz)，每次测量开始都重新输出电流，重复测量 10 次，数据见表 3。

表 3　交流电流重复测量 10 次的数据

测量次数	1	2	3	4	5	6	7	8	9	10
x_i/A	0.99978	0.99950	0.99965	0.99956	0.99940	0.99937	0.99972	0.99957	0.99966	0.99964

平均值为

$$\bar{x} = \frac{\sum_{i=1}^{n} x_i}{n} = 0.999585\text{A}$$

则

$$s = \sqrt{\frac{\sum_{i=1}^{n}(x_i - \bar{x})^2}{n-1}} = 0.00013\text{A}$$

由于实际校准中只需要测量 1 次，故

$$u_A = s = 0.00013\text{A}$$

2.3.2　B 类标准不确定度评定

（1）三相电能功率校准器不确定度引入的标准不确定度分量 u_{B1}

根据 6003A 的说明书中的技术指标，6003A 在 1A(50Hz) 输出的准确度指标为 0.000275A，包含因子 $k=2.58$，则

$$u_{B1} = 0.000275/2.58 = 0.00011\text{A}$$

（2）被校数字式交流电参数测量仪量程分辨力引入的标准不确定度分量 u_{B2}

被校数字式交流电参数测量仪分辨力为 0.00001A，按均匀分布，包含因子 $k=\sqrt{3}$，则

$$u_{B2} = 0.00001/2\sqrt{3} = 0.0000029\text{A}$$

由于 A 类由重复性引入的不确定度已经体现了由分辨力带来的影响，且 A 类由重复性引入的不确定度远远大于由分辨力引入的不确定度分量，所以由分辨力产生的不确定度估算 u_{B2} 可以忽略不计。

2.4　各标准不确定度分量汇总（见表 4）

表 4　各标准不确定度分量汇总

符号	不确定度来源	类型	标准不确定度值/A	灵敏系数 c_i
u_A	测量重复性	A	0.00013	—
u_{B1}	检定装置误差	B	0.00011	-1
u_{B2}	检定装置分辨力误差（忽略不计）	B	0.0000029	-1

2.5　合成标准不确定度计算

各影响量彼此独立不相关，则合成标准不确定度为

$$u_c = \sqrt{\sum_{i=1}^{2} c_i^2 u_i^2} = 0.00017\text{A}$$

2.6　扩展不确定度评定

取包含因子 $k=2$，则扩展不确定度为

$$U = k \cdot u_c = 2 \times 0.00017 = 0.00034\text{A}$$

相对扩展不确定度为

$$U_{rel} = 0.034\% \quad (k=2)$$

3　交流有功功率测量结果的不确定度评定

3.1　概述

3.1.1　测量方法：采用直接测量法，即将被校数字式交流电参数测量仪的检定装置连接在测试仪的输出端，由 6003A 三相电能功率校准器输出标准值。以确定被校数字式交流电参数测量仪的示值误差。

3.1.2　测量的环境条件：温度(20±2)℃；湿度 55% RH±10% RH。

3.1.3　主要标准设备：6003A 三相电能功率校准器。

3.2　测量模型

$$\Delta = P_x - P_n \tag{3}$$

式中：Δ——被校测量仪交流功率示值误差，W；

P_x——被校测量仪交流功率显示值，W；

P_n——交流功率标准值，W。

3.3　各输入量的标准不确定度分量评定

3.3.1　A 类标准不确定度评定

在相同条件下，选取被校数字式交流电参数测量仪的测量点为 220V3A（50Hz，$\cos\varphi = 1.0$），每次测量开始都重新输出功率，重复测量 10 次，数据见表 5。

表 5　交流功率重复测量 10 次的数据

测量次数	1	2	3	4	5	6	7	8	9	10
x_i/W	660.012	660.072	660.056	660.014	660.018	660.015	660.018	660.032	660.016	660.010

平均值为

$$\bar{x} = \frac{\sum_{i=1}^{n} x_i}{n} = 660.0263\text{W}$$

则

$$s = \sqrt{\frac{\sum_{i=1}^{n}(x_i - \bar{x})^2}{n-1}} = 0.021\text{W}$$

由于实际校准中只需要测量 1 次，故

$$u_A = s = 0.021\text{W}$$

3.3.2　B 类标准不确定度评定

（1）三相电能功率校准器不确定度引入的标准不确定度分量 u_{B1}

根据 6003A 的说明书中的技术指标，6003A 在 220V3A（50Hz，$\cos\varphi = 1.0$）输出的准确度指标为 0.0814W，包含因子 $k = 2.58$，则

$$u_{B1} = 0.0814/2.58 = 0.032\text{W}$$

（2）被校数字式交流电参数测量仪量程分辨力引入的标准不确定度分量 u_{B2}

被校数字式交流电参数测量仪分辨力为 0.001W，按均匀分布，包含因子 $k = \sqrt{3}$，则

$$u_{B2} = 0.001/2\sqrt{3} = 0.00029\text{W}$$

由于 A 类由重复性引入的不确定度已经体现了由分辨力带来的影响，且 A 类由重复性引入的不确定度远远大于由分辨力引入的不确定度分量，所以由分辨力产生的不确定度估算 u_{B2} 可以忽略不计。

3.4　各标准不确定度分量汇总（见表 6）

表 6　各标准不确定度分量汇总

符号	不确定度来源	类型	标准不确定度值/W	灵敏系数 c_i
u_A	测量重复性	A	0.021	—
u_{B1}	检定装置误差	B	0.032	−1
u_{B2}	检定装置分辨力误差（忽略不计）	B	0.00029	−1

3.5　合成标准不确定度计算

各影响量彼此独立不相关，则合成标准不确定度为

$$u_c = \sqrt{\sum_{i=1}^{2} c_i^2 u_i^2} = 0.039\text{W}$$

3.6　扩展不确定度评定

取包含因子 $k=2$，则扩展不确定度为

$$U = k \cdot u_c = 2 \times 0.039 = 0.078\text{W}$$

相对扩展不确定度为

$$U_{rel} = 0.012\% \quad (k=2)$$

4　频率测量结果的不确定度评定

4.1　概述

4.1.1　测量方法：采用直接测量法，即将被校数字式交流电参数测量仪的检定装置连接在测试仪的输出端，由6003A三相电能功率校准器输出标准值。以确定被校数字式交流电参数测量仪的示值误差。

4.1.2　测量的环境条件：温度(20±2)℃；湿度55% RH±10% RH。

4.1.3　主要标准设备：6003A三相电能功率校准器。

4.2　测量模型

$$\Delta = f_x - f_n \tag{4}$$

式中：Δ——被校测量仪交流电压上频率示值误差，Hz；

f_x——被校测量仪交流电压上频率显示值，Hz；

f_n——交流电压上频率标准值，Hz。

4.3　各输入量的标准不确定度分量评定

4.3.1　A类标准不确定度评定

在相同条件下，选取被校数字式交流电参数测量仪的测量点为220V(50Hz)，每次测量开始都重新输出频率，重复测量10次，数据见表7。

表7　频率重复测量10次的数据

测量次数	1	2	3	4	5	6	7	8	9	10
x_i/Hz	49.992	49.993	49.991	49.990	49.992	49.995	49.992	49.990	49.996	49.990

平均值为

$$\bar{x} = \frac{\sum_{i=1}^{n} x_i}{n} = 49.9921\text{Hz}$$

则

$$s = \sqrt{\frac{\sum_{i=1}^{n}(x_i - \bar{x})^2}{n-1}} = 0.0021\text{Hz}$$

由于实际校准中只需要测量1次，故

$$u_A = s = 0.0021\text{Hz}$$

4.3.2　B类标准不确定度评定

(1) 三相电能功率校准器不确定度引入的标准不确定度分量 u_{B1}

根据6003A的说明书中的技术指标，6003A在220V(50Hz)频率输出的最大允许误差为±0.0025Hz，按正态分布，包含因子 $k=\sqrt{3}$，则

$$u_{B1} = 0.0025/\sqrt{3} = 0.0015\text{Hz}$$

（2）被校数字式交流电参数测量仪量程分辨力引入的标准不确定度分量 u_{B2}

被校数字式交流电参数测量仪分辨力为 0.001Hz，按均匀分布，包含因子 $k=\sqrt{3}$，则

$$u_{B2}=0.001/2\sqrt{3}=0.00029\text{Hz}$$

由于 A 类由重复性引入的不确定度已经体现了由分辨力带来的影响，且 A 类由重复性引入的不确定度远远大于由分辨力引入的不确定度分量，所以由分辨力产生的不确定度估算 u_{B2} 可以忽略不计。

4.4　各标准不确定度分量汇总（见表 8）

表 8　各标准不确定度分量汇总

符号	不确定度来源	类型	标准不确定度值/Hz	灵敏系数 c_i
u_A	测量重复性	A	0.0021	—
u_{B1}	检定装置误差	B	0.0015	-1
u_{B2}	检定装置分辨力误差（忽略不计）	B	0.00029	-1

4.5　合成标准不确定度计算

各影响量彼此独立不相关，则合成标准不确定度为

$$u_c=\sqrt{\sum_{i=1}^{2}c_i^2u_i^2}=0.0026\text{Hz}$$

4.6　扩展不确定度评定

取包含因子 $k=2$，则扩展不确定度为

$$U=k\cdot u_c=2\times0.0026=0.0052\text{Hz}$$

相对扩展不确定度为

$$U_{rel}=0.011\%\quad(k=2)$$

5　相位测量结果的不确定度评定

5.1　概述

5.1.1　测量方法：采用直接测量法，即将被校数字式交流电参数测量仪的检定装置连接在测试仪的输出端，由 6003A 三相电能功率校准器输出标准值。以确定被校数字式交流电参数测量仪的示值误差。

5.1.2　测量的环境条件：温度(20±2)℃；湿度 55% RH±10% RH。

5.1.3　主要标准设备：6003A 三相电能功率校准器。

5.2　测量模型

$$\Delta=\varphi_X-\varphi_0\tag{5}$$

式中：Δ——被校电参数测量仪交流相位示值误差，(°)；

φ_X——被校电参数测量仪交流相位显示值，(°)；

φ_0——相位标准值，(°)。

5.3　各输入量的标准不确定度分量评定

5.3.1　A 类标准不确定度评定

在相同条件下，选取被校数字式交流电参数测量仪的测量点为 220V 5A(50Hz，$\varphi=60°$)，每次测量开始都重新输出相位值，重复测量 10 次，数据见表 9。

表 9　相位重复测量 10 次的数据

测量次数	1	2	3	4	5	6	7	8	9	10
x_i/(°)	59.96	59.96	59.97	59.98	59.97	59.97	59.99	59.98	59.97	59.96

平均值为

$$\bar{x} = \frac{\sum_{i=1}^{n} x_i}{n} = 59.971°$$

则

$$s = \sqrt{\frac{\sum_{i=1}^{n}(x_i - \bar{x})^2}{n-1}} = 0.01°$$

由于实际校准中只需要测量 1 次，故

$$u_A = s = 0.01°$$

5.3.2　B 类标准不确定度评定

（1）三相电能功率校准器不确定度引入的标准不确定度分量 u_{B1}

根据 6003A 的说明书中的技术指标，6003A 在 220V5A（50Hz，$\varphi = 60°$）相位输出的最大允许误差为 ±0.01°，按正态分布，包含因子 $k = \sqrt{3}$，则

$$u_{B1} = 0.01/\sqrt{3} = 0.0058°$$

（2）被校数字式交流电参数测量仪量程分辨力引入的标准不确定度分量 u_{B2}

被校数字式交流电参数测量仪分辨力为 0.01°，按均匀分布，包含因子 $k = \sqrt{3}$，则

$$u_{B2} = 0.01/2\sqrt{3} = 0.0029°$$

由于 A 类由重复性引入的不确定度已经体现了由分辨力带来的影响，且 A 类由重复性引入的不确定度远远大于由分辨力引入的不确定度分量，所以由分辨力产生的不确定度估算 u_{B2} 可以忽略不计。

5.4　各标准不确定度分量汇总（见表 10）

表 10　各标准不确定度分量汇总

符号	不确定度来源	类型	标准不确定度值/(°)	灵敏系数 c_i
u_A	测量重复性	A	0.01	—
u_{B1}	检定装置误差	B	0.0058	-1
u_{B2}	检定装置分辨力误差（忽略不计）	B	0.0029	-1

5.5　合成标准不确定度计算

各影响量彼此独立不相关，则合成标准不确定度为

$$u_c = \sqrt{\sum_{i=1}^{2} c_i^2 u_i^2} = 0.012°$$

5.6　扩展不确定度评定

取包含因子 $k = 2$，则扩展不确定度为

$$U = k \cdot u_c = 2 \times 0.012 = 0.024°$$

相对扩展不确定度为

$$U_{rel} = 0.027\% \quad (k = 2)$$

十、检定或校准结果的验证

检定或校准结果的验证采用传递比较法。用本装置测量一台 Norma 4000 数字式交流电参数测量仪，然后与上级检定的数据进行比对，测量结果如下。

1. 交流电压校准结果的验证

交流电压/V	y_{lab}	y_{ref}	$\vert y_{lab}-y_{ref}\vert$	$\sqrt{U_{lab}^2+U_{ref}^2}$
220V	220.021V	219.999V	0.022V	0.071V

2. 交流电流校准结果的验证

交流电流/A	y_{lab}	y_{ref}	$\vert y_{lab}-y_{ref}\vert$	$\sqrt{U_{lab}^2+U_{ref}^2}$
1A	1.00013A	0.99981A	0.00032A	0.00087A

3. 交流功率校准结果的验证

交流功率/W	y_{lab}	y_{ref}	$\vert y_{lab}-y_{ref}\vert$	$\sqrt{U_{lab}^2+U_{ref}^2}$
220W	220.012W	219.953W	0.059W	0.105W

4. 频率校准结果的验证

频率/Hz	y_{lab}	y_{ref}	$\vert y_{lab}-y_{ref}\vert$	$\sqrt{U_{lab}^2+U_{ref}^2}$
50Hz	50.002Hz	50.000Hz	0.002Hz	0.0036Hz

5. 相位校准结果的验证

相位/°	y_{lab}	y_{ref}	$\vert y_{lab}-y_{ref}\vert$	$\sqrt{U_{lab}^2+U_{ref}^2}$
60°	60.02°	60.00°	0.02°	0.043°

测量结果均满足 $|y_{lab}-y_{ref}|\leqslant\sqrt{U_{lab}^2+U_{ref}^2}$，故本装置通过验证，符合要求。

十一、结论
经过分析与实验验证，本装置符合 JJF 1491—2014《数字式交流电参数测量仪校准规范》和 JJF 1033—2016《计量标准考核规范》的要求，可以开展最大允许误差为：ACV：±0.08%、ACI：±0.12%、ACP：±0.20%、f：±0.05%、φ：±0.03°及以下的数字式交流电参数测量仪（含单相或三相三线、三相四线）的校准工作。
十二、附加说明

示例 3.5　继电保护测试仪检定装置

计量标准考核（复查）申请书

［　　］量标　　　证字第　　　号

计量标准名称　**继电保护测试仪检定装置**

计量标准代码　**15119000**

建标单位名称＿＿＿＿＿＿＿＿

组织机构代码＿＿＿＿＿＿＿＿

单 位 地 址＿＿＿＿＿＿＿＿

邮 政 编 码＿＿＿＿＿＿＿＿

计量标准负责人及电话＿＿＿＿＿＿＿＿

计量标准管理部门联系人及电话＿＿＿＿＿＿＿＿

年　　月　　日

说　明

1. 申请新建计量标准考核，建标单位应当提供以下资料：

1）《计量标准考核（复查）申请书》原件一式两份和电子版一份；

2）《计量标准技术报告》原件一份；

3）计量标准器及主要配套设备有效的检定或校准证书复印件一套；

4）开展检定或校准项目的原始记录及相应的模拟检定或校准证书复印件两套；

5）检定或校准人员能力证明复印件一套；

6）可以证明计量标准具有相应测量能力的其他技术资料（如果适用）复印件一套。

2. 申请计量标准复查考核，建标单位应当提供以下资料：

1）《计量标准考核（复查）申请书》原件一式两份和电子版一份；

2）《计量标准考核证书》原件一份；

3）《计量标准技术报告》原件一份；

4）《计量标准考核证书》有效期内计量标准器及主要配套设备连续、有效的检定或校准证书复印件一套；

5）随机抽取该计量标准近期开展检定或校准工作的原始记录及相应的检定或校准证书复印件两套；

6）《计量标准考核证书》有效期内连续的《检定或校准结果的重复性试验记录》复印件一套；

7）《计量标准考核证书》有效期内连续的《计量标准的稳定性考核记录》复印件一套；

8）检定或校准人员能力证明复印件一套；

9）计量标准更换申报表（如果适用）复印件一份；

10）计量标准封存（或撤销）申报表（如果适用）复印件一份；

11）可以证明计量标准具有相应测量能力的其他技术资料（如果适用）复印件一套。

3. 《计量标准考核（复查）申请书》采用计算机打印，并使用 A4 纸。

注：新建计量标准申请考核时不必填写“计量标准考核证书号”。

计量标准 名　　称	继电保护测试仪检定装置	计量标准 考核证书号	
保存地点		计量标准 原值（万元）	
计量标准 类　　别	☑ 社会公用 ☑ 计量授权	□ 部门最高 □ 计量授权	□ 企事业最高 □ 计量授权
测量范围	DCV：(0～1000)V；ACV：(0～1000)V；DCI：(0～30)A；ACI：(0～100)A； f：10Hz～1kHz；T：1ms～9999.999s；φ:0°～360°		
不确定度或 准确度等级或 最大允许误差	DCV：±0.02%；ACV：±0.02%；DCI：±0.02%；ACI：±0.02%； f：±0.001Hz(10Hz～65Hz)，±0.01Hz(65Hz～1kHz)； T：±(5μs～1ms)；φ：±0.01°		

	名　称	型　号	测量范围	不确定度 或准确度等级 或最大允许误差	制造厂及 出厂编号	检定周 期或复 校间隔	末次检 定或校 准日期	检定或校 准机构及 证书号
计量标准器	继电保护 测试仪 检定装置		6×(0.01～1000)V (DC～5kHz) 6×(0.001～30)A (DC～5kHz) 0°～360° 1ms～9999.999s 10Hz～1kHz	DCV：±0.02% ACV：±0.02% DCI：±0.02% ACI：±0.02% φ：±0.02° T：±(5μs～1ms) f：±(0.001Hz～0.01Hz)		1年		
	三相多功能 标准表		3×(57.7～400)V 3×(0.1～100)A 0°～360° (45～65)Hz	ACV：±0.01% ACI：±0.01% φ：±0.01° f：±0.001Hz		1年		
主要配套设备	数字式绝缘 电阻测试仪		500V/2000MΩ	10级		1年		
	自动耐压 测试仪		5kV	5级		1年		
	失真度 测量仪		(0～400) V	±0.5%		1年		
	标准电阻		0.01Ω 0.001Ω	0.01级		1年		
	数字式示波 器(带电流、 电压探头)		(0～1000)V或 (0～100)A/ (0～300)MHz	水平：±0.002%		1年		

环境条件及设施	序号	项　目	要　求	实 际 情 况	结论
	1	温　度	(20 ± 5) ℃	(20 ± 2) ℃	合格
	2	湿　度	50% RH ± 25% RH	60% RH ± 10% RH	合格
	3				
	4				
	5				
	6				
	7				

检定或校准人员	姓 名	性别	年龄	从事本项目年限	学 历	能力证明名称及编号	核准的检定或校准项目

	序号	名 称	是否具备	备 注
文件集登记	1	计量标准考核证书（如果适用）	否	新建
	2	社会公用计量标准证书（如果适用）	否	新建
	3	计量标准考核（复查）申请书	是	
	4	计量标准技术报告	是	
	5	检定或校准结果的重复性试验记录	是	
	6	计量标准的稳定性考核记录	是	
	7	计量标准更换申请表（如果适用）	否	新建
	8	计量标准封存（或撤销）申报表（如果适用）	否	新建
	9	计量标准履历书	是	
	10	国家计量检定系统表（如果适用）	是	
	11	计量检定规程或计量技术规范	是	
	12	计量标准操作程序	是	
	13	计量标准器及主要配套设备使用说明书（如果适用）	是	
	14	计量标准器及主要配套设备的检定或校准证书	是	
	15	检定或校准人员能力证明	是	
	16	实验室的相关管理制度		
	16.1	实验室岗位管理制度	是	
	16.2	计量标准使用维护管理制度	是	
	16.3	量值溯源管理制度	是	
	16.4	环境条件及设施管理制度	是	
	16.5	计量检定规程或计量技术规范管理制度	是	
	16.6	原始记录及证书管理制度	是	
	16.7	事故报告管理制度	是	
	16.8	计量标准文件集管理制度	是	
	17	开展检定或校准工作的原始记录及相应的检定或校准证书副本	是	
	18	可以证明计量标准具有相应测量能力的其他技术资料（如果适用）		
	18.1	检定或校准结果的不确定度评定报告	是	
	18.2	计量比对报告	否	新建
	18.3	研制或改造计量标准的技术鉴定或验收资料	否	非自制

<table>
<tr><td rowspan="2">开展的检定或校准项目</td><td>名　称</td><td>测量范围</td><td>不确定度或准确度等级或最大允许误差</td><td>所依据的计量检定规程或计量技术规范的编号及名称</td></tr>
<tr><td>继电保护测试仪</td><td>DCV：
(0～1000)V
ACV：
(0～1000)V
DCI：
(0～30)A
ACI：
(0～100)A
f：
1Hz～1kHz
T：
1ms～9999.999s
φ：0°～360°</td><td>0.1 级及以下</td><td>JJG 1112—2015
《继电保护测试仪》</td></tr>
<tr><td colspan="2">建标单位意见</td><td colspan="3">负责人签字：　　　（公章）
年　月　日</td></tr>
<tr><td colspan="2">建标单位
主管部门意见</td><td colspan="3">（公章）
年　月　日</td></tr>
<tr><td colspan="2">主持考核的
人民政府计量
行政部门意见</td><td colspan="3">（公章）
年　月　日</td></tr>
<tr><td colspan="2">组织考核的
人民政府计量
行政部门意见</td><td colspan="3">（公章）
年　月　日</td></tr>
</table>

计量标准技术报告

计量标准名称　继电保护测试仪检定装置

计量标准负责人＿＿＿＿＿＿＿＿＿＿

建标单位名称＿＿＿＿＿＿＿＿＿＿

填　写　日　期＿＿＿＿＿＿＿＿＿＿

目　录

一、建立计量标准的目的

为了保证继电保护测试仪各单位量值的统一、准确和可靠，使其逐级、准确地传递到生产、科研、教学等应用部门使用的继电保护中，建立继电保护测试仪检定装置计量标准。

二、计量标准的工作原理及其组成

采用直接测量法，即将被检继电保护测试仪的输出端连接在标准器的输入端，由标准器测量标准值与的测试仪输出值比较，以确定被检测试仪的电压电流等各参量的示值误差，如图1～图5所示。

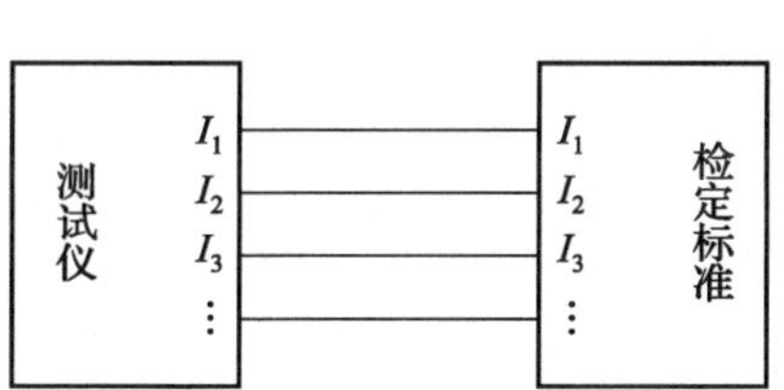

图1　交流电流检定接线图

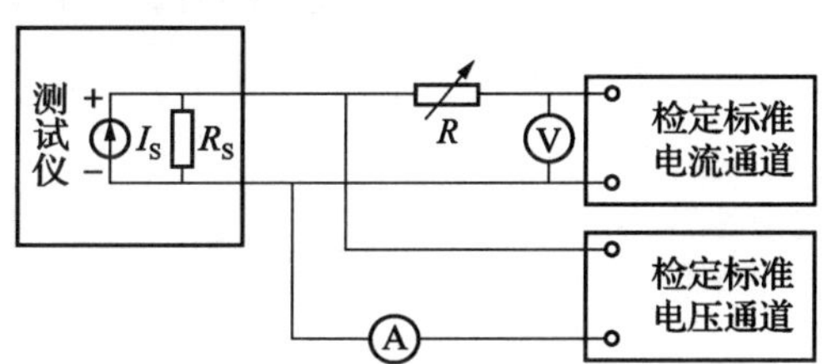

图2　带负载能力接线图

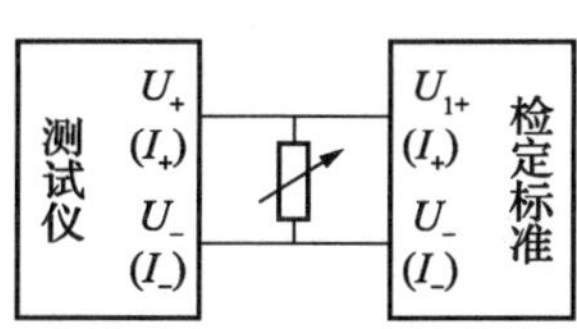

图3　响应时间接线图

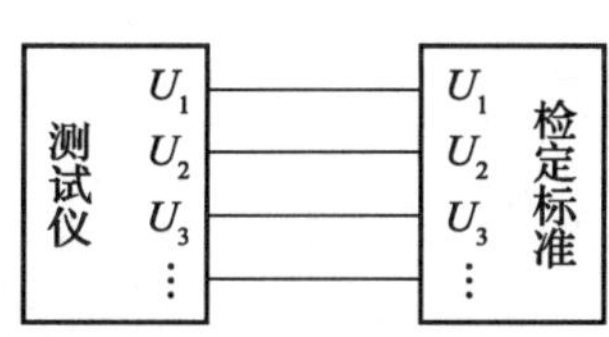

图4　交流电压检定接线图

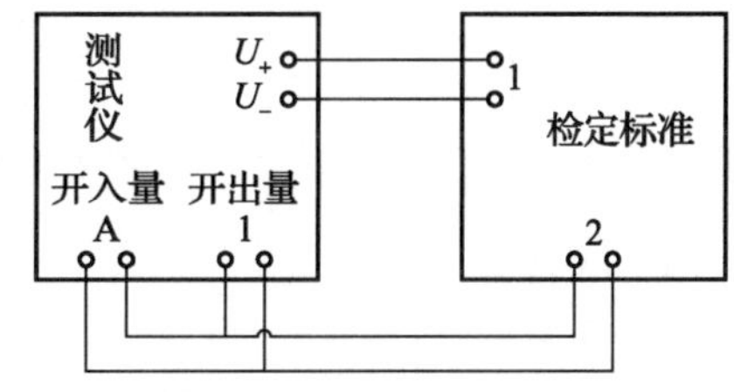

图5　毫秒仪法测量时间接线图

测试仪分为两个级别：0.1级（其中交流0.1级、直流0.2级）和0.2级（其中交流0.2级、直流0.5级）。

测试仪电流（其中交流电流$0.1I_N < I \leqslant I_{max}$）、电压（其中交流电压$2V < U \leqslant U_{max}$）、时间（>1s）测量的基本误差用相对误差$\gamma$表示，见式（1）：

$$\gamma = \frac{x_x - x_n}{x_n} \times 100\% \tag{1}$$

测试仪交流电流（$I \leqslant 0.1I_N$）、交流电压（$U \leqslant 2V$）、频率、相位、时间（≤1s）测量的基本误差用绝对误差表示，见式（2）：

$$\Delta = x_x - x_n \tag{2}$$

三、计量标准器及主要配套设备

	名　称	型　号	测量范围	不确定度或准确度等级或最大允许误差	制造厂及出厂编号	检定周期或复校间隔	检定或校准机构
计量标准器	继电保护测试仪检定装置		6×(0.01～1000)V (DC～5kHz) 6×(0.001～30)A (DC～5kHz) 0°～360° 1ms～9999.999s 10Hz～1kHz	DCV：±0.02% ACV：±0.02% DCI：±0.02% ACI：±0.02% φ：±0.02° T：±(5μs～1ms) f：±(0.001Hz～0.01Hz)		1年	
	三相多功能标准表		3×(57.7～400)V 3×(0.1～100)A 0°～360° (45～65)Hz	ACV：±0.01% ACI：±0.01% φ：±0.01° f：±0.001Hz		1年	
主要配套设备	数字式绝缘电阻测试仪		500V/2000MΩ	10级		1年	
	自动耐压测试仪		5kV	5级		1年	
	失真度测量仪		(0～400) V	±0.5%		1年	
	标准电阻		0.01Ω 0.001Ω	0.01级		1年	
	数字式示波器(带电流、电压探头)		(0～1000)V或(0～100)A/(0～300)MHz	水平：±0.002%		1年	

四、计量标准的主要技术指标

测量范围：

DCV：(0～1000)V

ACV：(0～1000)V

DCI：(0～30)A

ACI：(0～100)A

f：10Hz～1kHz

T：1ms～9999.999s

φ：0°～360°

最大允许误差：

DCV：±0.02%

ACV：±0.02%

DCI：±0.02%

ACI：±0.02%

f：±0.001Hz(45Hz～65Hz)，±0.01Hz(65Hz～1kHz)

T：±(5μs～1ms)

φ：±0.01°

五、环境条件

序号	项　目	要　　求	实际情况	结　　论
1	温　度	(20±5)℃	(20±2)℃	合格
2	湿　度	50% RH±25% RH	60% RH±10% RH	合格
3				
4				
5				
6				

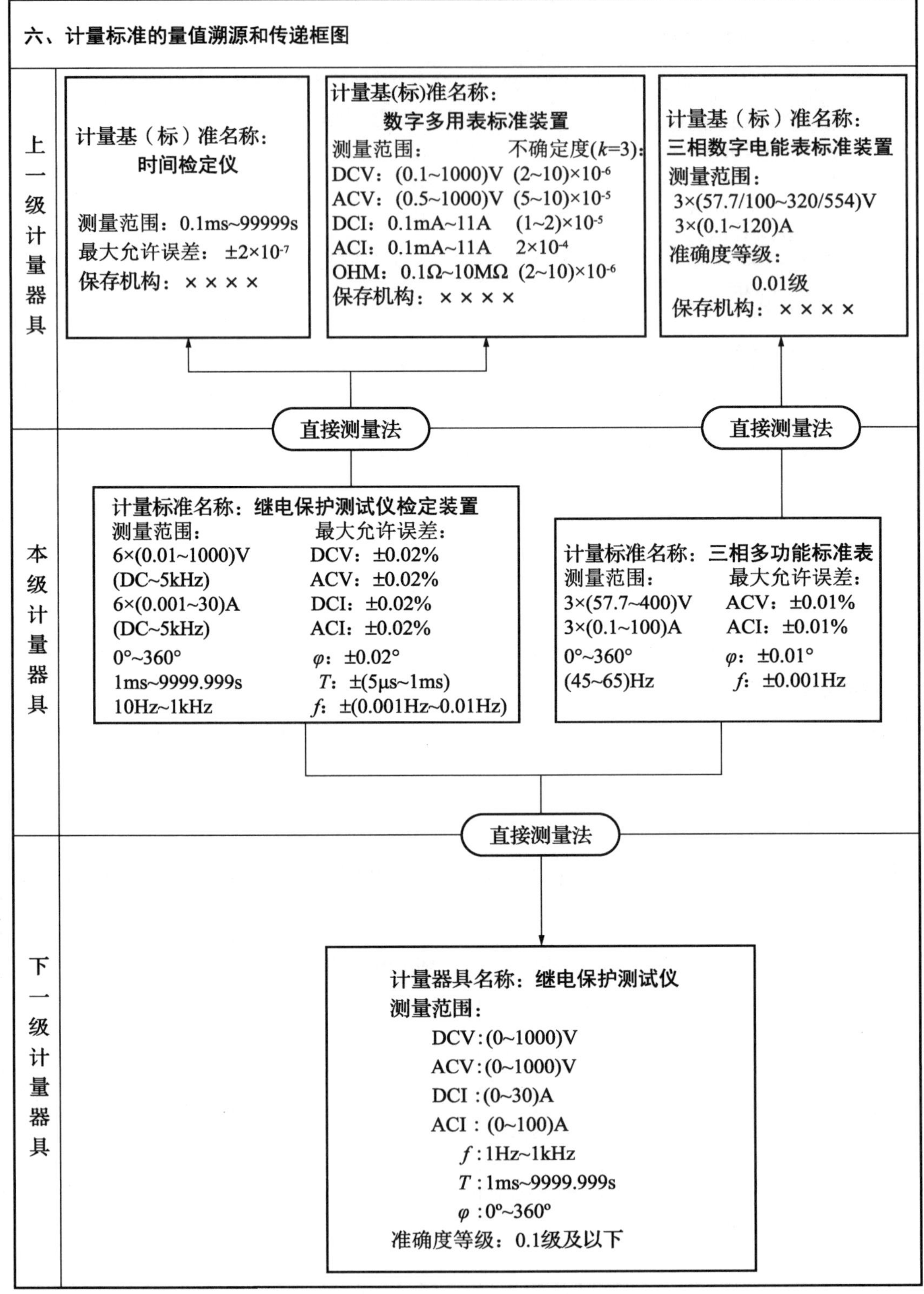
六、计量标准的量值溯源和传递框图
上一级计量器具
计量基（标）准名称：
时间检定仪
测量范围：0.1ms~99999s
最大允许误差：±2×10⁻⁷
保存机构：××××
计量基(标)准名称：
数字多用表标准装置
测量范围：　不确定度(k=3)：
DCV：(0.1~1000)V　(2~10)×10⁻⁶
ACV：(0.5~1000)V　(5~10)×10⁻⁵
DCI：0.1mA~11A　(1~2)×10⁻⁵
ACI：0.1mA~11A　2×10⁻⁴
OHM：0.1Ω~10MΩ　(2~10)×10⁻⁶
保存机构：××××
计量基（标）准名称：
三相数字电能表标准装置
测量范围：
3×(57.7/100~320/554)V
3×(0.1~120)A
准确度等级：
0.01级
保存机构：××××
直接测量法
直接测量法
本级计量器具
计量标准名称：继电保护测试仪检定装置
测量范围：　最大允许误差：
6×(0.01~1000)V　DCV：±0.02%
(DC~5kHz)　ACV：±0.02%
6×(0.001~30)A　DCI：±0.02%
(DC~5kHz)　ACI：±0.02%
0°~360°　φ：±0.02°
1ms~9999.999s　T：±(5μs~1ms)
10Hz~1kHz　f：±(0.001Hz~0.01Hz)
计量标准名称：三相多功能标准表
测量范围：　最大允许误差：
3×(57.7~400)V　ACV：±0.01%
3×(0.1~100)A　ACI：±0.01%
0°~360°　φ：±0.01°
(45~65)Hz　f：±0.001Hz
直接测量法
下一级计量器具
计量器具名称：继电保护测试仪
测量范围：
DCV:(0~1000)V
ACV:(0~1000)V
DCI :(0~30)A
ACI : (0~100)A
f :1Hz~1kHz
T :1ms~9999.999s
φ :0°~360°
准确度等级：0.1级及以下

七、计量标准的稳定性考核

本装置采用高等级的计量标准进行稳定性考核。约一个月用高等级的计量标准测量 TD6600 继电保护测试仪检定装置的输出值，测量结果之间的最大差值的绝对值作为其稳定性数据。考核数据如下。

继电保护测试仪检定装置的稳定性考核记录

测量结果	ACI 2A 50Hz	ACV 100V 50Hz	DCV 10V	DCI 1A	f 50Hz	T 10s	φ 45°
2017 年 4 月 测量 10 次平均值	1.99636A	99.9916V	9.99032V	1.00232A	49.9953Hz	10.0414s	44.506°
2017 年 5 月 测量 10 次平均值	1.99620A	99.9920V	9.99063V	1.00245A	49.9944Hz	10.0424s	44.512°
变化量 $\lvert \bar{y}_i - \bar{y}_{i-1} \rvert$	0.00016A	0.0004V	0.00031V	0.00013A	0.0009Hz	0.0010s	0.006°
2017 年 6 月 测量 10 次平均值	1.99626A	99.9927V	9.99073V	1.00249A	49.9946Hz	10.0426s	44.518°
变化量 $\lvert \bar{y}_i - \bar{y}_{i-1} \rvert$	0.00006A	0.0007V	0.00010V	0.00004A	0.0002Hz	0.0002s	0.006°
2017 年 7 月 测量 10 次平均值	1.99621A	99.9934V	9.99086V	1.00251A	49.9946Hz	10.0428s	44.520°
变化量 $\lvert \bar{y}_i - \bar{y}_{i-1} \rvert$	0.00005A	0.0007V	0.00013V	0.00002A	0.0000Hz	0.0002s	0.002°
允许变化量	0.0004A	0.02V	0.002V	0.0002A	0.001Hz	0.001s	0.02°
结论	符合要求						
考核人员	×××						

八、检定或校准结果的重复性试验

在重复性测量条件下，用本装置对继电保护测试仪分别进行直流电压、直流电流、交流电压、交流电流、频率、时间、和功率因数的重复性试验。试验数据如下。

1. 交流电压测量重复性

试验时间	2017 年 7 月 12 日		
被测对象	名　　称	型　　号	编　　号
	继电保护测试仪	继保之星	21024525
测量条件	20.4℃；55% RH		
测量次数	测得值/V		
1	99.9990		
2	99.9992		
3	99.9991		
4	99.9995		
5	99.9990		
6	99.9994		
7	99.9988		
8	99.9991		
9	99.9992		
10	99.9993		
$\bar{y}$	99.99916		
$s(y_i)=\sqrt{\dfrac{\sum_{i=1}^{n}(y_i-\bar{y})^2}{n-1}}$	0.00021		
结　　论	符合要求		
试验人员	×××		

2. 交流电流测量重复性

试验时间	2017 年 7 月 12 日		
被测对象	名　　称	型　　号	编　　号
	继电保护测试仪	继保之星	21024525
测量条件	20.4℃；55% RH		
测量次数	测得值/A		
1	1.99954		
2	1.99980		
3	1.99977		

测量次数	测得值/A
4	1.99975
5	1.99946
6	1.99978
7	1.99935
8	1.99956
9	1.99967
10	1.99968
$\bar{y}$	1.999636
$s(y_i)=\sqrt{\frac{\sum_{i=1}^{n}(y_i-\bar{y})^2}{n-1}}$	0.00015
结　　论	符合要求
试验人员	×××

3. 直流电压测量重复性

试验时间	2017年7月12日		
被测对象	名　　称	型　　号	编　　号
	继电保护测试仪	继保之星	21024525
测量条件	20.4℃；55% RH		
测量次数	测得值/V		
1	9.99941		
2	9.99946		
3	9.99942		
4	9.99948		
5	9.99943		
6	9.99945		
7	9.99947		
8	9.99942		
9	9.99943		
10	9.99941		
$\bar{y}$	9.999438		
$s(y_i)=\sqrt{\frac{\sum_{i=1}^{n}(y_i-\bar{y})^2}{n-1}}$	0.000025		
结　　论	符合要求		
试验人员	×××		

4. 直流电流测量重复性

试验时间	2017年7月12日		
被测对象	名　　称	型　　号	编　　号
	继电保护测试仪	继保之星	21024525
测量条件	20.4℃；55% RH		
测量次数	测得值/A		
1	1.00012		
2	1.00014		
3	1.00015		
4	1.00028		
5	1.00031		
6	1.00006		
7	1.00027		
8	1.00033		
9	1.00042		
10	1.00024		
$\bar{y}$	1.000232		
$s(y_i)=\sqrt{\frac{\sum_{i=1}^{n}(y_i-\bar{y})^2}{n-1}}$	0.00011		
结　　论	符合要求		
试验人员	×××		

5. 频率测量重复性

试验时间	2017年7月12日		
被测对象	名　　称	型　　号	编　　号
	继电保护测试仪	继保之星	21024525
测量条件	20.4℃；55% RH		
测量次数	测得值/Hz		
1	49.9996		
2	49.9995		
3	49.9996		
4	49.9994		
5	49.9996		
6	49.9995		

测量次数	测得值/Hz
7	49.9996
8	49.9994
9	49.9996
10	49.9995
$\bar{y}$	49.99953
$s(y_i)=\sqrt{\frac{\sum_{i=1}^{n}(y_i-\bar{y})^2}{n-1}}$	0.000082
结　论	符合要求
试验人员	×××

6. 时间测量重复性

试验时间	2017年7月12日		
被测对象	名　称	型　号	编　号
	继电保护测试仪	继保之星	21024525
测量条件	20.4℃；55% RH		
测量次数	测得值/s		
1	10.0054		
2	10.0052		
3	10.0065		
4	10.0061		
5	10.0043		
6	10.0052		
7	10.0044		
8	10.0056		
9	10.0062		
10	10.0055		
$\bar{y}$	10.00544		
$s(y_i)=\sqrt{\frac{\sum_{i=1}^{n}(y_i-\bar{y})^2}{n-1}}$	0.00072		
结　论	符合要求		
试验人员	×××		

7. 相位测量重复性

试验时间	2017年7月12日		
被测对象	名　　称	型　　号	编　　号
	继电保护测试仪	继保之星	21024525
测量条件	20.4℃；55% RH		
测量次数	测得值/(°)		
1	44.634		
2	44.654		
3	44.658		
4	44.658		
5	44.652		
6	44.621		
7	44.662		
8	44.649		
9	44.651		
10	44.657		
$\bar{y}$	44.6496		
$s(y_i)=\sqrt{\frac{\sum_{i=1}^{n}(y_i-\bar{y})^2}{n-1}}$	0.013		
结　　论	符合要求		
试验人员	×××		

九、检定或校准结果的不确定度评定

1　交流电压测量结果的不确定度评定

1.1　概述

1.1.1　测量方法：采用直接测量法，即将被检 0.1 级继电保护测试仪的检定装置连接在测试仪的输出端，由继电保护测试仪检定装置测量输出端实际值与继电保护测试仪设置输出值相比较。以确定被检继电保护测试仪的示值误差。

1.1.2　测量的环境条件：温度（20±2）℃；湿度 60% RH±10% RH。

1.1.3　主要仪器设备：TD6600 继电保护测试仪检定装置，MPE：±0.02%。

1.2　测量模型

按下式计算被检继电保护测试仪的电压绝对误差 Δ：

$$\Delta = V_0 - V \tag{1}$$

式中：V_0——被检继电保护测试仪电压设置值；

V——继电保护测试仪检定装置实际测量值。

1.3　各输入量的标准不确定度分量评定

1.3.1　A 类标准不确定度评定

在相同条件下，选取被检继电保护测量仪的测量点为 100V/50Hz，每次测量开始都重新启动电压，重复测量 10 次，数据见表 1。

表 1

测量次数	1	2	3	4	5	6	7	8	9	10
x_i/V	100.055	100.050	100.054	100.050	100.057	100.052	100.058	100.050	100.053	100.051

平均值为

$$\bar{x} = \frac{\sum_{i=1}^{n} x_i}{n} = 100.053\text{V}$$

则

$$s = \sqrt{\frac{\sum_{i=1}^{n}(x_i - \bar{x})^2}{n-1}} = 0.0029\text{V}$$

故

$$u_1 = s = 0.0029\text{V}$$

1.3.2　B 类标准不确定度评定

1.3.2.1　继电保护测试仪检定装置误差引入的标准不确定度分量 u_2

检定装置最大允许误差为 ±0.02% ×100V，按正态分布，包含因子 $k=\sqrt{3}$，则

$$u_2 = 0.02/\sqrt{3} = 0.012\text{V}$$

1.3.2.2　被检继电保护测试仪量程分辨力引入的标准不确定度分量 u_3

被检继电保护测试仪量程分辨力为 0.001V，按均匀分布，包含因子 $k=\sqrt{3}$，则

$$u_3 = 0.001/2\sqrt{3} = 0.00029\text{V}$$

由于 A 类由重复性引入的不确定度已经体现了由分辨力带来的影响，且 A 类由重复性引入的不确定度远远大于由分辨力引入的不确定度分量，所以由分辨力产生的不确定度分量 u_3 可以忽略不计。

1.4　各标准不确定度分量汇总（见表 2）

表 2

符号	不确定度来源	类型	标准不确定度值/V	灵敏系数 c_i
u_1	测量重复性	A	0.0029	—
u_2	检定装置误差	B	0.011	-1
u_3	检定装置分辨力误差（忽略不计）	B	0.00029	-1

1.5　合成标准不确定度计算

各影响量彼此独立不相关，则合成标准不确定度为

$$u_c = \sqrt{\sum_{i=1}^{2} c_i^2 u_i^2} = 0.012\text{V}$$

1.6　扩展不确定度评定

取包含因子 $k=2$，则扩展不确定度为

$$U = k \cdot u_c = 2 \times 0.012 = 0.024\text{V}$$

相对扩展不确定度为

$$U_{rel} = 0.024\% \quad (k=2)$$

2　交流电流测量结果的不确定度评定

2.1　概述

2.1.1　测量方法：采用直接测量法，即将被检 0.1 级继电保护测试仪的检定装置连接在测试仪的输出端，由继电保护测试仪检定装置测量输出端实际值与继电保护测试仪设置输出值相比较。以确定被检继电保护测试仪的示值误差。

2.1.2　测量的环境条件：温度(20 ±2)℃；湿度 60% RH ±10% RH。

2.1.3　主要仪器设备：TD6600 继电保护测试仪检定装置，MPE：±0.02% 。

2.2　测量模型

按下式计算被检继电保护测试仪的电压绝对误差 Δ：

$$\Delta = I_0 - I \tag{2}$$

式中：I_0——被检继电保护测试仪电流设置值；

I——继电保护测试仪检定装置实际测量值。

2.3　各输入量的标准不确定度分量评定

2.3.1　A 类标准不确定度评定

在相同条件下，选取被检继电保护测量仪的测量点为 2A/50Hz，每次测量开始都重新启动电流，重复测量 10 次，数据见表 3。

表 3

测量次数	1	2	3	4	5	6	7	8	9	10
x_i / A	1.99938	1.99960	1.99965	1.99986	1.99970	1.99957	1.99932	1.99947	1.99956	1.99933

平均值为

$$\bar{x} = \frac{\sum_{i=1}^{n} x_i}{n} = 1.999544\text{A}$$

则

$$s = \sqrt{\frac{\sum_{i=1}^{n}(x_i - \bar{x})^2}{n-1}} = 0.00017\text{A}$$

故

$$u_1 = s = 0.00017\text{A}$$

2.3.2　B类标准不确定度评定

2.3.2.1　继电保护测试仪检定装置误差引入的标准不确定度分量 u_2

检定装置最大允许误差为 ±0.02% ×2A，按正态分布，包含因子 $k=\sqrt{3}$，则

$$u_2 = 0.0004/\sqrt{3} = 0.00023\text{A}$$

2.3.2.2　被检继电保护测试仪量程分辨力引入的标准不确定度分量 u_3

被检继电保护测试仪量程分辨力为 0.00001A，按均匀分布，包含因子 $k=\sqrt{3}$，则

$$u_3 = 0.00001/2\sqrt{3} = 0.0000029\text{A}$$

由于A类由重复性引入的不确定度已经体现了由分辨力带来的影响，且A类由重复性引入的不确定度远远大于由分辨力引入的不确定度分量，所以由分辨力产生的不确定度分量 u_3 可以忽略不计。

2.4　各标准不确定度分量汇总（见表4）

表4

符号	不确定度来源	类型	标准不确定度值/A	灵敏系数 c_i
u_1	测量重复性	A	0.00017	—
u_2	检定装置误差	B	0.00023	-1
u_3	检定装置分辨力误差（忽略不计）	B	0.0000029	-1

2.5　合成标准不确定度计算

各影响量彼此独立不相关，则合成标准不确定度为

$$u_c = \sqrt{\sum_{i=1}^{2} c_i^2 u_i^2} = 0.00029\text{A}$$

2.6　扩展不确定度评定

取包含因子 $k=2$，则扩展不确定度为

$$U = k \cdot u_c = 2 \times 0.00029 = 0.00058\text{A}$$

相对扩展不确定度为

$$U_{rel} = 0.029\% \quad (k=2)$$

3　直流电压测量结果的不确定度评定

3.1　概述

3.1.1　测量方法：采用直接测量法，即将被检0.1级继电保护测试仪的检定装置连接在测试仪的输出端，由继电保护测试仪检定装置测量输出端实际值与继电保护测试仪设置输出值相比较。以确定被检继电保护测试仪的示值误差。

3.1.2　测量的环境条件：温度(20±2)℃；湿度60% RH±10% RH。

3.1.3　主要仪器设备：TD6600继电保护测试仪检定装置，MPE：±0.02%。

3.2　测量模型

按下式计算被检继电保护测试仪的电压绝对误差 Δ：

$$\Delta = V_0 - V \tag{3}$$

式中：V_0——被检继电保护测试仪电压设置值；

V——继电保护测试仪检定装置实际测量值。

3.3　各输入量的标准确定度分量评定

3.3.1　A 类标准不确定度评定

在相同条件下，选取被检继电保护测量仪的测量点为 10V，每次测量开始都重新启动电压，重复测量 10 次，数据见表 5。

表 5

测量次数	1	2	3	4	5	6	7	8	9	10
x_i/V	10.0017	10.0015	10.0016	10.0012	10.0017	10.0012	10.0015	10.0016	10.0013	10.0016

平均值为

$$\bar{x} = \frac{\sum_{i=1}^{n} x_i}{n} = 10.00149\text{V}$$

则

$$s = \sqrt{\frac{\sum_{i=1}^{n}(x_i - \bar{x})}{n-1}} = 0.00019\text{V}$$

故
$$u_1 = s = 0.00019\text{V}$$

3.3.2　B 类标准不确定度评定

3.3.2.1　继电保护测试仪检定装置误差引入的标准不确定度分量 u_2

检定装置最大允许误差为 $\pm 0.02\% \times 10\text{V}$，按正态分布，包含因子 $k=\sqrt{3}$，则

$$u_2 = 0.02/\sqrt{3} = 0.0012\text{V}$$

3.3.2.2　被检继电保护测试仪量程分辨力引入的不确定度分量 u_3

被检继电保护测试仪量程分辨力为 0.0001V，按均匀分布，包含因子 $k=\sqrt{3}$，则

$$u_3 = 0.0001/2\sqrt{3} = 0.000029\text{V}$$

由于 A 类由重复性引入的不确定度已经体现了由分辨力带来的影响，且 A 类由重复性引入的不确定度远远大于由分辨力引入的不确定度分量，所以由分辨力产生的不确定度分量 u_3 可以忽略不计。

3.4　各标准不确定度分量汇总（见表 6）

表 6

符号	不确定度来源	类型	标准不确定度值/V	灵敏系数 c_i
u_1	测量重复性	A	0.00019	—
u_2	检定装置误差	B	0.0012	-1
u_3	检定装置分辨力误差（忽略不计）	B	0.000029	-1

3.5　合成标准不确定度计算

各影响量彼此独立不相关，则合成标准不确定度为

$$u_c = \sqrt{\sum_{i=1}^{2} c_i^2 u_i^2} = 0.0013\text{V}$$

3.6　扩展不确定度评定

取包含因子 $k=2$，则扩展不确定度为

$$U = k \cdot u_c = 2 \times 0.0013 = 0.0026\text{V}$$

相对扩展不确定度为

$$U_{rel} = 0.026\% \quad (k = 2)$$

4　直流电流测量结果的不确定度评定

4.1　概述

4.1.1　测量方法：采用直接测量法，即将被检0.1级继电保护测试仪的检定装置连接在测试仪的输出端，由继电保护测试仪检定装置测量输出端实际值与继电保护测试仪设置输出值相比较。以确定被检继电保护测试仪的示值误差。

4.1.2　测量的环境条件：温度(20±2)℃；湿度60% RH±10% RH。

4.1.3　主要仪器设备：TD6600继电保护测试仪检定装置，MPE：±0.02%。

4.2　测量模型

按下式计算被检继电保护测试仪的电压绝对误差Δ：

$$\Delta = I_0 - I \tag{4}$$

式中：I_0——被检继电保护测试仪电流设置值；

I——继电保护测试仪检定装置实际测量值。

4.3　各输入量的标准不确定度分量评定

4.3.1　A类标准不确定度评定

在相同条件下，选取被检继电保护测量仪的测量点为1A，每次测量开始都重新启动电流，重复测量10次，数据见表7。

表7

测量次数	1	2	3	4	5	6	7	8	9	10
x_i/A	0.99948	0.99961	0.99935	0.99976	0.99950	0.99947	0.99962	0.99937	0.99956	0.99943

平均值为

$$\bar{x} = \frac{\sum_{i=1}^{n} x_i}{n} = 0.999515\text{A}$$

则

$$s = \sqrt{\frac{\sum_{i=1}^{n}(x_i - \bar{x})^2}{n-1}} = 0.00013\text{A}$$

故

$$u_1 = s = 0.00013\text{A}$$

4.3.2　B类标准不确定度评定

4.3.2.1　继电保护测试仪检定装置误差引入的标准不确定度分量u_2

检定装置最大允许误差为±0.02%×1A，按正态分布，包含因子$k=\sqrt{3}$，则

$$u_2 = 0.0002/\sqrt{3} = 0.00012\text{A}$$

4.3.2.2　被检继电保护测试仪量程分辨力引入的标准不确定度分量u_3

被检继电保护测试仪量程分辨力为0.00001A，按均匀分布，包含因子$k=\sqrt{3}$，则

$$u_3 = 0.00001/2\sqrt{3} = 0.0000029\text{A}$$

由于A类由重复性引入的不确定度已经体现了由分辨力带来的影响，且A类由重复性引入的不确定度远远大于由分辨力引入的不确定度分量，所以由分辨力产生的不确定度分量u_3可以忽略不计。

4.4 各标准不确定度分量汇总（见表8）

表 8

符号	不确定度来源	类型	标准不确定度值/A	灵敏系数 c_i
u_1	测量重复性	A	0.00013	—
u_2	检定装置误差	B	0.00012	-1
u_3	检定装置分辨力误差（忽略不计）	B	0.0000029	-1

4.5 合成标准不确定度计算

各影响量彼此独立不相关，则合成标准不确定度为

$$u_c = \sqrt{\sum_{i=1}^{2} c_i^2 u_i^2} = 0.00018\text{A}$$

4.6 扩展不确定度评定

取包含因子 $k=2$，则扩展不确定度为

$$U = k \cdot u_c = 2 \times 0.00018 = 0.00036\text{A}$$

相对扩展不确定度为

$$U_{rel} = 0.036\% \quad (k=2)$$

5 时间测量结果的不确定度评定

5.1 概述

5.1.1 测量方法：采用直接测量法，即将继电保护测试仪检定装置连接在被检继电保护测试仪的输出端，以确定被检继电保护测试仪的时间误差。

5.1.2 测量的环境条件：温度(20±2)℃；湿度60%RH±10%RH。

5.1.3 主要仪器设备：TD6600继电保护测试仪检定装置，MPE：±1ms。

5.2 测量模型

按下式计算被检继电保护测试仪的时间绝对误差 Δ：

$$\Delta = T_0 - T \tag{5}$$

式中：T_0——被检继电保护测试仪时间设置值；

T——继电保护测试仪检定装置实际测量时间。

5.3 各输入量的标准不确定度分量评定

5.3.1 A类标准不确定度评定

在相同条件下，选取被检继电保护测量仪的测量点为10s，每次测量开始都重新启动检定装置，重复测量10次，数据见表9。

表 9

测量次数	1	2	3	4	5	6	7	8	9	10
x_i/s	9.9933	9.9952	9.9942	9.9962	9.9957	9.9936	9.9951	9.9962	9.9962	9.9951

平均值为

$$\bar{x} = \frac{\sum_{i=1}^{n} x_i}{n} = 9.99508\text{s}$$

则

$$s = \sqrt{\frac{\sum_{i=1}^{n}(x_i - \bar{x})^2}{n-1}} = 0.0011\text{s}$$

故

$$u_1 = s = 0.0011\text{s}$$

5.3.2　B类标准不确定度评定

5.3.2.1　继电保护测试仪检定装置误差引入的标准不确定度分量 u_2

检定装置最大允许误差为 ±1ms，按正态分布，包含因子 $k=\sqrt{3}$，则

$$u_2 = 1/\sqrt{3} = 0.00057\text{s}$$

5.3.2.2　被检继电保护测试仪量程分辨力引入的标准不确定度分量 u_3

被检继电保护测试仪量程分辨力为0.0001s，按均匀分布，包含因子 $k=\sqrt{3}$，则

$$u_3 = 0.0001/2\sqrt{3} = 0.000029\text{s}$$

由于A类由重复性引入的不确定度已经体现了由分辨力带来的影响，且A类由重复性引入的不确定度远远大于由分辨力引入的不确定度分量，所以由分辨力产生的不确定度分量 u_3 可以忽略不计。

5.4　各标准不确定度分量汇总（见表10）。

表10

符号	不确定度来源	类型	标准不确定度值/s	灵敏系数 c_i
u_1	测量重复性	A	0.0011	—
u_2	检定装置误差	B	0.00057	−1
u_3	检定装置分辨力误差（忽略不计）	B	0.000029	−1

5.5　合成标准不确定度计算

各影响量彼此独立不相关，则合成标准不确定度为

$$u_c = \sqrt{\sum_{i=1}^{2} c_i^2 u_i^2} = 0.0013\text{s}$$

5.6　扩展不确定度评定

取包含因子 $k=2$，则扩展不确定度为

$$U = k \cdot u_c = 2 \times 0.0013 = 0.0026\text{s}$$

相对扩展不确定度为

$$U_{rel} = 0.026\% \quad (k=2)$$

6　频率测量结果的不确定度评定

6.1　概述

6.1.1　测量方法：采用直接测量法，即将三相多功能标准表连接在被检继电保护测试仪的输出端，以确定被检测试仪的频率误差。

6.1.2　测量的环境条件：温度(20±2)℃；湿度60% RH±10% RH。

6.1.3　主要仪器设备：TD3310三相多功能标准表，MPE：±0.001Hz。

6.2　测量模型

按下式计算被检表的频率绝对误差Δ：

$$\Delta = f_0 - f \tag{6}$$

式中：f_0——被检继电保护测试仪频率设置值；

f——三相多功能标准表实际测量频率。

6.3 各输入量的标准不确定度分量评定

6.3.1 A类标准不确定度评定

在相同条件下，选取被检继电保护测量仪的测量点为50Hz，每次测量开始都重新启动检定装置，重复测量10次，数据见表11。

表11

测量次数	1	2	3	4	5	6	7	8	9	10
x_i/Hz	49.9992	49.9993	49.9991	49.9990	49.9992	49.9990	49.9992	49.9990	49.9996	49.9995

平均值为

$$\bar{x}=\frac{\sum_{i=1}^{n}x_i}{n}=49.99921\text{Hz}$$

则

$$s=\sqrt{\frac{\sum_{i=1}^{n}(x_i-\bar{x})^2}{n-1}}=0.00021\text{Hz}$$

故

$$u_1=s=0.00021\text{Hz}$$

6.3.2 B类标准不确定度评定

6.3.2.1 三相多功能标准表误差引入的标准不确定度分量 u_2

检定装置电流最大允许误差为±0.001Hz，按正态分布，包含因子 $k=\sqrt{3}$，则

$$u_2=0.001/\sqrt{3}=0.00058\text{Hz}$$

6.3.2.2 被检继电保护测试仪量程分辨力引入的标准不确定度分量 u_3

被检继电保护测试仪量程分辨力为0.0001Hz，按均匀分布，包含因子 $k=\sqrt{3}$，则

$$u_3=0.0001/2\sqrt{3}=0.000029\text{Hz}$$

由于A类由重复性引入的不确定度已经体现了由分辨力带来的影响，且A类由重复性引入的不确定度远远大于由分辨力引入的不确定度分量，所以由分辨力产生的不确定度分量 u_3 可以忽略不计。

6.4 各标准不确定度分量汇总（见表12）。

表12

符号	不确定度来源	类型	标准不确定度值/Hz	灵敏系数 c_i
u_1	测量重复性	A	0.00021	—
u_2	检定装置误差	B	0.00058	-1
u_3	检定装置分辨力误差（忽略不计）	B	0.000029	-1

6.5 合成标准不确定度计算

各影响量彼此独立不相关，则合成标准不确定度为

$$u_c=\sqrt{\sum_{i=1}^{2}c_i^2u_i^2}=0.0007\text{Hz}$$

6.6　扩展不确定度评定

取包含因子 $k=2$，则扩展不确定度为

$$U = k \cdot u_c = 2 \times 0.0007 = 0.0014\text{Hz}$$

相对扩展不确定度为

$$U_{rel} = 0.0007\% \quad (k=2)$$

7　相位测量结果的不确定度评定

7.1　概述

7.1.1　测量方法：采用直接测量法，即将继电保护测试仪检定装置连接在继电保护测试仪的输出端，以确定被检继电保护测试仪的相位误差。

7.1.2　测量的环境条件：温度(20±2)℃；湿度 60% RH±10% RH。

7.1.3　主要仪器设备：TD3310 三相多功能标准表，MPE：±0.01°。

7.2　测量模型

按下式计算被检表的相位绝对误差 Δ：

$$\Delta = \varphi_0 - \varphi \tag{7}$$

式中：φ_0——被检继电保护测试仪相位设置值；

φ——三相多功能标准表实际测量值。

7.3　各输入量的标准不确定度分量评定

7.3.1　A 类标准不确定度评定

在相同条件下，选取被检继电保护测量仪的测量点为 45°，每次测量开始都重新启动检定装置，重复测量 10 次，数据见表 13。

表 13

测量次数	1	2	3	4	5	6	7	8	9	10
x_i/(°)	44.676	44.656	44.683	44.658	44.668	44.678	44.645	44.667	44.678	44.654

平均值为

$$\bar{x} = \frac{\sum_{i=1}^{n} x_i}{n} = 44.6663°$$

则

$$s = \sqrt{\frac{\sum_{i=1}^{n}(x_i - \bar{x})^2}{n-1}} = 0.013°$$

故

$$u_1 = s = 0.013°$$

7.3.2　B 类标准不确定度评定

7.3.2.1　三相多功能标准表误差引入的标准不确定度分量 u_2

三相多功能标准表最大允许误差为 ±0.01°，按正态分布，包含因子 $k=\sqrt{3}$，则

$$u_2 = 0.01/\sqrt{3} = 0.0058°$$

7.3.2.2　被检继电保护测试仪量程分辨力引入的标准不确定度分量 u_3

被检继电保护测试仪量程分辨力为 0.001°，按均匀分布，包含因子 $k=\sqrt{3}$，则

$$u_3 = 0.001/2\sqrt{3} = 0.00029°$$

由于 A 类由重复性引入的不确定度已经体现了由分辨力带来的影响，且 A 类由重复性引入的不确定度远远大于由分辨力引入的不确定度分量，所以由分辨力产生的不确定度分量 u_3 可以忽略不计。

7.4　各标准不确定度分量汇总（见表 14）。

表 14

符号	不确定度来源	类型	标准不确定度值/(°)	灵敏系数 c_i
u_1	测量重复性	A	0.013	—
u_2	检定装置误差	B	0.0058	−1
u_3	检定装置分辨力误差（忽略不计）	B	0.00029	−1

7.5　合成标准不确定度计算

各影响量彼此独立不相关，则合成标准不确定度为

$$u_c = \sqrt{\sum_{i=1}^{2} c_i^2 u_i^2} = 0.014°$$

7.6　扩展不确定度评定

取包含因子 $k=2$，则扩展不确定度为

$$U = k \cdot u_c = 2 \times 0.014 = 0.028°$$

相对扩展不确定度为

$$U_{rel} = 0.032\% \quad (k=2)$$

十、检定或校准结果的验证

检定或校准结果的验证采用传递比较法。

用本装置测量一台继电保护测试仪输出，然后与上级检定的数据进行比对。测量结果如下（环境条件：温度20℃，湿度：50% RH）。

1. 交流电压测量不确定度验证

电压	本装置检定数据 y_{lab}	上级标准检定数据 y_{ref}	$\|y_{lab}-y_{ref}\|$	$\sqrt{U_{lab}^2+U_{ref}^2}$
100V	99.9996V	99.9999V	0.00003V	0.011V

2. 交流电流测量不确定度验证

电流	本装置检定数据 y_{lab}	上级标准检定数据 y_{ref}	$\|y_{lab}-y_{ref}\|$	$\sqrt{U_{lab}^2+U_{ref}^2}$
2A	1.99986A	2.00001A	0.00015A	0.0022A

3. 直流电压测量不确定度验证

电压	本装置检定数据 y_{lab}	上级标准检定数据 y_{ref}	$\|y_{lab}-y_{ref}\|$	$\sqrt{U_{lab}^2+U_{ref}^2}$
10V	9.99950V	9.9997V	0.0002V	0.0011V

4. 直流电流测量不确定度验证

电流	本装置检定数据 y_{lab}	上级标准检定数据 y_{ref}	$\|y_{lab}-y_{ref}\|$	$\sqrt{U_{lab}^2+U_{ref}^2}$
1A	1.00002A	0.999989A	0.000031A	0.0008A

5. 时间测量不确定度验证

时间	本装置检定数据 y_{lab}	上级标准检定数据 y_{ref}	$\|y_{lab}-y_{ref}\|$	$\sqrt{U_{lab}^2+U_{ref}^2}$
10ms	9.9936ms	9.9933ms	0.0003ms	0.0012ms

6. 频率测量不确定度验证

频率	本装置检定数据 y_{lab}	上级标准检定数据 y_{ref}	$\|y_{lab}-y_{ref}\|$	$\sqrt{U_{lab}^2+U_{ref}^2}$
50Hz	49.9995Hz	49.9993Hz	0.0002Hz	0.0004Hz

7. 相位测量不确定度验证

相角	本装置检定数据 y_{lab}	上级标准检定数据 y_{ref}	$\|y_{lab}-y_{ref}\|$	$\sqrt{U_{lab}^2+U_{ref}^2}$
45°	44.764°	44.759°	0.005°	0.028°

测量结果均满足 $|y_{lab}-y_{ref}| \leq \sqrt{U_{lab}^2+U_{ref}^2}$，故本装置通过验证，符合要求。

十一、结论
经过分析与实验验证，本装置符合 JJG 1112—2015《继电保护测试仪》和 JJF 1033—2016《计量标准考核规范》的要求，可以开展 0.1 级及以下继电保护测试仪的检定工作。
十二、附加说明

示例 3.6　单相直流电能表检定装置

计量标准考核（复查）申请书

［　　］量标　　　证字第　　　号

计量标准名称＿＿单相直流电能表检定装置＿＿

计量标准代码＿＿＿＿15313504＿＿＿＿

建标单位名称＿＿＿＿＿＿＿＿＿＿＿＿

组织机构代码＿＿＿＿＿＿＿＿＿＿＿＿

单　位　地　址＿＿＿＿＿＿＿＿＿＿＿＿

邮　政　编　码＿＿＿＿＿＿＿＿＿＿＿＿

计量标准负责人及电话＿＿＿＿＿＿＿＿

计量标准管理部门联系人及电话＿＿＿＿＿

年　　月　　日

说　　明

1. 申请新建计量标准考核，建标单位应当提供以下资料：

1）《计量标准考核（复查）申请书》原件一式两份和电子版一份；

2）《计量标准技术报告》原件一份；

3）计量标准器及主要配套设备有效的检定或校准证书复印件一套；

4）开展检定或校准项目的原始记录及相应的模拟检定或校准证书复印件两套；

5）检定或校准人员能力证明复印件一套；

6）可以证明计量标准具有相应测量能力的其他技术资料（如果适用）复印件一套。

2. 申请计量标准复查考核，建标单位应当提供以下资料：

1）《计量标准考核（复查）申请书》原件一式两份和电子版一份；

2）《计量标准考核证书》原件一份；

3）《计量标准技术报告》原件一份；

4）《计量标准考核证书》有效期内计量标准器及主要配套设备连续、有效的检定或校准证书复印件一套；

5）随机抽取该计量标准近期开展检定或校准工作的原始记录及相应的检定或校准证书复印件两套；

6）《计量标准考核证书》有效期内连续的《检定或校准结果的重复性试验记录》复印件一套；

7）《计量标准考核证书》有效期内连续的《计量标准的稳定性考核记录》复印件一套；

8）检定或校准人员能力证明复印件一套；

9）计量标准更换申报表（如果适用）复印件一份；

10）计量标准封存（或撤销）申报表（如果适用）复印件一份；

11）可以证明计量标准具有相应测量能力的其他技术资料（如果适用）复印件一套。

3.《计量标准考核（复查）申请书》采用计算机打印，并使用 A4 纸。

注：新建计量标准申请考核时不必填写“计量标准考核证书号”。

<table>
<tr><td colspan="2">计量标准
名　　称</td><td colspan="4">单相直流电能表检定装置</td><td colspan="2">计量标准
考核证书号</td><td></td></tr>
<tr><td colspan="2">保存地点</td><td colspan="4"></td><td colspan="2">计量标准
原值（万元）</td><td></td></tr>
<tr><td colspan="2">计量标准
类　　别</td><td colspan="2">☑　社会公用
☑　计量授权</td><td colspan="3">□　部门最高
□　计量授权</td><td colspan="2">□　企事业最高
□　计量授权</td></tr>
<tr><td colspan="2">测量范围</td><td colspan="7">DCV：(4.8～1000)V
DCI：(0.01～400)A</td></tr>
<tr><td colspan="2">不确定度或
准确度等级或
最大允许误差</td><td colspan="7">0.02 级</td></tr>
<tr><td rowspan="4">计量标准器</td><td>名　称</td><td>型　号</td><td>测量范围</td><td>不确定度
或准确度等级
或最大允许误差</td><td>制造厂及
出厂编号</td><td>检定周
期或复
校间隔</td><td>末次检
定或校
准日期</td><td>检定或校
准机构及
证书号</td></tr>
<tr><td>直流电能表
检定装置</td><td></td><td>DCV：
(4.8～1000)V
DCI：
(0.01～400)A</td><td>0.02 级</td><td></td><td>1 年</td><td></td><td></td></tr>
<tr><td></td><td></td><td></td><td></td><td></td><td></td><td></td><td></td></tr>
<tr><td></td><td></td><td></td><td></td><td></td><td></td><td></td><td></td></tr>
<tr><td rowspan="3">主要配套设备</td><td>耐压测试仪</td><td></td><td>(0～5000)V</td><td>5.0 级</td><td></td><td>1 年</td><td></td><td></td></tr>
<tr><td>兆欧表</td><td></td><td>(0～500)MΩ</td><td>10 级</td><td></td><td>1 年</td><td></td><td></td></tr>
<tr><td>日差
测量仪</td><td></td><td>(−9.99～
9.99)s/d</td><td>±0.05s/d</td><td></td><td>1 年</td><td></td><td></td></tr>
</table>

	序号	项　目	要　　求	实际情况	结论
环境条件及设施	1	温　度	(20 ±2)℃	(20 ±1)℃	合格
	2	湿　度	60% RH ±15% RH	60% RH ±10% RH	合格
	3				
	4				
	5				
	6				
	7				
	8				

	姓 名	性别	年龄	从事本项目年限	学 历	能力证明名称及编号	核准的检定或校准项目
检定或校准人员							

<table>
<tr><td rowspan="28">文件集登记</td><td>序号</td><td>名　　称</td><td>是否具备</td><td>备 注</td></tr>
<tr><td>1</td><td>计量标准考核证书（如果适用）</td><td>否</td><td>新建</td></tr>
<tr><td>2</td><td>社会公用计量标准证书（如果适用）</td><td>否</td><td>新建</td></tr>
<tr><td>3</td><td>计量标准考核（复查）申请书</td><td>是</td><td></td></tr>
<tr><td>4</td><td>计量标准技术报告</td><td>是</td><td></td></tr>
<tr><td>5</td><td>检定或校准结果的重复性试验记录</td><td>是</td><td></td></tr>
<tr><td>6</td><td>计量标准的稳定性考核记录</td><td>是</td><td></td></tr>
<tr><td>7</td><td>计量标准更换申请表（如果适用）</td><td>否</td><td>新建</td></tr>
<tr><td>8</td><td>计量标准封存（或撤销）申报表（如果适用）</td><td>否</td><td>新建</td></tr>
<tr><td>9</td><td>计量标准履历书</td><td>是</td><td></td></tr>
<tr><td>10</td><td>国家计量检定系统表（如果适用）</td><td>是</td><td></td></tr>
<tr><td>11</td><td>计量检定规程或计量技术规范</td><td>是</td><td></td></tr>
<tr><td>12</td><td>计量标准操作程序</td><td>是</td><td></td></tr>
<tr><td>13</td><td>计量标准器及主要配套设备使用说明书（如果适用）</td><td>是</td><td></td></tr>
<tr><td>14</td><td>计量标准器及主要配套设备的检定或校准证书</td><td>是</td><td></td></tr>
<tr><td>15</td><td>检定或校准人员能力证明</td><td>是</td><td></td></tr>
<tr><td>16</td><td>实验室的相关管理制度</td><td colspan="2"></td></tr>
<tr><td>16. 1</td><td>实验室岗位管理制度</td><td>是</td><td></td></tr>
<tr><td>16. 2</td><td>计量标准使用维护管理制度</td><td>是</td><td></td></tr>
<tr><td>16. 3</td><td>量值溯源管理制度</td><td>是</td><td></td></tr>
<tr><td>16. 4</td><td>环境条件及设施管理制度</td><td>是</td><td></td></tr>
<tr><td>16. 5</td><td>计量检定规程或计量技术规范管理制度</td><td>是</td><td></td></tr>
<tr><td>16. 6</td><td>原始记录及证书管理制度</td><td>是</td><td></td></tr>
<tr><td>16. 7</td><td>事故报告管理制度</td><td>是</td><td></td></tr>
<tr><td>16. 8</td><td>计量标准文件集管理制度</td><td>是</td><td></td></tr>
<tr><td>17</td><td>开展检定或校准工作的原始记录及相应的检定或校准证书副本</td><td>是</td><td></td></tr>
<tr><td>18</td><td>可以证明计量标准具有相应测量能力的其他技术资料（如果适用）</td><td colspan="2"></td></tr>
<tr><td>18. 1</td><td>检定或校准结果的不确定度评定报告</td><td>是</td><td></td></tr>
<tr><td></td><td>18. 2</td><td>计量比对报告</td><td>否</td><td>新建</td></tr>
<tr><td></td><td>18. 3</td><td>研制或改造计量标准的技术鉴定或验收资料</td><td>否</td><td>非自制</td></tr>
</table>

<table>
<tr><td rowspan="2">开展的检定或校准项目</td><td>名　称</td><td>测量范围</td><td>不确定度或准确度等级或最大允许误差</td><td>所依据的计量检定规程或计量技术规范的编号及名称</td></tr>
<tr><td>单相直流电能表</td><td>DCV：
（4.8～1000）V
DCI：
（0.01～400）A</td><td>0.2 级及以下</td><td>JJG 842—2017
《电子式直流电能表》</td></tr>
<tr><td>建标单位意见</td><td colspan="4">负责人签字：　　（公章）
年　月　日</td></tr>
<tr><td>建标单位
主管部门意见</td><td colspan="4">（公章）
年　月　日</td></tr>
<tr><td>主持考核的
人民政府计量
行政部门意见</td><td colspan="4">（公章）
年　月　日</td></tr>
<tr><td>组织考核的
人民政府计量
行政部门意见</td><td colspan="4">（公章）
年　月　日</td></tr>
</table>

计 量 标 准 技 术 报 告

计量标准名称　单相直流电能表检定装置

计量标准负责人＿＿＿＿＿＿＿＿

建标单位名称＿＿＿＿＿＿＿＿

填 写 日 期＿＿＿＿＿＿＿＿

目　录

一、建立计量标准的目的

近年来，随着科技发展、节能减排政策的落实，直流电能测量技术在工业生产和科研实验中的应用日益广泛，直流电能计量越来越重要。为了保证直流电能量值的准确可靠，建立此计量标准。

二、计量标准的工作原理及其组成

由直流电流（或代表直流电流的电压）和直流电压作用于固态（电子）元件而产生与被测电能成正比输出的仪表，称为电子式直流电能表。按照接入方式可分为直接接入式电能表和间接接入式电能表两类。

其原理结构框图见图 1 和图 2。

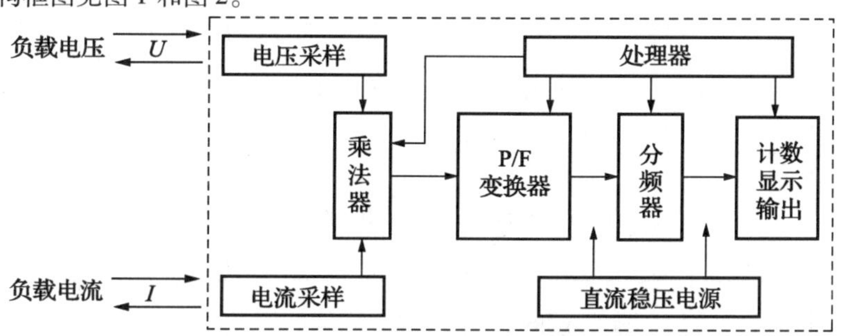

图 1　直接接入式电能表原理结构框图

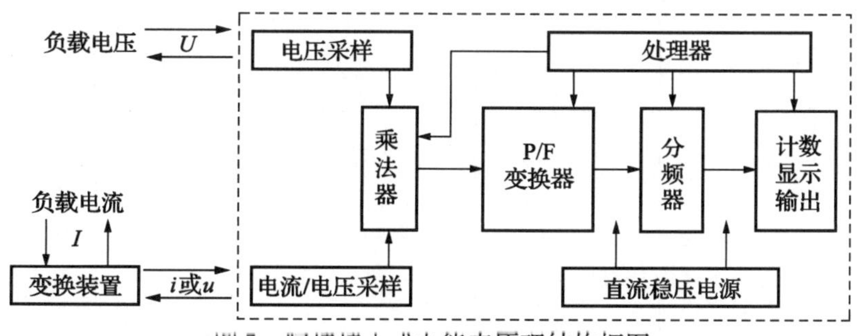

图 2　间接接入式电能表原理结构框图

本检定装置采用直接测量法，即将直流电能表检定装置的输出端连接在直流电能表的输入端，连接两者的电能脉冲信号，用标准表比对法可得到被检电能表的电能误差。

三、计量标准器及主要配套设备

	名　称	型　号	测量范围	不确定度或准确度等级或最大允许误差	制造厂及出厂编号	检定周期或复校间隔	检定或校准机构
计量标准器	直流电能表检定装置		DCV：(4.8～1000)V DCI：(0.01～400)A	0.02 级		1 年	
主要配套设备	耐压测试仪		(0～5000)V	5.0 级		1 年	
	兆欧表		(0～500)MΩ	10 级		1 年	
	日差测量仪		(−9.99～9.99)s/d	±0.05s/d		1 年	

四、计量标准的主要技术指标

测量范围：

DCV：(4.8～1000)V

DCI：(0.01～400)A

准确度等级：

0.02级

五、环境条件

序号	项　目	要　　求	实际情况	结　　论
1	温　度	(20±2)℃	(20±1)℃	合格
2	湿　度	60% RH±15% RH	60% RH±10% RH	合格
3				
4				
5				
6				

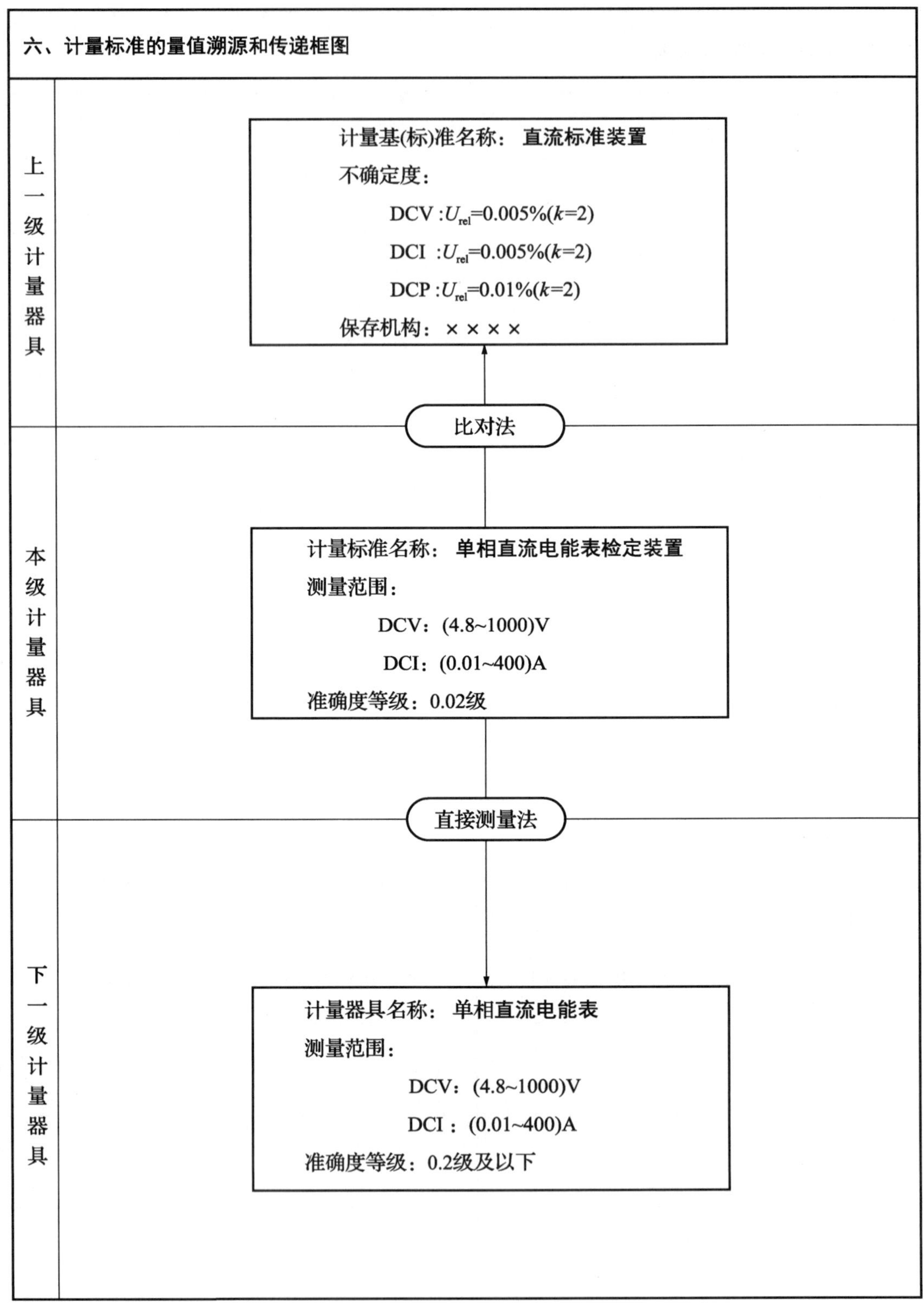
六、计量标准的量值溯源和传递框图
上一级计量器具
计量基(标)准名称：直流标准装置
不确定度：
DCV：U_{rel}=0.005%(k=2)
DCI：U_{rel}=0.005%(k=2)
DCP：U_{rel}=0.01%(k=2)
保存机构：××××
比对法
本级计量器具
计量标准名称：单相直流电能表检定装置
测量范围：
DCV：(4.8~1000)V
DCI：(0.01~400)A
准确度等级：0.02级
直接测量法
下一级计量器具
计量器具名称：单相直流电能表
测量范围：
DCV：(4.8~1000)V
DCI：(0.01~400)A
准确度等级：0.2级及以下

七、计量标准的稳定性考核

本装置采用高等级的计量标准进行稳定性考核。每隔约一个月用高等级的计量标准测量直流电能表检定装置（型号：TD1560；编号：05124302）576V、100A 检测点的电能基本误差，测量结果之间的最大差值的绝对值作为其稳定性数据。考核数据如下。

单相直流电能表检定装置的稳定性考核记录

考核时间	2017 年 2 月 5 日	2017 年 3 月 10 日	2017 年 4 月 15 日	2017 年 5 月 19 日
核查标准	名称：直流标准电能表　准确度等级：0.01 级　编号：20172525			
测量条件	20.2%；52% RH	20.3℃；53% RH	20.2℃；54% RH	20.1℃；52% RH
测量次数	测得值/%	测得值/%	测得值/%	测得值/%
1	0.008	0.008	0.007	0.008
2	0.008	0.009	0.008	0.009
3	0.007	0.008	0.008	0.009
4	0.008	0.008	0.009	0.008
5	0.008	0.007	0.009	0.009
6	0.008	0.008	0.008	0.009
7	0.008	0.009	0.008	0.008
8	0.008	0.008	0.008	0.008
9	0.008	0.008	0.008	0.009
10	0.008	0.008	0.008	0.010
$\bar{y}_i$	0.0079	0.0081	0.0081	0.0087
最大变化量 $\bar{y}_{imax}-\bar{y}_{imin}$	0.0006%			
允许变化量	0.02%			
结　论	符合要求			
考核人员	×××			

八、检定或校准结果的重复性试验

在重复性测量条件下，用直流电能表检定装置作标准器。对 1 级直流电能表（型号：DJZY102；规格：576V、100(600)A；编号：1106070345000502）进行 576V、100A 检测点的电能基本误差的重复性试验。试验数据如下。

单相直流电能表检定装置的检定或校准结果的重复性试验记录

<table>
<tr><td>试验时间</td><td colspan="3">2017 年 6 月 14 日</td></tr>
<tr><td rowspan="2">被测对象</td><td>名　称</td><td>型　号</td><td>编　号</td></tr>
<tr><td>直流电能表</td><td>DJZY102</td><td>1106070345000502</td></tr>
<tr><td>测量条件</td><td colspan="3">20.5℃；51% RH</td></tr>
<tr><td>测量次数</td><td colspan="3">测得值/%</td></tr>
<tr><td>1</td><td colspan="3">0.43</td></tr>
<tr><td>2</td><td colspan="3">0.44</td></tr>
<tr><td>3</td><td colspan="3">0.45</td></tr>
<tr><td>4</td><td colspan="3">0.46</td></tr>
<tr><td>5</td><td colspan="3">0.44</td></tr>
<tr><td>6</td><td colspan="3">0.58</td></tr>
<tr><td>7</td><td colspan="3">0.47</td></tr>
<tr><td>8</td><td colspan="3">0.35</td></tr>
<tr><td>9</td><td colspan="3">0.42</td></tr>
<tr><td>10</td><td colspan="3">0.61</td></tr>
<tr><td>$\bar{y}$</td><td colspan="3">0.465</td></tr>
<tr><td>$s(y_i)=\sqrt{\frac{\sum_{i=1}^{n}(y_i-\bar{y})^2}{n-1}}$</td><td colspan="3">0.077%</td></tr>
<tr><td>结　论</td><td colspan="3">符合要求</td></tr>
<tr><td>试验人员</td><td colspan="3">×××</td></tr>
</table>

九、检定或校准结果的不确定度评定

1　概述

1.1　测量依据：JJG 842—2017《电子式直流电能表》。

1.2　测量标准：0.02 级直流电能表检定装置。

1.3　被测对象：1 级电子式直流电能表。（规格：576VDC、100(600)A）

1.4　测量方法：被检表测得的电能与标准装置测得的电能相比较，确定被检表的相对误差 γ(%)。

2　测量模型

$$\gamma = \gamma_1 + \gamma_2 + \gamma_3 \tag{1}$$

式中：γ——被检表对电能的测量误差,%；

γ_1——由检定装置确定的测量误差（装置显示器上显示的误差）,%；

γ_2——装置的测量误差,%；

γ_3——被检表误差数据修约引起的测量误差,%。

3　灵敏系数

由式（1）得灵敏系数为

$$c_1 = c_2 = c_3 = \frac{\partial \gamma}{\partial \gamma_1} = \frac{\partial \gamma}{\partial \gamma_2} = \frac{\partial \gamma}{\partial \gamma_3} = 1$$

4　各输入量的标准不确定度分量评定

4.1　被检表测量重复性引入的标准不确定度分量 $u(\gamma_1)$

测量 1 级电子式直流电能表，在量程 $U_n = 576\text{V}$、$I_b = 100\text{A}$ 时，重复性条件下进行 10 次测量，数据见表 1。

表 1

测量次数	1	2	3	4	5	6	7	8	9	10
误差/%	0.23	0.34	0.45	0.36	0.44	0.38	0.29	0.35	0.46	0.57

测量平均值为 $\overline{\gamma} = 0.39\%$，则单次测量的实验标准差为

$$s = \sqrt{\frac{\sum_{i=1}^{n} (\gamma_i - \overline{\gamma})^2}{n-1}} = 0.0966\%$$

在常规测量中，通常取两次测量误差的平均值作为测量结果，则

$$u(\gamma_1) = s/\sqrt{2} = 0.0683\%$$

4.2　检定装置测量误差 γ_2 引入的标准不确定度分量 $u(\gamma_2)$

直流电能表检定装置的最大允许误差为 ±0.02%，服从均匀分布，包含因子 $k = \sqrt{3}$，则

$$u(\gamma_2) = \frac{e_1}{k} = \frac{0.02\%}{\sqrt{3}} = 0.0115\%$$

4.3　被检表误差修约 γ_3 引入的标准不确定度分量 $u(\gamma_3)$

此测量结果化整间隔为 0.1%，则化整引入的不确定度为 0.1%，区间的半宽度为 0.05%，服从均匀分布，包含因子 $k = \sqrt{3}$，则

$$u(\gamma_3) = \frac{0.05\%}{\sqrt{3}} = 0.0289\%$$

5　标准不确定度分量汇总（见表 2）。

表 2

符号	不确定度来源	标准不确定度值	包含因子	灵敏系数 c_i
$u(\gamma_1)$	测量重复性	0.0683%	—	1
$u(\gamma_2)$	装置误差	0.0115%	$\sqrt{3}$	1
$u(\gamma_3)$	数据修约	0.0289%	$\sqrt{3}$	1

6　合成标准不确定度计算

各影响量彼此独立不相关，则合成标准不确定度为

$$u_c(\gamma) = \sqrt{c_1^2u^2(\gamma_1) + c_2^2u^2(\gamma_2) + c_3^2u^2(\gamma_3)}$$
$$= \sqrt{(0.0683\%)^2 + (0.0115\%)^2 + (0.0289\%)^2}$$
$$= 0.0751\%$$

7　扩展不确定度评定

取包含因子 $k=2$,则扩展不确定度为

$$U = k \cdot u_c(\gamma) = 2 \times 0.0751\% = 0.1502\% \approx 0.2\%$$

8　不确定度评定报告

在量程 $U_n = 576\text{V}$、$I_b = 100\text{A}$ 时，该 1 级直流电能表的测量误差 $\gamma = 0.39\%$，修约后误差 $\gamma = 0.4\%$，此测量结果的测量不确定度为：$U = 0.2\%$　($k=2$)。

9　结论

由上述不确定度分析与计算可知，本直流电能表标准装置检定直流电能表所得误差的不确定度符合 JJG 842—2017《电子式直流电能表》的要求。

十、检定或校准结果的验证

检定或校准结果的验证采用传递比较法。

××测控技术有限公司和上级计量部门分别使用直流电能表检定装置对 1 级电子式直流电能表（规格：576VDC、100(600)A）进行检定，测量结果如下。

测量点	y_{lab}/%	y_{ref}/%	U_{lab}/%	U_{ref}/%	$\|y_{lab}-y_{ref}\|$/%	$\sqrt{U_{lab}^2+U_{ref}^2}$/%
$U_n=576V$ $I_b=100A$	0. 39	0. 28	0. 16	0. 15	0. 11	0. 22

测量结果满足 $|y_{lab}-y_{ref}|\leq\sqrt{U_{lab}^2+U_{ref}^2}$，故本装置通过验证，符合要求。

十一、结论

经过分析与实验验证，本装置符合 JJG 842—2017《电子式直流电能表》和 JJF 1033—2016《计量标准考核规范》的要求，可以开展 0.2 级及以下单相直流电能表的检定工作。

十二、附加说明

示例 3.7　钳形电流表校准装置

计量标准考核（复查）申请书

［　　］量标　　　证字第　　　号

计量标准名称＿＿**钳形电流表校准装置**＿＿

计量标准代码＿＿**15117500**＿＿

建标单位名称＿＿＿＿＿＿＿＿

组织机构代码＿＿＿＿＿＿＿＿

单 位 地 址＿＿＿＿＿＿＿＿

邮 政 编 码＿＿＿＿＿＿＿＿

计量标准负责人及电话＿＿＿＿＿＿

计量标准管理部门联系人及电话＿＿＿＿

年　　月　　日

说　　明

1. 申请新建计量标准考核，建标单位应当提供以下资料：

1）《计量标准考核（复查）申请书》原件一式两份和电子版一份；

2）《计量标准技术报告》原件一份；

3）计量标准器及主要配套设备有效的检定或校准证书复印件一套；

4）开展检定或校准项目的原始记录及相应的模拟检定或校准证书复印件两套；

5）检定或校准人员能力证明复印件一套；

6）可以证明计量标准具有相应测量能力的其他技术资料（如果适用）复印件一套。

2. 申请计量标准复查考核，建标单位应当提供以下资料：

1）《计量标准考核（复查）申请书》原件一式两份和电子版一份；

2）《计量标准考核证书》原件一份；

3）《计量标准技术报告》原件一份；

4）《计量标准考核证书》有效期内计量标准器及主要配套设备连续、有效的检定或校准证书复印件一套；

5）随机抽取该计量标准近期开展检定或校准工作的原始记录及相应的检定或校准证书复印件两套；

6）《计量标准考核证书》有效期内连续的《检定或校准结果的重复性试验记录》复印件一套；

7）《计量标准考核证书》有效期内连续的《计量标准的稳定性考核记录》复印件一套；

8）检定或校准人员能力证明复印件一套；

9）计量标准更换申报表（如果适用）复印件一份；

10）计量标准封存（或撤销）申报表（如果适用）复印件一份；

11）可以证明计量标准具有相应测量能力的其他技术资料（如果适用）复印件一套。

3.《计量标准考核（复查）申请书》采用计算机打印，并使用 A4 纸。

注：新建计量标准申请考核时不必填写“计量标准考核证书号”。

<table>
<tr><td colspan="2">计量标准
名　　称</td><td colspan="3">钳形电流表校准装置</td><td colspan="2">计量标准
考核证书号</td><td colspan="2"></td></tr>
<tr><td colspan="2">保存地点</td><td colspan="3"></td><td colspan="2">计量标准
原值（万元）</td><td colspan="2"></td></tr>
<tr><td colspan="2">计量标准
类　　别</td><td colspan="2">☑ 社会公用
☑ 计量授权</td><td colspan="2">☐ 部门最高
☐ 计量授权</td><td colspan="3">☐ 企事业最高
☐ 计量授权</td></tr>
<tr><td colspan="2">测量范围</td><td colspan="7">DCI：(0.1～2000)A
ACI：(0.1～2000)A [(45～400)Hz]</td></tr>
<tr><td colspan="2">不确定度或
准确度等级或
最大允许误差</td><td colspan="7">0.02 级</td></tr>
<tr><td rowspan="2">计量标准器</td><td>名　称</td><td>型 号</td><td>测量范围</td><td>不确定度
或准确度等级
或最大允许误差</td><td>制造厂及
出厂编号</td><td>检定周期或复校间隔</td><td>末次检定或校准日期</td><td>检定或校准机构及证书号</td></tr>
<tr><td>钳形表综合校准装置</td><td></td><td>DCI：
(0.1～2000)A
ACI：
(0.1～2000)A
[(45～400)Hz]</td><td>0.02 级</td><td></td><td>1 年</td><td></td><td></td></tr>
<tr><td>主要配套设备</td><td></td><td></td><td></td><td></td><td></td><td></td><td></td><td></td></tr>
</table>

	序号	项　目	要　　求	实 际 情 况	结论
环境条件及设施	1	温　度	(20 ±5)℃	(20 ±2)℃	合格
	2	湿　度	55% RH ±20% RH	55% RH ±10% RH	合格
	3				
	4				
	5				
	6				
	7				
	8				

	姓 名	性别	年龄	从事本项目年限	学 历	能力证明名称及编号	核准的检定或校准项目
检定或校准人员							

	序号	名　称	是否具备	备 注
文件集登记	1	计量标准考核证书（如果适用）	否	新建
	2	社会公用计量标准证书（如果适用）	否	新建
	3	计量标准考核（复查）申请书	是	
	4	计量标准技术报告	是	
	5	检定或校准结果的重复性试验记录	是	
	6	计量标准的稳定性考核记录	是	
	7	计量标准更换申请表（如果适用）	否	新建
	8	计量标准封存（或撤销）申报表（如果适用）	否	新建
	9	计量标准履历书	是	
	10	国家计量检定系统表（如果适用）	是	
	11	计量检定规程或计量技术规范	是	
	12	计量标准操作程序	是	
	13	计量标准器及主要配套设备使用说明书（如果适用）	是	
	14	计量标准器及主要配套设备的检定或校准证书	是	
	15	检定或校准人员能力证明	是	
	16	实验室的相关管理制度		
	16.1	实验室岗位管理制度	是	
	16.2	计量标准使用维护管理制度	是	
	16.3	量值溯源管理制度	是	
	16.4	环境条件及设施管理制度	是	
	16.5	计量检定规程或计量技术规范管理制度	是	
	16.6	原始记录及证书管理制度	是	
	16.7	事故报告管理制度	是	
	16.8	计量标准文件集管理制度	是	
	17	开展检定或校准工作的原始记录及相应的检定或校准证书副本	是	
	18	可以证明计量标准具有相应测量能力的其他技术资料（如果适用）		
	18.1	检定或校准结果的不确定度评定报告	是	
	18.2	计量比对报告	否	新建
	18.3	研制或改造计量标准的技术鉴定或验收资料	否	非自制

<table>
<tr><td rowspan="2">开展的检定或校准项目</td><td>名　称</td><td>测量范围</td><td>不确定度或准确度等级或最大允许误差</td><td>所依据的计量检定规程或计量技术规范的编号及名称</td></tr>
<tr><td>钳形电流表</td><td>DCI：
（0.1～2000）A
ACI：
（0.1～2000）A
[（45～400）Hz]</td><td>0.2 级及以下</td><td>JJF 1075—2015
《钳形电流表校准规范》</td></tr>
<tr><td>建标单位意见</td><td colspan="4">负责人签字：　　　　（公章）
年　月　日</td></tr>
<tr><td>建标单位
主管部门意见</td><td colspan="4">（公章）
年　月　日</td></tr>
<tr><td>主持考核的
人民政府计量
行政部门意见</td><td colspan="4">（公章）
年　月　日</td></tr>
<tr><td>组织考核的
人民政府计量
行政部门意见</td><td colspan="4">（公章）
年　月　日</td></tr>
</table>

计量标准技术报告

计量标准名称　钳形电流表校准装置

计量标准负责人＿＿＿＿＿＿＿＿

建标单位名称＿＿＿＿＿＿＿＿

填　写　日　期＿＿＿＿＿＿＿＿

目　录

一、建立计量标准的目的

钳形电流表在作为大电流测量仪表在大中型厂矿企业已经普遍使用，为了开展钳形电流表的校准工作，保证钳形电流表量值溯源准确可靠，更好地服务于社会，建立本计量标准。

二、计量标准的工作原理及其组成

采用标准电流源法对钳形电流表电流进行校准。校准原理如图1所示。

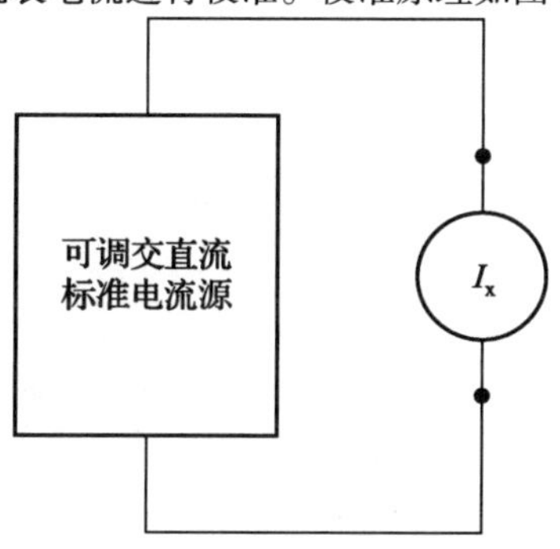

图1　标准电流源法的原理图

I_x—被校钳形电流表

调整被校钳形电流表的零位并处于标志位置，将被测导线置于钳口近似几何中心位置或标志位置。调节电流源，使被校表顺序地指示在已选定的校准点（数字式）或数字分度线（指针式），并记录校准已选定点时标准电流源输出的实际值 I_1，则示值误差按下式计算：

$$\Delta = I - I_1$$

式中：Δ——被校钳形电流表示值误差，A；

I——被校钳形电流表显示值（数字式）或指示值（指针式），A；

I_1——标准电流源输出电流实际值，A。

<table>
<tr><th colspan="8">三、计量标准器及主要配套设备</th></tr>
<tr><th></th><th>名　称</th><th>型　号</th><th>测量范围</th><th>不确定度
或准确度等级
或最大允许误差</th><th>制造厂及
出厂编号</th><th>检定周
期或复
校间隔</th><th>检定或
校准机构</th></tr>
<tr><td rowspan="4">计量标准器</td><td>钳形表综合校准装置</td><td></td><td>DCI：
（0.1～2000）A
ACI：
（0.1～2000）A
[（45～400）Hz]</td><td>0.02 级</td><td></td><td>1 年</td><td></td></tr>
<tr><td></td><td></td><td></td><td></td><td></td><td></td><td></td></tr>
<tr><td></td><td></td><td></td><td></td><td></td><td></td><td></td></tr>
<tr><td></td><td></td><td></td><td></td><td></td><td></td><td></td></tr>
<tr><td rowspan="7">主要配套设备</td><td></td><td></td><td></td><td></td><td></td><td></td><td></td></tr>
<tr><td></td><td></td><td></td><td></td><td></td><td></td><td></td></tr>
<tr><td></td><td></td><td></td><td></td><td></td><td></td><td></td></tr>
<tr><td></td><td></td><td></td><td></td><td></td><td></td><td></td></tr>
<tr><td></td><td></td><td></td><td></td><td></td><td></td><td></td></tr>
<tr><td></td><td></td><td></td><td></td><td></td><td></td><td></td></tr>
<tr><td></td><td></td><td></td><td></td><td></td><td></td><td></td></tr>
</table>

四、计量标准的主要技术指标

测量范围：

DCI：(0.1～2000)A

ACI：(0.1～2000)A［(45～400)Hz］

准确度等级：

0.02级

五、环境条件

序号	项　目	要　　求	实际情况	结　　论
1	温　度	(20±5)℃	(20±2)℃	合格
2	湿　度	55%RH±20%RH	55%RH±10%RH	合格
3				
4				
5				
6				

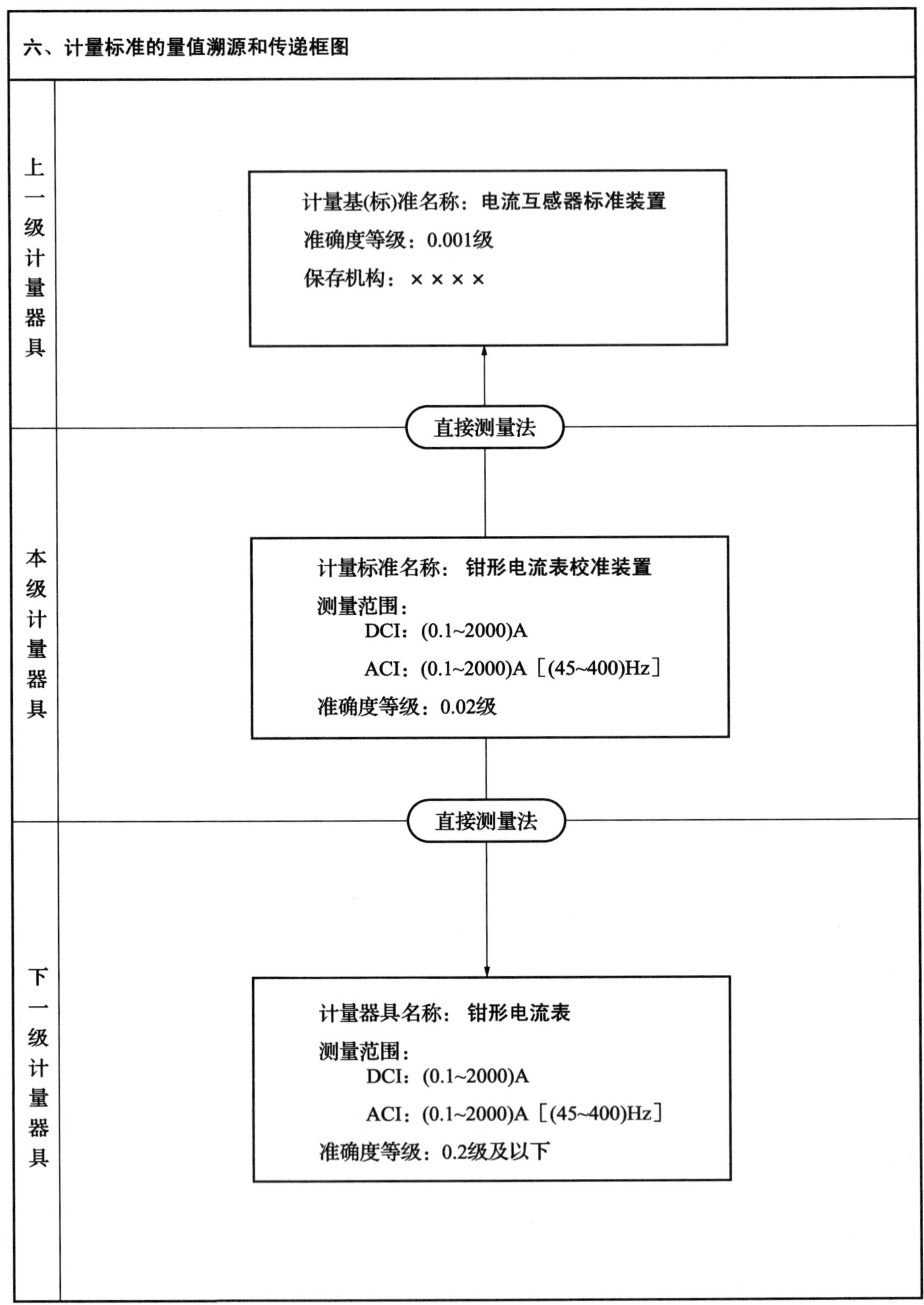
六、计量标准的量值溯源和传递框图
上一级计量器具
计量基(标)准名称：电流互感器标准装置
准确度等级：0.001级
保存机构：××××
直接测量法
本级计量器具
计量标准名称：钳形电流表校准装置
测量范围：
DCI：(0.1~2000)A
ACI：(0.1~2000)A［(45~400)Hz］
准确度等级：0.02级
直接测量法
下一级计量器具
计量器具名称：钳形电流表
测量范围：
DCI：(0.1~2000)A
ACI：(0.1~2000)A［(45~400)Hz］
准确度等级：0.2级及以下

七、计量标准的稳定性考核

本装置采用高等级的计量标准进行稳定性考核。每隔约一个月用高等级的计量标准测量钳形电流表校准装置（型号：TD1050A；编号：05142318）100A(50Hz）检测点的电流基本误差，测量结果之间的最大差值的绝对值作为其稳定性数据。考核数据如下。

钳形电流表校准装置的稳定性考核记录

考核时间	2017 年 4 月 15 日	2017 年 5 月 16 日	2017 年 6 月 20 日	2017 年 7 月 21 日
检查标准	名称：交直流电流表　型号：TD1350　编号：12042563			
测量条件	20.0℃；54% RH	20.5℃；56% RH	20.5℃；52% RH	20.3℃；54% RH
测量次数	测得值/A	测得值/A	测得值/A	测得值/A
1	100.006	100.006	100.006	100.007
2	100.006	100.006	100.006	100.007
3	100.008	100.006	100.008	100.007
4	100.008	100.008	100.008	100.005
5	100.007	100.005	100.005	100.006
6	100.006	100.006	100.006	100.008
7	100.006	100.006	100.006	100.005
8	100.005	100.007	100.006	100.006
9	100.006	100.007	100.006	100.006
10	100.006	100.005	100.006	100.006
$\overline{y}_i$	100.0064	100.0062	100.0063	100.0063
最大变化量 $\overline{y}_{imax}-\overline{y}_{imin}$	0.0001A			
允许变化量	0.02A			
结　论	符合要求			
考核人员	×××			

八、检定或校准结果的重复性试验

在重复性测量条件下，用钳形电流表校准装置（型号：TD1050A；编号：05142318）作标准器。对钳形电流表的100 A（50 Hz）检测点进行电流误差的重复性试验，数据如下。

钳形电流表校准装置的检定或校准结果的重复性试验记录

试验时间	2017年6月14日		
被测对象	名　称	型　号	编　号
	钳形电流表	2003	58654562
测量条件	20.5℃；51% RH		
测量次数	测得值/A		
1	100.6		
2	100.7		
3	100.7		
4	100.5		
5	100.7		
6	100.6		
7	100.6		
8	100.6		
9	100.5		
10	100.6		
$\bar{y}$	100.61A		
$s(y_i)=\sqrt{\frac{\sum_{i=1}^{n}(y_i-\bar{y})^2}{n-1}}$	0.0738A		
结　论	符合要求		
试验人员	×××		

九、检定或校准结果的不确定度评定

1　概述

1.1　测量依据：JJF 1075—2015《钳形电流表校准规范》。

1.2　测量标准：钳形表综合校准装置，技术性能见表1。

表1　实验室的计量标准器和配套设备

设备名称	测量范围	技术指标
钳形表综合校准装置	DCI：(0.1～2000)A ACI：(0.1～2000)A[(45～400)Hz]	0.02级

1.3　被测对象：钳形电流表。技术指标：600A/1000A，1.5%×读数±5字。

1.4　测量方法：在规定的参比条件下，用0.02级钳形表综合校准装置校准钳形电流表。

2　测量模型

$$\Delta = I - I_1 \tag{1}$$

式中：Δ——被校钳形电流表示值误差，A；

I——被校钳形电流表显示值（数字式）或指示值（指针式），A；

I_1——校准电流源电流实际值，A。

3　合成方差与灵敏系数

由于输入量 I 和 I_1 彼此独立不相关，则

$$u_c^2 = c_1^2 u^2(I) + c_2^2 u^2(I_1) \tag{2}$$

式中：$c_1 = \partial\Delta/\partial I = 1$；$c_2 = \partial\Delta/\partial I_1 = -1$。

4　各输入量的标准不确定度分量评定

4.1　钳形电流表重复性引入的标准不确定度分量 $u(I)$

用标准不确定度A类评定。以校准钳形电流表示值100A(50Hz)为例，用钳形表综合校准装置对钳形电流表重复测量10次，数据见表2。

表2　电流重复性测量数据

测量次数	交流电流/A
1	100.6
2	100.7
3	100.7
4	100.5
5	100.7
6	100.6
7	100.6
8	100.6
9	100.5
10	100.6

平均值 $\bar{x}$	100.61
$s=\sqrt{\dfrac{\sum_{i=1}^{n}(x_i-\bar{x})^2}{n-1}}$	0.0738

校准时取两次测量结果平均值，则

$$u(I)=s/\sqrt{2}=0.0522\text{A}$$

4.2　钳形电流表分辨力引入的标准不确定度分量 $u'(I)$

用标准不确定度 B 类评定。测量钳形电流表 100A 时的分辨力为 0.1A，按均匀分布，包含因子 $k=\sqrt{3}$，则

$$u'(I)=0.1/2\sqrt{3}=0.0289\text{A}$$

由于重复性分量包含分辨力引入的不确定度分量，为避免重复计算，只计算最大影响量 $u(I)$，舍弃 $u'(I)$。

4.3　钳形表综合校准装置示值不准引入的标准不确定度分量 $u(I_1)$

用标准不确定度 B 类评定。钳形电流表检定装置在 100A 时最大允许误差为 ±0.05A，按均匀分布，包含因子 $k=\sqrt{3}$，故钳形电流表检定装置引入的不确定度分量为：

$$u(I_1)=0.05/\sqrt{3}=0.0289\text{A}$$

5　各标准不确定度分量汇总（见表 3）。

表 3　各标准不确定度分量汇总

符号	不确定度来源	标准不确定度值	灵敏系数 c_i
$u(I)$	钳形电流表测量结果重复性	0.0522A	1
$u'(I)$	钳形电流表分辨力	0.0289A（舍去）	1
$u(I_1)$	钳形表综合校准装置示值	0.0289A	-1

6　合成标准不确定度计算

将上述各标准不确定度分量代入式（2），则

$$u_c=\sqrt{c_1^2u^2(I)+c_2^2u^2(I_1)}=\sqrt{0.0522^2+0.0289^2}=0.0596\text{A}$$

7　扩展不确定度评定

取包含因子 $k=2$，则扩展不确定度为

$$U=k\cdot u_c=2\times0.0569\approx0.12\text{A}$$

8　不确定度评定报告

在本实例中，钳形电流表交流 100A 的测量结果不确定度见表 4。

表 4　测量结果不确定度

频率/Hz	标准值/A	钳形电流表显示值的平均值/A	测量结果不确定度/A（$k=2$）
50	100.00	100.61	0.12

9　结论

由上述不确定度分析与计算可知，本钳形表综合校准装置校准钳形电流表的不确定度符合 JJF 1075—2015《钳形电流表校准规范》的要求。

十、检定或校准结果的验证

检定或校准结果的验证采用传递比较法。

被校对象：钳形电流表，技术指标：600A/1000A，±(1.5%×读数+5字)。测量100A的基本误差。用钳形表综合校准装置与上级0.001级电流互感器标准装置检定此点误差的测量结果进行比较，来验证所给不确定度的合理性。具体比对情况如下。

比对设备	钳形电流表显示值的平均值/A	测量结果不确定度($k=2$)/A	$\lvert y_{lab}-y_{ref}\rvert$/A	$\sqrt{U_{lab}^2+U_{ref}^2}$/A
钳形表综合校准装置	$y_{lab}=100.61$	$U_{lab}=0.12$	0.11	0.13
电流互感器标准装置	$y_{ref}=100.50$	$U_{ref}=0.04$		

测量结果满足$\lvert y_{lab}-y_{ref}\rvert \leq \sqrt{U_{lab}^2+U_{ref}^2}$，故本装置通过验证，符合要求。

十一、结论

经过分析与实验验证，本装置符合 JJF 1075—2015《钳形电流表校准规范》和 JJF 1033—2016《计量标准考核规范》的要求，可以开展 0.2 级及以下钳形电流表的校准工作。

十二、附加说明

示例 3.8 接地电阻表检定装置

计量标准考核（复查）申请书

［ ］量标 证字第 号

计量标准名称 **接地电阻表检定装置**

计量标准代码 **15611106**

建标单位名称__________

组织机构代码__________

单 位 地 址__________

邮 政 编 码__________

计量标准负责人及电话__________

计量标准管理部门联系人及电话__________

年 月 日

说　明

1. 申请新建计量标准考核，建标单位应当提供以下资料：

1）《计量标准考核（复查）申请书》原件一式两份和电子版一份；

2）《计量标准技术报告》原件一份；

3）计量标准器及主要配套设备有效的检定或校准证书复印件一套；

4）开展检定或校准项目的原始记录及相应的模拟检定或校准证书复印件两套；

5）检定或校准人员能力证明复印件一套；

6）可以证明计量标准具有相应测量能力的其他技术资料（如果适用）复印件一套。

2. 申请计量标准复查考核，建标单位应当提供以下资料：

1）《计量标准考核（复查）申请书》原件一式两份和电子版一份；

2）《计量标准考核证书》原件一份；

3）《计量标准技术报告》原件一份；

4）《计量标准考核证书》有效期内计量标准器及主要配套设备连续、有效的检定或校准证书复印件一套；

5）随机抽取该计量标准近期开展检定或校准工作的原始记录及相应的检定或校准证书复印件两套；

6）《计量标准考核证书》有效期内连续的《检定或校准结果的重复性试验记录》复印件一套；

7）《计量标准考核证书》有效期内连续的《计量标准的稳定性考核记录》复印件一套；

8）检定或校准人员能力证明复印件一套；

9）计量标准更换申报表（如果适用）复印件一份；

10）计量标准封存（或撤销）申报表（如果适用）复印件一份；

11）可以证明计量标准具有相应测量能力的其他技术资料（如果适用）复印件一套。

3.《计量标准考核（复查）申请书》采用计算机打印，并使用 A4 纸。

注：新建计量标准申请考核时不必填写“计量标准考核证书号”。

<table>
<tr><td colspan="2">计量标准
名　　称</td><td colspan="3">接地电阻表检定装置</td><td colspan="2">计量标准
考核证书号</td><td colspan="2"></td></tr>
<tr><td colspan="2">保存地点</td><td colspan="3"></td><td colspan="2">计量标准
原值（万元）</td><td colspan="2"></td></tr>
<tr><td colspan="2">计量标准
类　　别</td><td colspan="2">☑ 社会公用
☑ 计量授权</td><td colspan="2">□ 部门最高
□ 计量授权</td><td colspan="3">□ 企事业最高
□ 计量授权</td></tr>
<tr><td colspan="2">测量范围</td><td colspan="7">(0.001 ~ 11111.11)Ω</td></tr>
<tr><td colspan="2">不确定度或
准确度等级或
最大允许误差</td><td colspan="7">0.05 级</td></tr>
<tr><td rowspan="4">计
量
标
准
器</td><td>名　称</td><td>型　号</td><td>测量范围</td><td>不确定度
或准确度等级
或最大允许误差</td><td>制造厂及
出厂编号</td><td>检定周
期或复
校间隔</td><td>末次检
定或校
准日期</td><td>检定或校
准机构及
证书号</td></tr>
<tr><td>接地电阻
测试仪检
定装置</td><td></td><td>(0.001 ~
11111.11)Ω</td><td>0.05 级</td><td></td><td>1 年</td><td></td><td></td></tr>
<tr><td></td><td></td><td></td><td></td><td></td><td></td><td></td><td></td></tr>
<tr><td></td><td></td><td></td><td></td><td></td><td></td><td></td><td></td></tr>
<tr><td rowspan="3">主
要
配
套
设
备</td><td>数字式绝缘
电阻测试仪</td><td></td><td>500V/2000MΩ</td><td>10 级</td><td></td><td>1 年</td><td></td><td></td></tr>
<tr><td>自动耐压
测试仪</td><td></td><td>5kV</td><td>5 级</td><td></td><td>1 年</td><td></td><td></td></tr>
<tr><td>恒转速源</td><td></td><td>(100 ~ 250)
r/min</td><td>±1r/min</td><td></td><td>1 年</td><td></td><td></td></tr>
</table>

	序号	项 目	要 求	实际情况	结论
环境条件及设施	1	温 度	(20 ± 5)℃	(20 ± 2)℃	合格
	2	湿 度	40% RH ~ 75% RH	60% RH ± 10% RH	合格
	3				
	4				
	5				
	6				
	7				
	8				

	姓 名	性别	年龄	从事本项目年限	学 历	能力证明名称及编号	核准的检定或校准项目
检定或校准人员							

	序号	名　　称	是否具备	备 注
文件集登记	1	计量标准考核证书（如果适用）	否	新建
	2	社会公用计量标准证书（如果适用）	否	新建
	3	计量标准考核（复查）申请书	是	
	4	计量标准技术报告	是	
	5	检定或校准结果的重复性试验记录	是	
	6	计量标准的稳定性考核记录	是	
	7	计量标准更换申请表（如果适用）	否	新建
	8	计量标准封存（或撤销）申报表（如果适用）	否	新建
	9	计量标准履历书	是	
	10	国家计量检定系统表（如果适用）	是	
	11	计量检定规程或计量技术规范	是	
	12	计量标准操作程序	是	
	13	计量标准器及主要配套设备使用说明书（如果适用）	是	
	14	计量标准器及主要配套设备的检定或校准证书	是	
	15	检定或校准人员能力证明	是	
	16	实验室的相关管理制度		
	16.1	实验室岗位管理制度	是	
	16.2	计量标准使用维护管理制度	是	
	16.3	量值溯源管理制度	是	
	16.4	环境条件及设施管理制度	是	
	16.5	计量检定规程或计量技术规范管理制度	是	
	16.6	原始记录及证书管理制度	是	
	16.7	事故报告管理制度	是	
	16.8	计量标准文件集管理制度	是	
	17	开展检定或校准工作的原始记录及相应的检定或校准证书副本	是	
	18	可以证明计量标准具有相应测量能力的其他技术资料（如果适用）		
	18.1	检定或校准结果的不确定度评定报告	是	
	18.2	计量比对报告	否	新建
	18.3	研制或改造计量标准的技术鉴定或验收资料	否	非自制

<table>
<tr><td rowspan="2">开展的检定或校准项目</td><td>名　称</td><td>测量范围</td><td>不确定度或准确度等级或最大允许误差</td><td>所依据的计量检定规程或计量技术规范的编号及名称</td></tr>
<tr><td>接地电阻表</td><td>(0.001 ~ 11111.11)Ω</td><td>1.0 级及以下</td><td>JJG 366—2004《接地电阻表》</td></tr>
<tr><td colspan="2">建标单位意见</td><td colspan="3">负责人签字：　　　　（公章）
年　月　日</td></tr>
<tr><td colspan="2">建标单位
主管部门意见</td><td colspan="3">（公章）
年　月　日</td></tr>
<tr><td colspan="2">主持考核的
人民政府计量
行政部门意见</td><td colspan="3">（公章）
年　月　日</td></tr>
<tr><td colspan="2">组织考核的
人民政府计量
行政部门意见</td><td colspan="3">（公章）
年　月　日</td></tr>
</table>

计量标准技术报告

计量标准名称 接地电阻表检定装置

计量标准负责人

建标单位名称

填写日期

目　录

一、建立计量标准的目的

接地电阻表是用来测试电力、邮电、铁路、通信、矿山等部门测量各种装置的接地电阻以及测量低电阻的导体电阻值、土壤电阻率及地电压。为满足本地企事业单位关于接地电阻表检定的需求，确保接地电阻表计量单位的统一和量值得准确可靠，建立接地电阻表检定装置。

二、计量标准的工作原理及其组成

检定接地电阻表示值误差采用直接比较法。

按图 1 或图 2 接线，将接地电阻测试仪测量盘上带有数字标记的刻度线，对准读数指示器，调节检定仪上的十进盘，使接地电阻测试仪上的检流计指向零位。读取检定仪上的十进盘上的电阻示值。此时，测试仪上的电阻示值与检定仪上的电阻示值之差即为被测接地电阻测试仪电阻的示值误差。

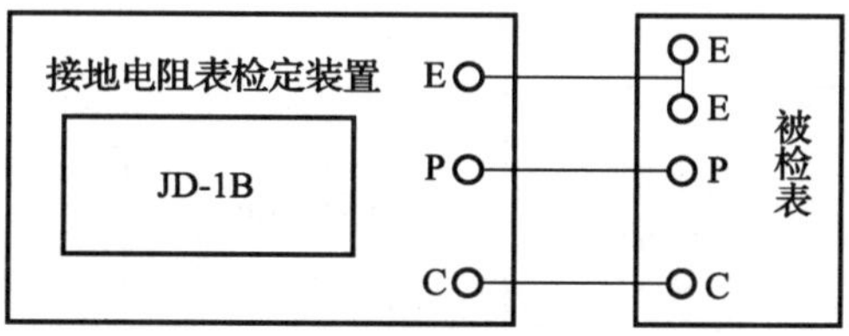

图 1　接地电阻大于 10Ω 接线图

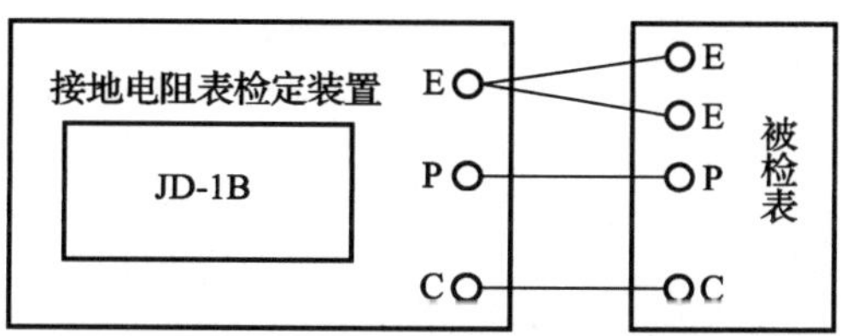

图 2　接地电阻小于等于 10Ω 接线图

三、计量标准器及主要配套设备

	名　称	型　号	测量范围	不确定度或准确度等级或最大允许误差	制造厂及出厂编号	检定周期或复校间隔	检定或校准机构
计量标准器	接地电阻测试仪检定装置		(0.001 ~ 11111.11) Ω	0.05 级		1 年	
主要配套设备	数字式绝缘电阻测试仪		500V/2000MΩ	10 级		1 年	
	自动耐压测试仪		5kV	5 级		1 年	
	恒转速源		(100 ~ 250) r/min	± 1r/min		1 年	

四、计量标准的主要技术指标

1. 模拟接地电阻 r_E（标准电阻器）相关技术参数。

阻值/Ω	$\times10^3$	$\times10^2$	$\times10^1$	$\times10^0$	$\times10^{-1}$	$\times10^{-2}$	$\times10^{-3}$
功率、电流	0.25W	0.25W	0.25W	0.25W	0.5A	0.5A	0.5A
准确度/%	0.05	0.05	0.05	0.05	0.5	2	10

2. 模拟辅助接地电阻 r_p、r_c（辅助接地电阻）相关技术参数。

阻值/Ω	0	500	1000	2000	5000
准确度/%	<0.1Ω	2.0	2.0	2.0	2.0
r_p 功率/W	—	0.25			
r_c 功率/W	—	2			1

3. 测量范围：(0.001 ~ 11111.11)Ω；准确度等级：0.05 级。

五、环境条件

序号	项　目	要　求	实际情况	结　论
1	温　度	(20 ± 5)℃	(20 ± 2)℃	合格
2	湿　度	40% RH ~ 75% RH	60% RH ± 10% RH	合格
3				
4				
5				
6				

六、计量标准的量值溯源和传递框图

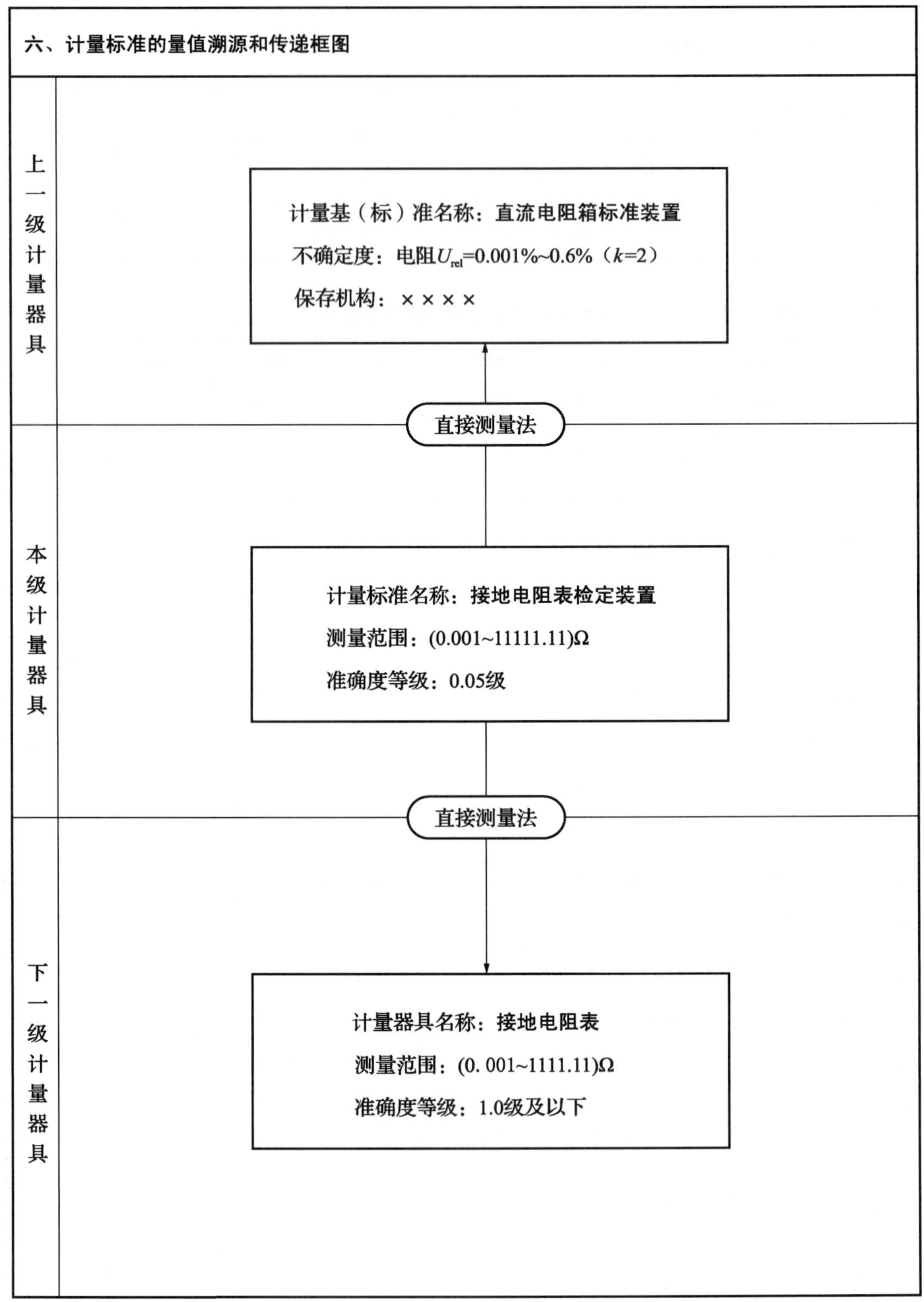

七、计量标准的稳定性考核

本装置采用高等级的计量标准进行稳定性考核。每隔一个月左右用高等级的计量标准测量接地电阻表检定装置（型号：JD-1C；编号：20170132）100Ω 检测点的电阻基本误差，测量结果之间的最大差值的绝对值作为其稳定性数据。考核数据如下。

接地电阻表检定装置的稳定性考核记录

考 核 时 间	2017 年 3 月 12 日	2017 年 4 月 13 日	2017 年 5 月 18 日	2017 年 6 月 20 日
检查标准	名称：数字多用表　型号：8508A　编号：867448760			
测量条件	20.2℃；54% RH	20.3℃；54% RH	20.4℃；56% RH	20.2℃；51% RH
测量次数	测得值/Ω	测得值/Ω	测得值/Ω	测得值/Ω
1	100.006	100.004	100.005	100.006
2	100.006	100.005	100.005	100.005
3	100.005	100.005	100.004	100.006
4	100.005	100.004	100.004	100.004
5	100.004	100.005	100.005	100.005
6	100.006	100.005	100.005	100.005
7	100.006	100.005	100.005	100.004
8	100.006	100.004	100.004	100.004
9	100.006	100.006	100.005	100.005
10	100.006	100.005	100.005	100.006
$\overline{y}_i$	100.0056	100.0048	100.0047	100.0050
最大变化量 $\overline{y}_{imax}-\overline{y}_{imin}$	0.0008Ω			
允许变化量	0.05Ω			
结　论	符合要求			
考核人员	×××			

八、检定或校准结果的重复性试验

在重复性测量条件下，用接地电阻表检定装置（型号：JD-1C；编号：20170132）作标准器。对接地电阻表进行重复性试验，数据如下。

接地电阻表检定装置的检定或校准结果的重复性试验记录

试验时间	2017 年 7 月 12 日		
被测对象	名　称	型　号	编　号
	接地电阻表	ZC29B-2	309
测量条件	20. 5℃；51% RH		
测量次数	测得值/Ω		
1	101. 0		
2	101. 0		
3	101. 2		
4	101. 0		
5	101. 0		
6	101. 1		
7	101. 0		
8	101. 3		
9	101. 1		
10	101. 1		
$\bar{y}$	101. 08Ω		
$s(y_i)=\sqrt{\dfrac{\sum_{i=1}^{n}(y_i-\bar{y})^2}{n-1}}$	0. 10Ω		
结　论	符合要求		
试验人员	×××		

九、检定或校准结果的不确定度评定

1 概述

1.1 测量依据：JJG 366—2004《接地电阻表》。

1.2 环境条件：温度（20±2）℃，相对湿度40%～60%。

1.3 测量标准：接地电阻表检定装置（以下简称为检定仪），测量范围0.001Ω～11111.11Ω。

1.4 被测对象：接地电阻表（1.5级）。

1.5 测量方法：采用直接比较法，将接地电阻测试仪测量盘上带有数字标记的刻度线，对准读数指示器，然后调节检定仪上的十进盘，使接地电阻测试仪上的检流计指向零位。读取检定仪上的十进盘上的电阻示值。此时，接地电阻测试仪上的电阻示值与检定装置上的电阻示值之差即为被测接地电阻测试仪电阻的示值误差。

下面以模拟式接地电阻表电阻值为100Ω的示值误差测量结果的不确定度评定为例。

2 测量模型

$$\Delta R = R_X - R_N \tag{1}$$

式中：ΔR——被检接地电阻表的示值误差；

R_X——被检接地电阻表的示值；

R_N——接地电阻表检定装置示值。

3 合成方差与灵敏系数

$$u_c^2(\Delta R) = \left[\frac{\partial \Delta R}{\partial \Delta R_X}\cdot u(R_X)\right]^2 + \left[\frac{\partial \Delta R}{\partial \Delta R_N}\cdot u(R_N)\right]^2 = [c_1 u(R_X)]^2 + [c_2 u(R_N)]^2 \tag{2}$$

式中：$c_1 = \frac{\partial \Delta R}{\partial R_X} = 1$；$c_2 = \frac{\partial \Delta R}{\partial R_N} = -1$。

4 各输入量的标准不确定度分量评定

被检表的测量不确定度与接地电阻表量程有关，此处以被检表×10量限100Ω示值为例。

4.1 由被检接地电阻表测量重复性引入的标准不确定度分量$u(R_X)$

输入量R_X的标准不确定度$u(R_X)$主要由接地电阻表的测量重复性引入，可以通过连续测量得到测量列，采用A类方法进行评定。人员读数视差所引起的不确定度已包含在重复性条件下所得测量列的分散性中，故在此不另作评定。

用本装置对被检的1.5级接地电阻表的100Ω在重复性条件下进行10次测量（每次测量均重新接线且预先将检定仪置于零位），数据见表1。

表1

测量次数	1	2	3	4	5	6	7	8	9	10
x_i/Ω	100.2	100.5	100.4	100.5	100.3	100.2	100.2	100.4	100.4	100.6

测量平均值为

$$\bar{x} = \frac{1}{n}\sum_{i=1}^{n} x_i = 100.37\Omega$$

单次测实验标准差为

$$s = \sqrt{\frac{\sum_{i=1}^{n}(x_i - \bar{x})^2}{n-1}} \approx 0.14\Omega$$

则

$$u(R_X)=s=0.14\Omega$$

4.2　由检定装置引入的标准不确定度分量 $u(R_N)$

输入量 R_N 的标准不确定度 $u(R_N)$ 主要由检定仪引起，采用B类方法进行评定。

标准器经多年量值传递，符合其技术指标要求。其步进值为10Ω 的测量盘最大允许误差为±0.05%，在测量100Ω 时其允许误差限为±0.05% ×100 = ±0.05Ω，即半宽度为0.05Ω，服从均匀分布，包含因子 $k=\sqrt{3}$，则

$$u(R_N)=\frac{0.05}{\sqrt{3}}=0.03\text{M}\Omega$$

5　各标准不确定度分量汇总（见表2）

表2

符号	不确定度来源	标准不确定度值 $u(x_i)$	灵敏系数 c_i	$\|c_i\|u(x_i)$
$u(R_X)$	被检测表的测量重复性	0.14Ω	1	0.14Ω
$u(R_N)$	标准器的误差	0.03Ω	-1	0.06Ω

6　合成标准不确定度计算

将上述各标准不确定度分量代入式（2），则

$$u_c(\Delta R)=\sqrt{[c_1u(R_X)]^2+[c_2u(R_N)]^2}=\sqrt{0.14^2+0.03^2}=0.15\Omega$$

7　扩展不确定度评定

取包含概率 $p=95\%$，包含因子 $k=2$，则扩展不确定度为

$$U=k\cdot u_c(\Delta R)=2\times0.15=0.30\Omega$$

8　不确定度评定报告

该接地电阻表在全部测量范围的标准不确定度汇总见表3。

表3

测量范围	标准器的准确度	不确定度分量		$u_c(\Delta R)$	$U_{rel}(k=2)$
		$u(R_X)$	$u(R_N)$		
(0.001 ~0.01)Ω	10%	0.51%	5.8%	5.9%	12%
(0.01 ~0.1)Ω	2%	0.25%	1.16%	1.2%	2.4%
(0.1 ~1)Ω	0.5%	0.16%	0.29%	0.33%	0.7%
(1 ~10)Ω	0.1%	0.14%	0.058%	0.15%	0.3%
(10 ~100)Ω	0.1%	0.14%	0.058%	0.15%	0.3%
(100 ~11111.11)Ω	0.1%	0.14%	0.058%	0.15%	0.3%

十、检定或校准结果的验证

检定或校准结果的验证采用比对法。

选取准确度等级为1.5级的接地电阻表，分别由本部门、A计量部门与B计量部门进行测试。实验采用与被考核标准具有相同准确度等级的计量标准进行比对，结果如下。

兆欧表指示值/Ω	y_{lab}/Ω	y_1/Ω	y_2/Ω	$\bar{y}$/Ω	$\lvert y_{lab}-\bar{y}\rvert$/Ω	$\sqrt{\frac{n-1}{n}}U_{lab}$/Ω
100	1.0	1.1	1.1	1.06	0.06Ω	0.25

表中，y_{lab}为本部门结果修正值；y_1为A计量部门结果修正值；y_2为B计量部门结果修正值。U_{lab}为接地电阻表检定装置的测量不确定度，$U_{lab}=0.3\Omega$。

测量结果满足$\lvert y_{lab}-\bar{y}\rvert\leqslant\sqrt{\frac{n-1}{n}}U_{lab}$，故本装置通过验证，符合要求。

十一、结论
经过分析与实验验证，本装置符合 JJG 366—2004《接地电阻表》和 JJF 1033—2016《计量标准考核规范》的要求，可以开展 1.0 级及以下接地电阻表的检定工作。
十二、附加说明

示例 3.9　绝缘电阻表检定装置

计量标准考核（复查）申请书

［　　］量标　　　证字第　　　号

计量标准名称＿＿绝缘电阻表检定装置＿＿

计量标准代码＿＿15611104＿＿

建标单位名称＿＿＿＿＿＿＿＿

组织机构代码＿＿＿＿＿＿＿＿

单 位 地 址＿＿＿＿＿＿＿＿

邮 政 编 码＿＿＿＿＿＿＿＿

计量标准负责人及电话＿＿＿＿＿＿＿＿

计量标准管理部门联系人及电话＿＿＿＿＿＿＿＿

年　　月　　日

说　明

1. 申请新建计量标准考核，建标单位应当提供以下资料：

1）《计量标准考核（复查）申请书》原件一式两份和电子版一份；

2）《计量标准技术报告》原件一份；

3）计量标准器及主要配套设备有效的检定或校准证书复印件一套；

4）开展检定或校准项目的原始记录及相应的模拟检定或校准证书复印件两套；

5）检定或校准人员能力证明复印件一套；

6）可以证明计量标准具有相应测量能力的其他技术资料（如果适用）复印件一套。

2. 申请计量标准复查考核，建标单位应当提供以下资料：

1）《计量标准考核（复查）申请书》原件一式两份和电子版一份；

2）《计量标准考核证书》原件一份；

3）《计量标准技术报告》原件一份；

4）《计量标准考核证书》有效期内计量标准器及主要配套设备连续、有效的检定或校准证书复印件一套；

5）随机抽取该计量标准近期开展检定或校准工作的原始记录及相应的检定或校准证书复印件两套；

6）《计量标准考核证书》有效期内连续的《检定或校准结果的重复性试验记录》复印件一套；

7）《计量标准考核证书》有效期内连续的《计量标准的稳定性考核记录》复印件一套；

8）检定或校准人员能力证明复印件一套；

9）计量标准更换申报表（如果适用）复印件一份；

10）计量标准封存（或撤销）申报表（如果适用）复印件一份；

11）可以证明计量标准具有相应测量能力的其他技术资料（如果适用）复印件一套。

3.《计量标准考核（复查）申请书》采用计算机打印，并使用A4纸。

注：新建计量标准申请考核时不必填写“计量标准考核证书号”。

<table>
<tr><td colspan="2">计量标准
名　　称</td><td colspan="3">绝缘电阻表检定装置</td><td colspan="2">计量标准
考核证书号</td><td colspan="2"></td></tr>
<tr><td colspan="2">保存地点</td><td colspan="3"></td><td colspan="2">计量标准
原值（万元）</td><td colspan="2"></td></tr>
<tr><td colspan="2">计量标准
类　　别</td><td colspan="2">☑　社会公用
☑　计量授权</td><td colspan="2">☐　部门最高
☐　计量授权</td><td colspan="3">☐　企事业最高
☐　计量授权</td></tr>
<tr><td colspan="2">测量范围</td><td colspan="7">电阻：100Ω～211111.111MΩ
电压：100V～5kV</td></tr>
<tr><td colspan="2">不确定度或
准确度等级或
最大允许误差</td><td colspan="7">电阻：±(0.2%～5.0%)
电压：±1%</td></tr>
<tr><td rowspan="4">计量标准器</td><td>名　称</td><td>型　号</td><td>测量范围</td><td>不确定度
或准确度等级
或最大允许误差</td><td>制造厂及
出厂编号</td><td>检定周
期或复
校间隔</td><td>末次检
定或校
准日期</td><td>检定或校
准机构及
证书号</td></tr>
<tr><td>兆欧表检定
装置</td><td></td><td>电阻：100Ω～
211111.111MΩ
电压：100V～
5kV</td><td>电阻：±(0.2%～
5.0%)
电压：±1%</td><td></td><td>1年</td><td></td><td></td></tr>
<tr><td></td><td></td><td></td><td></td><td></td><td></td><td></td><td></td></tr>
<tr><td></td><td></td><td></td><td></td><td></td><td></td><td></td><td></td></tr>
<tr><td rowspan="2">主要配套设备</td><td>兆欧表</td><td></td><td>(0～500)MΩ/
500V</td><td>10级</td><td></td><td>1年</td><td></td><td></td></tr>
<tr><td>恒转速源</td><td></td><td>(100～250)
r/min</td><td>±1r/min</td><td></td><td>1年</td><td></td><td></td></tr>
</table>

<table>
<tr><td rowspan="9">环境条件及设施</td><td>序号</td><td colspan="2">项　目</td><td colspan="2">要　　求</td><td colspan="2">实 际 情 况</td><td>结论</td></tr>
<tr><td>1</td><td colspan="2">温　度</td><td colspan="2">(23 ±5)℃</td><td colspan="2">(23 ±2)℃</td><td></td></tr>
<tr><td>2</td><td colspan="2">湿　度</td><td colspan="2">50% RH ±10% RH</td><td colspan="2">50% RH ±5% RH</td><td></td></tr>
<tr><td>3</td><td colspan="2"></td><td colspan="2"></td><td colspan="2"></td><td></td></tr>
<tr><td>4</td><td colspan="2"></td><td colspan="2"></td><td colspan="2"></td><td></td></tr>
<tr><td>5</td><td colspan="2"></td><td colspan="2"></td><td colspan="2"></td><td></td></tr>
<tr><td>6</td><td colspan="2"></td><td colspan="2"></td><td colspan="2"></td><td></td></tr>
<tr><td>7</td><td colspan="2"></td><td colspan="2"></td><td colspan="2"></td><td></td></tr>
<tr><td>8</td><td colspan="2"></td><td colspan="2"></td><td colspan="2"></td><td></td></tr>
<tr><td rowspan="9">检定或校准人员</td><td>姓 名</td><td>性别</td><td>年龄</td><td>从事本项目年限</td><td>学 历</td><td>能力证明名称及编号</td><td colspan="2">核准的检定或校准项目</td></tr>
<tr><td></td><td></td><td></td><td></td><td></td><td></td><td colspan="2"></td></tr>
<tr><td></td><td></td><td></td><td></td><td></td><td></td><td colspan="2"></td></tr>
<tr><td></td><td></td><td></td><td></td><td></td><td></td><td colspan="2"></td></tr>
<tr><td></td><td></td><td></td><td></td><td></td><td></td><td colspan="2"></td></tr>
<tr><td></td><td></td><td></td><td></td><td></td><td></td><td colspan="2"></td></tr>
<tr><td></td><td></td><td></td><td></td><td></td><td></td><td colspan="2"></td></tr>
<tr><td></td><td></td><td></td><td></td><td></td><td></td><td colspan="2"></td></tr>
<tr><td></td><td></td><td></td><td></td><td></td><td></td><td colspan="2"></td></tr>
</table>

	序号	名　　称	是否具备	备 注
文件集登记	1	计量标准考核证书（如果适用）	否	新建
	2	社会公用计量标准证书（如果适用）	否	新建
	3	计量标准考核（复查）申请书	是	
	4	计量标准技术报告	是	
	5	检定或校准结果的重复性试验记录	是	
	6	计量标准的稳定性考核记录	是	
	7	计量标准更换申请表（如果适用）	否	新建
	8	计量标准封存（或撤销）申报表（如果适用）	否	新建
	9	计量标准履历书	是	
	10	国家计量检定系统表（如果适用）	是	
	11	计量检定规程或计量技术规范	是	
	12	计量标准操作程序	是	
	13	计量标准器及主要配套设备使用说明书（如果适用）	是	
	14	计量标准器及主要配套设备的检定或校准证书	是	
	15	检定或校准人员能力证明	是	
	16	实验室的相关管理制度		
	16.1	实验室岗位管理制度	是	
	16.2	计量标准使用维护管理制度	是	
	16.3	量值溯源管理制度	是	
	16.4	环境条件及设施管理制度	是	
	16.5	计量检定规程或计量技术规范管理制度	是	
	16.6	原始记录及证书管理制度	是	
	16.7	事故报告管理制度	是	
	16.8	计量标准文件集管理制度	是	
	17	开展检定或校准工作的原始记录及相应的检定或校准证书副本	是	
	18	可以证明计量标准具有相应测量能力的其他技术资料（如果适用）		
	18.1	检定或校准结果的不确定度评定报告	是	
	18.2	计量比对报告	否	新建
	18.3	研制或改造计量标准的技术鉴定或验收资料	否	非自制

<table>
<tr><td rowspan="3">开展的检定或校准项目</td><td>名　称</td><td>测量范围</td><td>不确定度或准确度等级或最大允许误差</td><td>所依据的计量检定规程或计量技术规范的编号及名称</td></tr>
<tr><td>绝缘电阻表（兆欧表）</td><td>电阻：100Ω ~ 211111. 111MΩ
电压：100V ~ 5kV</td><td>1. 0 级及以下</td><td>JJG 622—1997
《绝缘电阻表（兆欧表）》</td></tr>
<tr><td>电子式绝缘电阻表</td><td>电阻：100Ω ~ 211111. 111MΩ
电压：100V ~ 5kV</td><td>1. 0 级及以下</td><td>JJG 1005—2005
《电子式绝缘电阻表》</td></tr>
<tr><td colspan="2">建标单位意见</td><td colspan="3">负责人签字：　　（公章）
年　月　日</td></tr>
<tr><td colspan="2">建标单位主管部门意见</td><td colspan="3">（公章）
年　月　日</td></tr>
<tr><td colspan="2">主持考核的人民政府计量行政部门意见</td><td colspan="3">（公章）
年　月　日</td></tr>
<tr><td colspan="2">组织考核的人民政府计量行政部门意见</td><td colspan="3">（公章）
年　月　日</td></tr>
</table>

计量标准技术报告

计量标准名称　绝缘电阻表检定装置

计量标准负责人＿＿＿＿＿＿＿＿

建标单位名称＿＿＿＿＿＿＿＿

填 写 日 期＿＿＿＿＿＿＿＿

目　录

一、建立计量标准的目的

兆欧表主要用途是测试线路或电气设备的绝缘状况，其广泛应用于各企事业单位。为满足各企事业单位关于绝缘电阻表检定的需求，确保绝缘电阻表计量单位的统一和量值得准确可靠，建立绝缘电阻表检定装置。

二、计量标准的工作原理及其组成

检定绝缘电阻表示值误差采用直接比较法。

按图1接线，将绝缘电阻表接入可调式高阻箱，启动恒转速源（转速设定为120r/min），调节高阻箱电阻值，使绝缘电阻表指针指在带有数字的分度线上，从可调式高阻箱上读出绝缘电阻表示值对应的电阻值，从而确定被检绝缘电阻表的示值误差，判断其是否合格。计量标准器采用ZX119－8型兆欧表检定装置为主标准器，测量电阻范围：100Ω～211111.111MΩ，最大允许误差：±(0.2%～5.0%)。

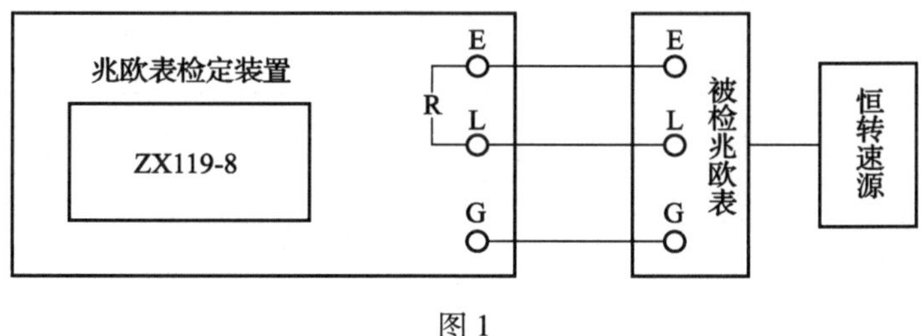

图1

三、计量标准器及主要配套设备							
	名　称	型　号	测量范围	不确定度 或准确度等级 或最大允许误差	制造厂及 出厂编号	检定周 期或复 校间隔	检定或 校准机构
计量标准器	兆欧表检定装置		电阻：100Ω～211111.111MΩ 电压：100V～5kV	电阻：±(0.2%～5.0%) 电压：±1%		1年	
主要配套设备	兆欧表		(0～500)MΩ/500V	10级		1年	
	恒转速源		(100～250)r/min	±1r/min		1年	

四、计量标准的主要技术指标

1. 电阻：100Ω～211111.111MΩ；最大允许误差：±(0.2%～5.0%)。主要技术指标如下。

阻值	100GΩ	×10GΩ	×1GΩ	×100MΩ	×10MΩ	×1MΩ
准确度等级	5	5	2	1	0.5	0.2
标称电压	5000V	5000V	5000V	5000V	2500V	1000V

阻值	×100kΩ	×10kΩ	×1kΩ	×100Ω
准确度等级	0.2	0.2	0.2	0.2
标称电流	1mA	8mA	20mA	50mA

2. 电压：100V～5kV；最大允许误差：±1%。

五、环境条件

序号	项　目	要　　求	实际情况	结　　论
1	温　度	(23±5)℃	(23±2)℃	合格
2	湿　度	50% RH±10% RH	50% RH±5% RH	合格
3				
4				
5				
6				

六、计量标准的量值溯源和传递框图

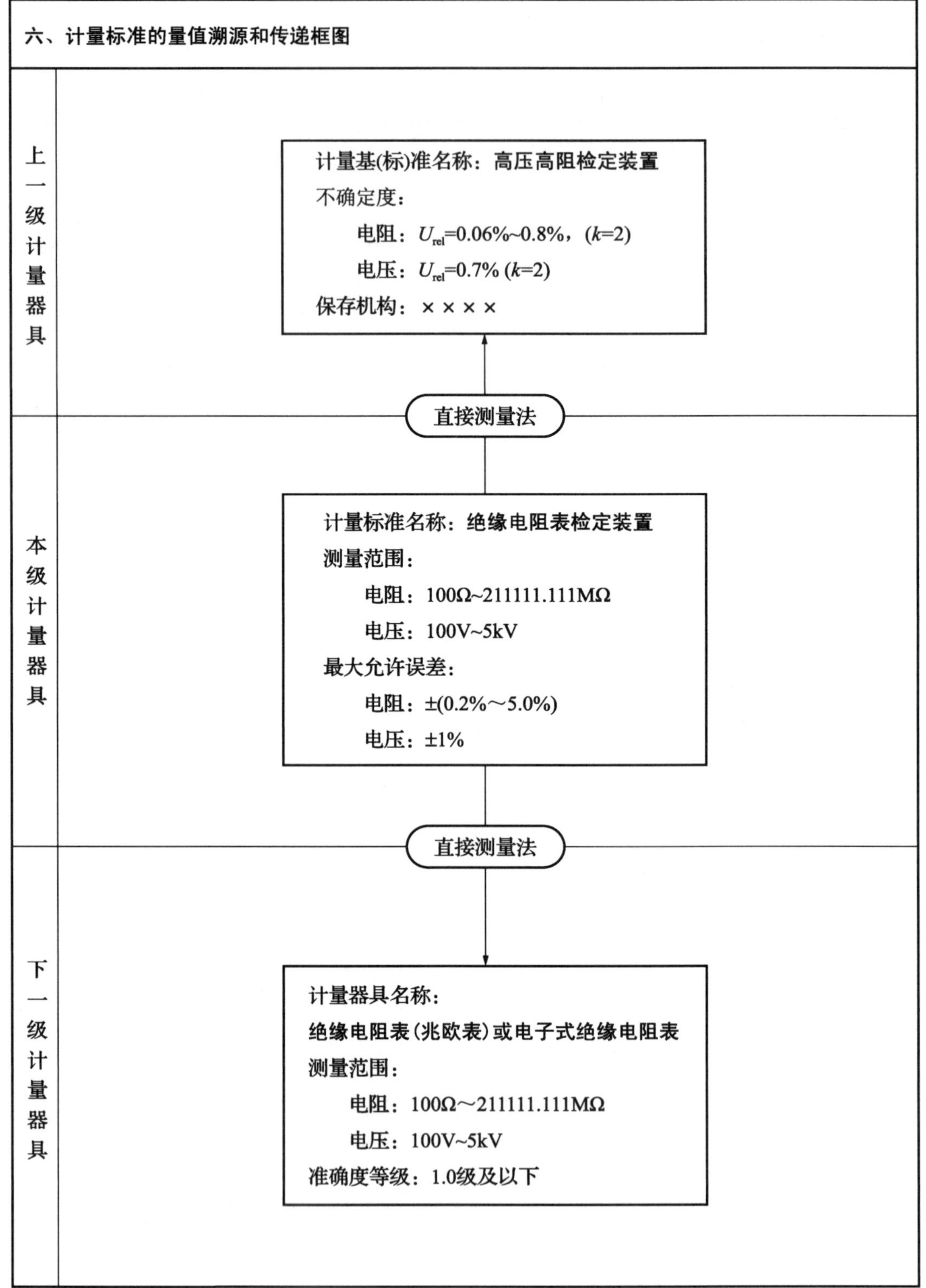

七、计量标准的稳定性考核

本装置采用高等级的计量标准进行稳定性考核。每隔一个月左右用高等级的计量标准测量兆欧表检定装置（型号：ZX119-8；编号：532425）100MΩ 检测点的电阻基本误差，测量结果之间的最大差值的绝对值作为其稳定性数据。考核数据如下。

绝缘电阻表检定装置的稳定性考核记录

考核时间	2017 年 2 月 12 日	2017 年 3 月 18 日	2017 年 4 月 21 日	2017 年 5 月 26 日
检查标准	名称：数字多用表　型号：8508A　编号：867448760			
测量条件	20.3℃；59% RH	20.5℃；62% RH	20.6℃；58% RH	20.6℃；56% RH
测量次数	测得值/MΩ	测得值/MΩ	测得值/MΩ	测得值/MΩ
1	100.012	100.010	100.012	100.013
2	100.015	100.015	100.013	100.015
3	100.015	100.012	100.011	100.012
4	100.015	100.015	100.012	100.013
5	100.014	100.013	100.011	100.014
6	100.015	100.014	100.013	100.012
7	100.015	100.013	100.014	100.013
8	100.015	100.012	100.013	100.010
9	100.012	100.013	100.015	100.012
10	100.013	100.012	100.015	100.015
$\bar{y}_i$	100.0141	100.0129	100.0129	100.0129
最大变化量 $\bar{y}_{imax}-\bar{y}_{imin}$	0.0012MΩ			
允许变化量	0.2MΩ			
结　　论	符合要求			
考核人员	×××			

八、检定或校准结果的重复性试验

在重复性测量条件下，用兆欧表检定装置（型号：ZX119-8；编号：532425）作标准器。对绝缘电阻表进行重复性试验，数据如下。

绝缘电阻表检定装置的检定或校准结果的重复性试验记录

试验时间	2017 年 6 月 16 日		
被测对象	名　称	型　号	编　号
	绝缘电阻表	ZC25 – 3	3 – 1016
测量条件	20.5℃；64% RH		
测量次数	测得值/MΩ		
1	100.1		
2	100.0		
3	100.2		
4	100.3		
5	100.2		
6	100.2		
7	100.2		
8	100.4		
9	100.1		
10	100.2		
$\bar{y}$	100.19MΩ		
$s(y_i)=\sqrt{\frac{\sum_{i=1}^{n}(y_i-\bar{y})^2}{n-1}}$	0.11MΩ		
结　论	符合要求		
试验人员	×××		

九、检定或校准结果的不确定度评定

1　概述

1.1　测量依据：JJG 622—1997《绝缘电阻表（兆欧表）》。

1.2　环境条件：温度（23±2）℃，相对湿度 50%±5%。

1.3　测量标准：兆欧表检定装置。测量电阻范围：100Ω～211111.111MΩ，最大允许误差：±(0.2%～5.0%)，电压：100V～5kV；最大允许误差：±1%。

1.4　被测对象：准确度等级为 10 级的绝缘电阻表。

1.5　测量方法：将绝缘电阻表接入可调式高阻箱，启动恒转速源（转速设定为 120r/min），调节高阻箱电阻值，使绝缘电阻表指针指在带有数字的分度线上，从绝缘电阻表检测装置上读出绝缘电阻表示值对应的电阻值，调节可调式高阻箱的十进盘，使绝缘电阻表的指针对准带有数字标记的刻度线即指示值 R_X，此时可调式高阻箱上的读数值为 R_S，可得示值与读数值之差即为电阻值示值误差。

2　测量模型

$$\Delta R = R_X - R_S \tag{1}$$

式中：ΔR——被检绝缘电阻表的示值误差；

R_X——被检绝缘电阻表的示值；

R_S——绝缘电阻表检定装置的读数值。

3　合成方差与灵敏系数

$$u_c^2(\Delta R) = \left[\frac{\partial \Delta R}{\partial \Delta R_X} \cdot u(R_X)\right]^2 + \left[\frac{\partial \Delta R}{\partial \Delta R_S} \cdot u(R_S)\right]^2 = [c_1 u(R_X)]^2 + [c_2 u(R_S)]^2 \tag{2}$$

式中：$c_1 = \frac{\partial(\Delta R)}{\partial(R_X)} = 1; c_2 = \frac{\partial(\Delta R)}{\partial(R_S)} = -1$。

4　各输入量的标准不确定度分量评定

4.1　绝缘电阻表测量重复性引入的标准不确定度分量 $u(R_X)$

输入量 R_X 的标准不确定度 $u(R_X)$ 主要是绝缘电阻表的测量重复性，可以通过连续测量得到测量列，采用 A 类方法进行评定。人员读数视差所引起的不确定度已包含在重复性条件下所得测量列的分散性中，故在此不另作分析。

对一台绝缘电阻表，选择 100MΩ 电阻值，进行 10 次连续性测量（每次测量均重新接线且预先将绝缘电阻表检定装置置于零位）数据见表 1。

表 1

测量次数	1	2	3	4	5	6	7	8	9	10
x_i/MΩ	100.5	100.1	100.0	100.3	100.2	100.4	100.0	100.3	100.2	100.2

测量平均值为

$$\bar{x} = \frac{1}{n}\sum_{i=1}^{n} x_i = 100.22\text{M}\Omega$$

单次测实验标准差为

$$s = \sqrt{\frac{\sum_{i=1}^{n}(x_i - \bar{x})^2}{n-1}} \approx 0.16\text{M}\Omega$$

则

$$u(R_X) = s = 0.16\text{M}\Omega$$

4.2　绝缘电阻表检定装置引入的标准不确定度分量 $u(R_S)$

输入量 R_S 的标准不确定度 $u(R_S)$ 主要由绝缘电阻表检定装置引入，采用 B 类方法进行评定。

标准器经多年量值传递，符合其技术指标要求。其步进值为 100MΩ 的测量盘最大允许误差为 ±0.5%，在测量 100MΩ 时其允许误差限为：±0.5% ×100 = ±0.5MΩ，即半宽度为 0.5MΩ，服从均匀分布，包含因子 $k=\sqrt{3}$，则

$$u(R_S)=\frac{0.5}{\sqrt{3}}=0.29\text{M}\Omega$$

5　各标准不确定度分量汇总（见表 2）

表 2

符号	不确定度来源	标准不确定度值 $u(x_i)$	灵敏系数 c_i	$\lvert c_i \rvert u(x_i)$
$u(R_X)$	被测表的测量重复性	0.16MΩ	1	0.16MΩ
$u(R_S)$	绝缘电阻表检定装置的误差	0.29MΩ	−1	0.29MΩ

6　合成标准不确定度计算

将上述各标准不确定度分量代入式（2），则

$$u_c(\Delta R)=\sqrt{[c_1u(R_X)]^2+[c_2u(R_S)]^2}=\sqrt{0.16^2+0.29^2}=0.33\text{M}\Omega$$

7　扩展不确定度评定

取包含概率 $p=95\%$，包含因子 $k=2$，则扩展不确定度为

$$U=k\cdot u_c(\Delta R)=2\times 0.33=0.66\text{M}\Omega$$

8　结论

由上述不确定度分析与计算可知本绝缘电阻表检定装置检定绝缘电阻表（兆欧表）或电子式绝缘电阻表的不确定度符合 JJG 622—1997《绝缘电阻表（兆欧表）》和 JJG 1005—2005《电子式绝缘电阻表》的要求。

十、检定或校准结果的验证

检定或校准结果的验证采用比对法。

选取准确度等级为10级的绝缘电阻表，分别由本部门、A计量部门与B计量部门进行测试，实验采用与被考核标准具有相同准确度等级的计量标准进行比对，结果如下。

兆欧表指示值/MΩ	y_{lab}/MΩ	y_1/MΩ	y_2/MΩ	$\bar{y}$/MΩ	$y_{lab}-\bar{y}$/MΩ	$\sqrt{\frac{n-1}{n}}U_{lab}$/MΩ
100	0.3	-0.3	0.2	0.07	0.23	0.63

表中，y_{lab}为本部门结果修正值；y_1为A计量部门结果修正值；y_2为B计量部门结果修正值。U_{lab}为本检定装置测量不确定度，$U_{lab}=0.66\text{M}\Omega$。

测量结果满足$|y_{lab}-\bar{y}|\leq\sqrt{\frac{n-1}{n}}U_{lab}$，故本装置通过验证，符合要求。

十一、结论
经过分析与实验验证，本装置符合 JJG 622—1997《绝缘电阻表（兆欧表）》、JJG 1005—2005《电子式绝缘电阻表》和 JJF 1033—2016《计量标准考核规范》的要求，可以开展 1.0 级及以下绝缘电阻表（兆欧表）或电子式绝缘电阻表的检定工作。
十二、附加说明

示例 3.10　特斯拉计标准装置

计量标准考核（复查）申请书

［　　］量标　　　证字第　　　号

计量标准名称＿＿特斯拉计标准装置＿＿

计量标准代码＿＿15713213＿＿

建标单位名称＿＿＿＿＿＿＿＿

组织机构代码＿＿＿＿＿＿＿＿

单 位 地 址＿＿＿＿＿＿＿＿

邮 政 编 码＿＿＿＿＿＿＿＿

计量标准负责人及电话＿＿＿＿＿＿＿＿

计量标准管理部门联系人及电话＿＿＿＿＿＿＿＿

年　　月　　日

说　明

1. 申请新建计量标准考核，建标单位应当提供以下资料：

1）《计量标准考核（复查）申请书》原件一式两份和电子版一份；

2）《计量标准技术报告》原件一份；

3）计量标准器及主要配套设备有效的检定或校准证书复印件一套；

4）开展检定或校准项目的原始记录及相应的模拟检定或校准证书复印件两套；

5）检定或校准人员能力证明复印件一套；

6）可以证明计量标准具有相应测量能力的其他技术资料（如果适用）复印件一套。

2. 申请计量标准复查考核，建标单位应当提供以下资料：

1）《计量标准考核（复查）申请书》原件一式两份和电子版一份；

2）《计量标准考核证书》原件一份；

3）《计量标准技术报告》原件一份；

4）《计量标准考核证书》有效期内计量标准器及主要配套设备连续、有效的检定或校准证书复印件一套；

5）随机抽取该计量标准近期开展检定或校准工作的原始记录及相应的检定或校准证书复印件两套；

6）《计量标准考核证书》有效期内连续的《检定或校准结果的重复性试验记录》复印件一套；

7）《计量标准考核证书》有效期内连续的《计量标准的稳定性考核记录》复印件一套；

8）检定或校准人员能力证明复印件一套；

9）计量标准更换申报表（如果适用）复印件一份；

10）计量标准封存（或撤销）申报表（如果适用）复印件一份；

11）可以证明计量标准具有相应测量能力的其他技术资料（如果适用）复印件一套。

3. 《计量标准考核（复查）申请书》采用计算机打印，并使用A4纸。

注：新建计量标准申请考核时不必填写“计量标准考核证书号”。

<table>
<tr><td colspan="2">计量标准
名　　称</td><td colspan="3">特斯拉计标准装置</td><td colspan="2">计量标准
考核证书号</td><td colspan="2"></td></tr>
<tr><td colspan="2">保存地点</td><td colspan="3"></td><td colspan="2">计量标准
原值（万元）</td><td colspan="2"></td></tr>
<tr><td colspan="2">计量标准
类　　别</td><td colspan="2">☑ 社会公用
☑ 计量授权</td><td colspan="2">☐ 部门最高
☐ 计量授权</td><td colspan="3">☐ 企事业最高
☐ 计量授权</td></tr>
<tr><td colspan="2">测量范围</td><td colspan="7">$\pm(0.01\sim2.5)$T</td></tr>
<tr><td colspan="2">不确定度或
准确度等级或
最大允许误差</td><td colspan="7">0.05 级</td></tr>
<tr><td rowspan="4">计量标准器</td><td>名　称</td><td>型　号</td><td>测量范围</td><td>不确定度
或准确度等级
或最大允许误差</td><td>制造厂及
出厂编号</td><td>检定周
期或复
校间隔</td><td>末次检
定或校
准日期</td><td>检定或校
准机构及
证书号</td></tr>
<tr><td>高精度特
斯拉计</td><td></td><td>$\pm(0.01\sim$
$2.5)$T</td><td>0.05 级</td><td></td><td>1 年</td><td></td><td></td></tr>
<tr><td></td><td></td><td></td><td></td><td></td><td></td><td></td><td></td></tr>
<tr><td></td><td></td><td></td><td></td><td></td><td></td><td></td><td></td></tr>
<tr><td rowspan="4">主要配套设备</td><td>亥姆霍兹
线圈</td><td></td><td>$(0\sim110)$mT</td><td>—</td><td></td><td>1 年</td><td></td><td></td></tr>
<tr><td>电磁铁</td><td></td><td>$(0.01\sim2.5)$T</td><td>均匀磁场范围：
14cm^2</td><td></td><td>1 年</td><td></td><td></td></tr>
<tr><td>高精度直流
电流标准源</td><td></td><td>$\pm(2.5$mA $\sim$
25A)</td><td>稳定度:5×10^{-4}</td><td></td><td>1 年</td><td></td><td></td></tr>
<tr><td>零高斯
屏蔽腔</td><td></td><td>磁场
$<10^{-6}$T</td><td>—</td><td></td><td>1 年</td><td></td><td></td></tr>
</table>

	序号	项　目	要　　求	实际情况	结论
环境条件及设施	1	温　度	(20 ±5)℃	(20 ±3)℃	合格
	2	湿　度	≤80% RH	50% RH ~ 70% RH	合格
	3				
	4				
	5				
	6				
	7				
	8				

	姓 名	性别	年龄	从事本项目年限	学 历	能力证明名称及编号	核准的检定或校准项目
检定或校准人员							

	序号	名　　称	是否具备	备 注
文件集登记	1	计量标准考核证书（如果适用）	否	新建
	2	社会公用计量标准证书（如果适用）	否	新建
	3	计量标准考核（复查）申请书	是	
	4	计量标准技术报告	是	
	5	检定或校准结果的重复性试验记录	是	
	6	计量标准的稳定性考核记录	是	
	7	计量标准更换申请表（如果适用）	否	新建
	8	计量标准封存（或撤销）申报表（如果适用）	否	新建
	9	计量标准履历书	是	
	10	国家计量检定系统表（如果适用）	是	
	11	计量检定规程或计量技术规范	是	
	12	计量标准操作程序	是	
	13	计量标准器及主要配套设备使用说明书（如果适用）	是	
	14	计量标准器及主要配套设备的检定或校准证书	是	
	15	检定或校准人员能力证明	是	
	16	实验室的相关管理制度		
	16.1	实验室岗位管理制度	是	
	16.2	计量标准使用维护管理制度	是	
	16.3	量值溯源管理制度	是	
	16.4	环境条件及设施管理制度	是	
	16.5	计量检定规程或计量技术规范管理制度	是	
	16.6	原始记录及证书管理制度	是	
	16.7	事故报告管理制度	是	
	16.8	计量标准文件集管理制度	是	
	17	开展检定或校准工作的原始记录及相应的检定或校准证书副本	是	
	18	可以证明计量标准具有相应测量能力的其他技术资料（如果适用）		
	18.1	检定或校准结果的不确定度评定报告	是	
	18.2	计量比对报告	否	新建
	18.3	研制或改造计量标准的技术鉴定或验收资料	否	非自制

<table>
<tr><td rowspan="2">开展的检定或校准项目</td><td>名　称</td><td>测量范围</td><td>不确定度或准确度等级或最大允许误差</td><td>所依据的计量检定规程或计量技术规范的编号及名称</td></tr>
<tr><td>特斯拉计（或高斯计或磁强计）</td><td>±(0.01～2.5)T</td><td>0.2 级及以下</td><td>JJG 242—1995《特斯拉计》</td></tr>
<tr><td>建标单位意见</td><td colspan="4">负责人签字：　（公章）
年　月　日</td></tr>
<tr><td>建标单位主管部门意见</td><td colspan="4">（公章）
年　月　日</td></tr>
<tr><td>主持考核的人民政府计量行政部门意见</td><td colspan="4">（公章）
年　月　日</td></tr>
<tr><td>组织考核的人民政府计量行政部门意见</td><td colspan="4">（公章）
年　月　日</td></tr>
</table>

计量标准技术报告

计量标准名称　　特斯拉计标准装置

计量标准负责人

建标单位名称

填写日期

目　录

一、建立计量标准的目的

特斯拉计标准装置是用于检定特斯拉计、高斯计、磁强计等仪器的装置。特斯拉计、高斯计、磁强计等仪器直接测量磁场的磁感应强度。为保证量值传递的准确可靠，更好地服务社会，建立特斯拉计检定装置。

二、计量标准的工作原理及其组成

特斯拉计标准装置由高精度特斯拉计与磁场发生装置组成。磁场发生装置由高稳定度电流源、标准电磁铁、磁场线圈（通常是亥姆霍兹线圈、螺线管线圈等）及其他辅助设备组成。

检定特斯拉计的基本方法是将准确度等级较低的特斯拉计与准确度等级较高的磁场量具或磁场测量仪进行比较。主要组成部分包括标准特斯拉计和磁场源。在本方案中，30mT 以上磁场源采用电磁铁。由于电磁铁的磁场与电流源的电流值大小成非线性关系，磁场磁感应强度量值由标准表给出。30mT 以下的磁场由亥姆霍兹线圈提供，该磁场的磁感应强度与通过的电流大小成线性关系。将线圈的常数标定后，由通过线圈的电流值计算出磁场的磁感应强度，可直接作标准磁场量具使用。

特斯拉计标准装置原理图见图 1。

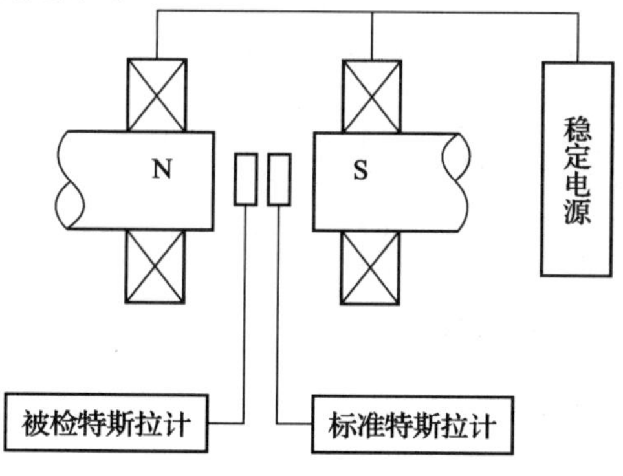

图 1　特斯拉计标准装置原理图

调节稳流电源，将磁场大小调节至被检点附近，分别读取被检特斯拉计和标准器的示值，两者的差值即为示值误差。

三、计量标准器及主要配套设备

	名　称	型　号	测量范围	不确定度或准确度等级或最大允许误差	制造厂及出厂编号	检定周期或复校间隔	检定或校准机构
计量标准器	高精度特斯拉计		±(0.01 ~ 2.5)T	0.05 级		1 年	
主要配套设备	亥姆霍兹线圈		(0 ~ 110)mT	—		1 年	
	电磁铁		(0.01 ~ 2.5)T	均匀磁场范围：$14cm^2$		1 年	
	高精度直流电流标准源		±(2.5mA ~ 25A)	稳定度：5×10^{-4}		1 年	
	零高斯屏蔽腔		磁场 < 10^{-6}T	—		1 年	

四、计量标准的主要技术指标

测量范围：±(0.01～2.5)T
准确度等级：0.05 级

五、环境条件

序号	项 目	要 求	实际情况	结 论
1	温 度	(20±5)℃	(20±3)℃	合格
2	湿 度	≤80% RH	50% RH～70% RH	合格
3				
4				
5				
6				

六、计量标准的量值溯源和传递框图

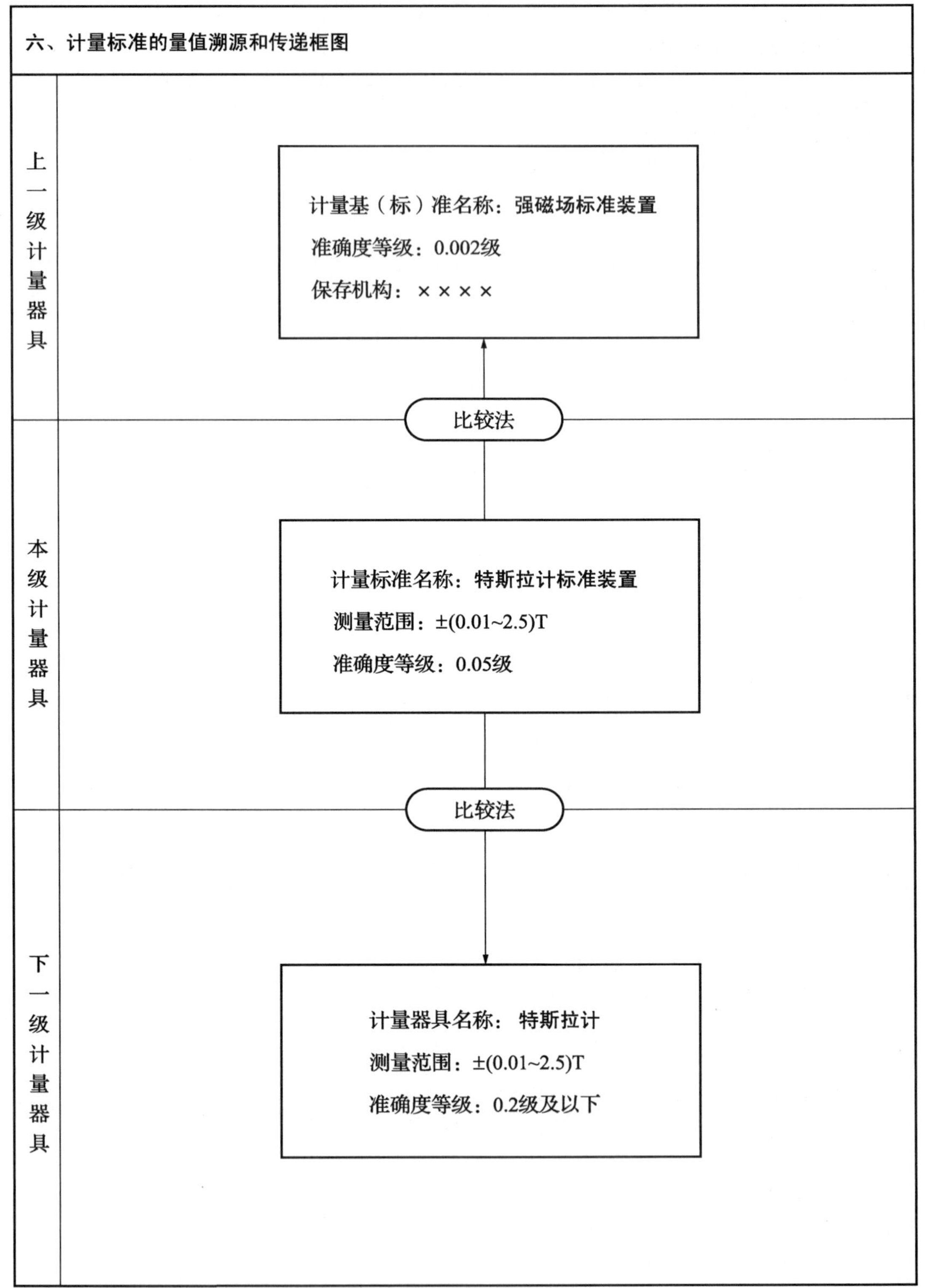

七、计量标准的稳定性考核

本装置采用高等级的计量标准进行稳定性考核。每隔一个月左右用高等级的计量标准测量高精度特斯拉计（型号：TD8680；编号：45150404）1T 检测点的基本误差，测量结果之间的最大差值的绝对值作为其稳定性数据。考核数据如下。

特斯拉计标准装置的稳定性考核记录

考核时间	2017 年 2 月 18 日	2017 年 3 月 20 日	2017 年 4 月 24 日	2017 年 5 月 28 日
检查标准	名称：强磁场标准装置　准确度等级：0.002 级　编号：2826			
测量条件	20.4℃；62% RH	20.6℃；64% RH	20.8℃；64% RH	20.8℃；61% RH
测量次数	测得值/T	测得值/T	测得值/T	测得值/T
1	1.00865	1.00868	1.00866	1.00871
2	1.00871	1.00869	1.00867	1.00869
3	1.00868	1.00868	1.00869	1.00868
4	1.00867	1.00864	1.00869	1.00866
5	1.00872	1.00866	1.00868	1.00867
6	1.00869	1.00867	1.00867	1.00871
7	1.00872	1.00869	1.00866	1.00869
8	1.00869	1.00868	1.00867	1.00868
9	1.00869	1.00870	1.00868	1.00867
10	1.00864	1.00868	1.00867	1.00869
$\bar{y}_i$	1.008686	1.008677	1.008674	1.008685
最大变化量 $\bar{y}_{imax}-\bar{y}_{imin}$	0.000011T			
允许变化量	0.0005T			
结　论	符合要求			
考核人员	×××			

八、检定或校准结果的重复性试验

在重复性测量条件下，用高精度特斯拉计（型号：TD8680；编号：45150404）作标准器。对特斯拉计进行重复性试验，数据如下。

特斯拉计标准装置的检定或校准结果的重复性试验记录

试验时间	2017 年 6 月 24 日		
被测对象	名　称	型　号	编　号
	特斯拉计	THM 1176	47502333
测量条件	20.4℃；62% RH		
测量次数	测得值/T		
1	1.00143		
2	1.00146		
3	1.00162		
4	1.00098		
5	1.00116		
6	1.00143		
7	1.00129		
8	1.00088		
9	1.00117		
10	1.00146		
$\bar{y}$	1.001288T		
$s(y_i)=\sqrt{\dfrac{\sum_{i=1}^{n}(y_i-\bar{y})^2}{n-1}}$	0.00024T		
结　论	符合要求		
试验人员	×××		

九、检定或校准结果的不确定度评定

1　概述

1.1　测量依据：JJG 242—1995《特斯拉计》。

1.2　环境条件：温度20.5℃，相对湿度65%。

1.3　测量标准：特斯拉计，测量范围：±(0.01～2.5)T，准确度等级：0.05级。

1.4　被测对象：

（1）特斯拉计

测量范围：(0.01T～2T)；

最大允许误差：±(0.2%读数+0.02%量程)。

（2）霍尔探头

最大允许误差：±0.25%。

1.5　测量方法：采用同时比较法，即将标准和被检探头置于同一磁场中，分别读取被检特斯拉计指示值 B_x 和标准特斯拉计的显示值 B_s。指示值 B_x 与显示值 B_s 之差即为被检特斯拉计的示值误差。

2　测量模型

$$\Delta B = B_x - B_S \tag{1}$$

式中：ΔB——被检特斯拉计示值误差，T；

B_S——标准特斯拉计的显示值，T；

B_x——被检特斯拉计指示值，T。

3　灵敏系数

$$c_1 = \frac{\partial \Delta B}{\partial B_x} = 1 \qquad c_2 = \frac{\partial \Delta B}{\partial B_S} = -1$$

4　各输入量的标准不确定度分量评定

4.1　测量装置引入的标准不确定度分量 $u_1(B_S)$

特斯拉计最大允许误差：$\pm 5\times 10^{-5}$，对应1000mT点半宽度为 $5\times 10^{-5}\times 1000 = 5\times 10^{-2}$mT，服从均匀分布，包含因子 $k=\sqrt{3}$，则

$$u_1(B_S) = 5\times 10^{-2}/\sqrt{3} = 2.89\times 10^{-2}\text{mT}$$

4.2　测量重复性引入的标准不确定度分量 $u(B_x)$

$u(B_x)$ 主要由测量重复性引入，采用A类评定方法。

调整功率源电流大小，使磁场大小接近1000mT，在重复性条件下进行连续10次独立测量，数据见表1。

表1

测量次数	1	2	3	4	5
测量数据/mT	1001.43	1001.46	1001.62	1000.98	1001.16
测量次数	6	7	8	9	10
测量数据/mT	1001.43	1001.29	1000.88	1001.17	1001.46

单次测量的实验标准差为

$$s = \sqrt{\frac{\sum_{i=1}^{10}(x_i - \bar{x})^2}{10-1}} = 0.2360\text{mT}$$

测量结果取1次读数，则

$$u(B_x)=s=0.2360\text{mT}$$

4.3　探头位置调节引入的标准不确定度分量 $u_2(B_S)$

位置调节引入的不确定度的相对值约为 0.04%，对应 1000mT 点半宽度为 0.4mT，服从均匀分布，包含因子 $k=\sqrt{3}$，则

$$u_2(B_S)=0.4/\sqrt{3}=0.23\text{mT}$$

4.4　探头方向调节引入的标准不确定度分量 $u_3(B_S)$

方向调节引入的不确定度的相对值约为 0.01%，对应 1000mT 点半宽度为 0.1mT，服从均匀分布，包含因子 $k=\sqrt{3}$，则

$$u_3(B_S)=0.1/\sqrt{3}=0.06\text{mT}$$

5　各标准不确定度分量汇总（见表 2）

表 2

符号	不确定度来源	标准不确定度值 $u(x_i)$	灵敏数 c_i	$\lvert c_i\rvert u(x_i)$
$u_1(B_S)$	测量装置最大允许误差	2.89×10^{-2}mT	−1	2.89×10^{-2}mT
$u(B_x)$	测量重复性	0.2360mT	1	0.2360mT
$u_2(B_S)$	探头位置调节	0.23mT	−1	0.23mT
$u_3(B_S)$	探头方向调节	0.06mT	−1	0.06mT

6　合成标准不确定度计算

各影响量彼此独立不相关，则合成标准不确定度为

$$u_c(\Delta B)=\sqrt{c_2^2u_1^2(B_S)+c_1^2u^2(B_x)+c_2^2u_2^2(B_S)+c_2^2u_3^2(B_S)}$$
$$=\sqrt{(2.89\times10^{-2})^2+(0.2360)^2+0.23^2+0.06^2}=0.336\text{mT}$$

7　扩展不确定度评定

取包含因子 $k=2$，则扩展不确定度为

$$U=k\cdot u_c(\Delta B)=2\times0.336=0.672\text{mT}$$

取 $U=0.7$mT。

8　不确定度评定报告

特斯拉计示值误差测量结果的扩展不确定度为（1000mT 示值测量点）

$$U=0.7\text{mT}\quad(k=2)$$

以相对不确定度表示为

$$U_{rel}=U/1000=0.7/1000=0.07\%\quad(k=2)$$

十、检定或校准结果的验证

检定或校准结果的验证采用传递比较法。

在上级计量单位对0.2级的特斯拉计的检测数据中选择两点进行验证，与本单位测量数据比较，两者之差不应超过标准装置的扩展不确定度（忽略上级标准的测量不确定度 U_{ref}）。比较数据如下。

测　试　点	1000mT	2000mT
本单位检测误差值 y_{lab}	3.4mT	1.3mT
上级计量单位检测误差值 y_{ref}	1.1mT	0.5mT
$\lvert y_{lab}-y_{ref}\rvert$	2.3mT	0.8mT
	0.03%	0.04%
标准装置的测量扩展不确定度 U_{lab}	0.07%	

测量结果满足 $\lvert y_{lab}-y_{ref}\rvert \leq U_{rel}$（忽略上级标准的测量不确定度 U_{ref}），故本装置通过验证，符合要求。

十一、结论
经过分析与实验验证，本装置符合 JJG 242—1995《特斯拉计标准规程》和 JJF 1033—2016《计量标准考核规范》的要求，可以开展 0.2 级及以下特斯拉计（或高斯计或磁强计）的检定工作。
十二、附加说明

参 考 文 献

1 全国法制计量管理计量技术委员会. JJF 1033—2016《计量标准考核规范》实施指南［M］. 北京：中国质检出版社，2017.

2 中国计量科学研究院. 计量科学研究50年［M］. 北京：中国计量出版社，2004.

3 张勤，曹瑞基. 电磁计量［M］. 北京：中国计量出版社，2007.

4 黄艳. 电磁计量器具建标指南［M］. 北京：中国质检出版社，2013.